高职高专“十一五”规划教材

★ 农林牧渔系列

动物营养与饲料

DONGWU YINGYANG YU SILIAO

王秋梅　唐晓玲　主编

化学工业出版社

·北京·

内 容 提 要

本书依据动物的营养需要和饲养标准，在介绍动物营养和饲料基础知识的基础上，重点阐述了饲料加工、饲料配方设计的基本知识和技能，并将饲料常规分析技术单独作为一章详细讲授；书中融入了饲料生产的新技术、新方法；书后设置有实验实训项目、饲料卫生最新标准、动物的饲养标准和最新饲料营养价值表。本书突出实用性、可操作性，淡化理论，精选内容，语言通俗易懂，信息量大，可读性强，较好地满足了高职高专教育和饲料生产岗位的实际需要。

本书可作为高职高专畜牧兽医类专业师生的教材，也可作为畜牧生产及饲料生产一线技术人员或从事相关工作的技术和管理人员的参考书和工具书。

图书在版编目（CIP）数据

动物营养与饲料/王秋梅，唐晓玲主编. —北京：化学工业出版社，2009.10（2023.1重印）

高职高专“十一五”规划教材★农林牧渔系列

ISBN 978-7-122-06678-7

Ⅰ. 动… Ⅱ. ①王…②唐… Ⅲ. ①动物-营养（生物）高等学校：技术学院-教材②动物-饲料-高等学校：技术学院-教材 Ⅳ. S816

中国版本图书馆CIP数据核字（2009）第165733号

责任编辑：梁静丽 李植峰 郭庆睿　　装帧设计：史利平

责任校对：洪雅姝

出版发行：化学工业出版社（北京市东城区青年湖南街13号 邮政编码100011）

印　装：北京七彩京通数码快印有限公司

787mm×1092mm 1/16 印张 14½ 字数 373 千字 2023年1月北京第1版第11次印刷

购书咨询：010-64518888　　售后服务：010-64518899

网　址：http://www.cip.com.cn

凡购买本书，如有缺损质量问题，本社销售中心负责调换。

定　价：38.00元

"高职高专'十一五'规划教材★农林牧渔系列"建设委员会成员名单

"高职高专'十一五'规划教材★农林牧渔系列"编审委员会成员名单

“高职高专‘十一五’规划教材★农林牧渔系列”建设单位

（按汉语拼音排列）

安阳工学院
保定职业技术学院
北京城市学院
北京林业大学
北京农业职业学院
本钢工学院
滨州职业学院
长治学院
长治职业技术学院
常德职业技术学院
成都农业科技职业学院
成都市农林科学院园艺研究所
重庆三峡职业学院
重庆水利电力职业技术学院
重庆文理学院
德州职业技术学院
福建农业职业技术学院
抚顺师范高等专科学校
甘肃农业职业技术学院
广东科贸职业学院
广东农工商职业技术学院
广西百色市水产畜牧兽医局
广西大学
广西农业职业技术学院
广西职业技术学院
广州城市职业学院
海南大学应用科技学院
海南师范大学
海南职业技术学院
杭州万向职业技术学院
河北北方学院
河北工程大学
河北交通职业技术学院
河北科技师范学院
河北省现代农业高等职业技术学院
河南科技大学林业职业学院
河南农业大学
河南农业职业学院
河西学院
黑龙江农业工程职业学院
黑龙江农业经济职业学院
黑龙江农业职业技术学院
黑龙江生物科技职业学院
黑龙江畜牧兽医职业学院
呼和浩特职业学院
湖北生物科技职业学院
湖南怀化职业技术学院
湖南环境生物职业技术学院
湖南生物机电职业技术学院
吉林农业科技学院
集宁师范高等专科学校
济宁市高新技术开发区农业局
济宁市教育局
济宁职业技术学院
嘉兴职业技术学院
江苏联合职业技术学院
江苏农林职业技术学院
江苏畜牧兽医职业技术学院
江西生物科技职业学院
金华职业技术学院
晋中职业技术学院
荆楚理工学院
荆州职业技术学院
景德镇高等专科学校
丽水学院
丽水职业技术学院
辽东学院
辽宁科技学院
辽宁农业职业技术学院
辽宁医学院高等职业技术学院
辽宁职业学院
聊城大学
聊城职业技术学院
眉山职业技术学院
南充职业技术学院
盘锦职业技术学院
濮阳职业技术学院
青岛农业大学
青海畜牧兽医职业技术学院
曲靖职业技术学院
日照职业技术学院
三门峡职业技术学院
山东科技职业学院
山东理工职业学院
山东省贸易职工大学
山东省农业管理干部学院
山西林业职业技术学院
商洛学院
商丘师范学院
商丘职业技术学院
深圳职业技术学院
沈阳农业大学
苏州农业职业技术学院
温州科技职业学院
乌兰察布职业学院
厦门海洋职业技术学院
仙桃职业技术学院
咸宁学院
咸宁职业技术学院
信阳农业高等专科学校
延安职业技术学院
杨凌职业技术学院
宜宾职业技术学院
永州职业技术学院
玉溪农业职业技术学院
岳阳职业技术学院
云南农业职业技术学院
云南热带作物职业学院
云南省普洱农校
云南省曲靖农业学校
云南省思茅农业学校
张家口教育学院
漳州职业技术学院
郑州牧业工程高等专科学校
郑州师范高等专科学校
中国农业大学
周口职业技术学院

《动物营养与饲料》编审人员名单

主　　编　王秋梅　唐晓玲

副 主 编　杨　慧　马美蓉　任善茂

编　　者（按照姓名汉语拼音排列）

陈立华　辽宁职业学院
李进杰　河南农业职业学院
李　军　海南职业技术学院
刘英丽　信阳农业高等专科学校
马美蓉　金华职业技术学院
任国栋　济宁职业技术学院
任善茂　江苏畜牧兽医职业技术学院
史延平　辽东学院
唐晓玲　湖南环境生物职业技术学院
陶　勇　江苏畜牧兽医职业技术学院
王秋梅　辽宁职业学院
王铁岗　长治职业技术学院
王中华　商丘职业技术学院
徐公义　聊城职业技术学院
杨　慧　福建农业职业技术学院

主　　审　张　勇　沈阳农业大学

序

当今，我国高等职业教育作为高等教育的一个类型，已经进入到以加强内涵建设，全面提高人才培养质量为主旋律的发展新阶段。各高职高专院校针对区域经济社会的发展与行业进步，积极开展新一轮的教育教学改革。以服务为宗旨，以就业为导向，在人才培养质量工程建设的各个侧面加大投入，不断改革、创新和实践。尤其是在课程体系与教学内容改革上，许多学校都非常关注利用校内、校外两种资源，积极推动校企合作与工学结合，如邀请行业企业参与制定培养方案，按职业要求设置课程体系；校企合作共同开发课程；根据工作过程设计课程内容和改革教学方式；教学过程突出实践性，加大生产性实训比例等，这些工作主动适应了新形势下高素质技能型人才培养的需要，是落实科学发展观，努力办人民满意的高等职业教育的主要举措。教材建设是课程建设的重要内容，也是教学改革的重要物化成果。教育部《关于全面提高高等职业教育教学质量的若干意见》（教高［2006］16号）指出“课程建设与改革是提高教学质量的核心，也是教学改革的重点和难点”，明确要求要“加强教材建设，重点建设好3000种左右国家规划教材，与行业企业共同开发紧密结合生产实际的实训教材，并确保优质教材进课堂。”目前，在农林牧渔类高职院校中，教材建设还存在一些问题，如行业变革较大与课程内容老化的矛盾、能力本位教育与学科型教材供应的矛盾、教学改革加快推进与教材建设严重滞后的矛盾、教材需求多样化与教材供应形式单一的矛盾等。随着经济发展、科技进步和行业对人才培养要求的不断提高，组织编写一批真正遵循职业教育规律和行业生产经营规律、适应职业岗位群的职业能力要求和高素质技能型人才培养的要求、具有创新性和普适性的教材将具有十分重要的意义。

化学工业出版社为中央级综合科技出版社，是国家规划教材的重要出版基地，为我国高等教育的发展做出了积极贡献，曾被新闻出版总署领导评价为“导向正确、管理规范、特色鲜明、效益良好的模范出版社”，2008年荣获首届中国出版政府奖——先进出版单位奖。近年来，化学工业出版社密切关注我国农林牧渔类职业教育的改革和发展，积极开拓教材的出版工作，2007年年底，在原“教育部高等学校高职高专农林牧渔类专业教学指导委员会”有关专家的指导下，化学工业出版社邀请了全国100余所开设农林牧渔类专业的高职高专院校的骨干教师，共同研讨高等职业教育新阶段教学改革中相关专业教材的建设工作，并邀请相关行业企业作为教材建设单位参与建设，共同开发教材。为做好系列教材的组织建设与指导服务工作，化学工业出版社聘请有关专家组建了“高职高专‘十一五’规划教材★农林牧渔系列建设委员会”和“高职高专‘十一五’规划教材★农林牧渔系列编审委员会”，拟在“十一五”期间组织相关院校的一线教师和相关企业的技术人员，在深入调研、整体规划的基础上，编写出版一套适应农林牧渔类相关专业教育的基础课、专业课及相关外延课程教材——“高职高专‘十一五’规划教材★农林牧渔系列”。该套教材将涉及种植、园林园艺、畜牧、兽医、水产、宠物等专业，于2008～2009年陆续出版。

该套教材的建设贯彻了以职业岗位能力培养为中心，以素质教育、创新教育为基础的教育理念，理论知识“必需”、“够用”和“管用”，以常规技术为基础，关键技术为重点，先进技术为导向。此套教材汇集众多农林牧渔类高职高专院校教师的教学经验和教改成果，又得到了相关行业企业专家的指导和积极参与，相信它的出版不仅能较好地满足高职高专农林牧渔类专业的教学需求，而且对促进高职高专专业建设、课程建设与改革、提高教学质量也将起到积极的推动作用。希望有关教师和行业企业技术人员，积极关注并参与教材建设。毕竟，为高职高专农林牧渔类专业教育教学服务，共同开发、建设出一套优质教材是我们共同的责任和义务。

介晓磊

2008年10月

本教材是在教育部《关于加强高职高专教育人才培养工作的意见》、《关于加强高职高专教育教材建设的若干建议》、《关于全面提高高等职业教育教学质量的若干意见》（教高［2006］16号）等文件精神指导下，经“高职高专农林牧渔类专业教育质量及教材建设研讨会”研讨，根据教育部最新颁布的高职高专教育动物生产类专业动物营养与饲料课程的基本要求而编写的。

本教材吸取了我国高职高专教育改革的成功经验及优秀成果，本着以培养学生应职岗位所必需的动物营养与饲料方面的基础理论知识和基本技能为目的，在使学生掌握动物营养与饲料基本知识的基础上，具备动物饲料分类与加工、饲料配方设计及应用、饲养及饲养效果检查、饲料常规分析技术的运用能力，达到初步独立开展相应岗位工作的能力。

本教材在编写中紧扣高职高专教育培养“应用型高素质技能人才”的目标，以能力培养为本位，注重提高学生的职业素质和实践能力；专业内容密切联系动物饲养与饲料生产实际，注意与国家制定的家畜饲养员、饲料检验化验员职业资格标准相适应，突出实用性、适用性和实效性；注重选用饲料营养成分、饲料原料卫生和饲养最新标准，以与适应饲料生产企业的现行标准，满足动物营养与饲料技术的更新与发展需要。

本教材由来自全国各地的13所高职高专院校的15位富有教学和实践经验的教师共同编写。编写大纲是在教学和生产实际结合的基础上，深入讨论、修改和经专家审定后制定的。教材初稿承蒙沈阳农业大学张勇教授的逐章逐句认真审阅，提出了许多宝贵意见，编者对此表示由衷地感谢。

由于时间仓促，加之编者水平有限，书中难免有疏漏和不妥之处，敬请同行专家和广大读者批评指正。

编　者

2009年8月

绪　论

动物营养是指摄取、消化和吸收食物并利用食物中的有效成分来维持生命活动、修补体组织、生长和生产的全过程。食物中用于以上用途的有效成分即营养物质，也称营养素或养分。饲料是动物获取营养物质的来源，是动物营养的物质基础。

一、动物营养与饲料的概念和任务

动物营养与饲料包括动物营养和饲料两方面的内容。

1. 动物营养

动物营养是研究和阐述动物摄入、利用营养物质过程与生命活动关系的科学。通过研究营养物质对生命活动的影响，揭示动物利用营养物质的量变、质变规律，为动物生产提供理论根据和饲养指南。其主要任务如下。

① 揭示和阐明动物生存和生产所需要的营养物质及其生理或生物学功能。到目前为止，已证明各种动物均不同程度地需要大约50种以上的必需营养物质。未知的营养物质或生长因子尚有待发现和证实。

② 研究并确定各种营养物质的适宜需要量。阐明营养需要的生理基础和营养素缺乏或过量对动物生产和健康的影响。

③ 研究营养素供给与动物体内代谢速度、代谢特点、动态平衡、动物生产效率及动物生产特性之间的关系。揭示营养物质进入体内的定量转化规律及作用调节机制，阐明动物机体与饲料营养物质间的内在联系。

④ 评定各类动物对饲料中营养物质的利用效率。阐明影响营养物质利用效率的因素及提高营养物质利用效率的措施和途径。

⑤ 研究营养与动物体内、外环境之间的关系。

⑥ 寻求和改进动物营养研究的新方法和手段。开拓动物营养研究的新领域。

动物营养原理不仅是动物生产的理论基础，而且与人类的生活、健康关系密切。动物营养是现代动物生产和人类生活必不可少的、直接应用科学原理和方法指导实践的一门学科。

2. 饲料

将动物营养原理应用于动物生产是通过饲料来实现的。饲料是指能提供饲养动物所需养分、保证其健康、促进其生长和生产且在合理使用下不发生有害作用的可食物质。研究饲料的目的在于揭示饲料中的化学组成及其与动物需要之间的关系，阐明如何用适宜饲料满足动物所需要的营养素，以提高动物的健康水平和生产性能，并降低成本。

饲料学研究的内容及任务：

① 饲料分类：重点涉及以营养为目的的适宜分类方法。

② 饲料营养价值评定及其在实际生产中的作用。

③ 饲料中影响营养价值的因素（内、外因）及提高营养价值的途径。

④ 商品饲料（包括配合饲料）生产的理论基础和质量标准。

⑤ 饲料资源开发，为未来动物生产寻求广阔的前景。

⑥ 动物饲养的一般要求和原则。

⑦ 研究饲料的理化特性，探索和确立恰当的鉴定分析方法。

二、动物营养与饲料的地位与作用

1. 学科地位

动物营养与饲料是高职高专畜牧兽医类专业的专业主干课程，是动物生产相关课程的选修课程和理论基础。此外，还与多门自然科学特别是生命科学密切相关。化学、数学、计算机技术是动物营养与饲料研究的重要手段和工具，动物生理、动物生物化学和动物微生物与免疫等学科的发展为动物营养与饲料的研究奠定了基础。

2. 在现代动物生产中的重要作用

动物生产是人类获取优质营养食品和某些生活用品的重要社会生产活动。现代动物生产实际上是把动物作为生物转换器，将饲料特别是营养质量比较差的饲料转化成优质的动物产品（肉、奶、蛋、皮、毛等）。转化利用程度是动物生产效率的具体体现。从本质上说，动物转化的是其所需要的并含于饲料中的可利用的营养物质，转化效率固然是动物自身遗传特性的体现，但营养仍是挖掘动物最佳生产效率或最大生产潜力的主要决定因素，而后者则取决于动物营养和饲料的发展。

20 世纪 50 年代后期至今，动物生产得到了突飞猛进的发展，生产水平显著提高，其中动物营养的贡献率可达 50%～70%。全世界猪的生长速度和饲料利用效率比 50 年以前提高了 1 倍以上，出栏时间缩短到 6 个月以下，与 50 年前比较，现代动物的生产水平提高了 80%～200%，全世界猪的生长速度和饲料利用效率比 50 年以前提高了 1 倍以上，出栏时间缩短到 6 个月以下。目前肥育猪生产体重达 90kg 的日龄可缩短至 135～150 天，每千克增重耗料为 2.5～2.8kg；肉牛的产肉性能也不断提高，平均日增重已达 1.5～2.0kg，每千克增重所需饲料从 7.8kg 降至 3.5kg；商品蛋鸡中，72 周龄入舍母鸡的产蛋量可达 250～270 枚，产蛋期料蛋比为（2.6～2.8）：1。

动物营养决定了动物生产水平，动物饲料则决定了生产成本。饲料成本占整个动物生产成本的 50%～80%以上。如何降低饲料成本是动物营养与饲料担负的一个重要任务。对动物营养需要和饲料营养价值的研究就是探索饲料中营养成分满足动物确切需要的程度，摸清这一规律就有利于恰当选取饲料，降低生产成本。

3. 在现代饲料工业中的作用

饲料工业是动物营养和饲料发展到一定阶段的必然产物，它的快速发展有力地推动了动物生产的产业化发展，促进了动物生产效率的提高。作为饲料工业的重要基础和后盾，动物营养和饲料在饲料配方设计水平、饲料加工质量、饲料资源开发利用等方面都起到了指导和推动作用。

4. 在人体健康和环境保护中的作用

合理的营养管理有助于改善畜禽产品品质，动物营养与饲料的深入研究为功能性食品的开发提供了理论依据和技术指导，从而达到提高人体的健康水平的目的。

在动物生产过程中，由于未被利用的养分大量排出，严重影响了人类的生存环境。所以必须应用动物营养和饲料的原理、知识，合理利用饲料资源，提高动物对养分的利用效率，减少养分排泄量及其对环境的污染。

三、我国饲料工业发展的状况及主要趋势

1. 我国饲料工业发展的状况

改革开放以来，迅速发展的中国饲料工业成绩卓著。经过广大畜牧科学工作者与管理者的共同努力，我国在动物营养基础理论、饲料营养价值评价与新型饲料资源开发、饲料加工

工艺、专业技术标准制定乃至饲料企业经营管理等众多领域获得了大量的科研成果，为我国的畜牧业发展尤其是饲料工业发展做出了巨大贡献。

我国饲料工业起步于20世纪70年代中后期。1984年我国颁布的《1984～2000年全国饲料工业发展纲要（试行草案）》使我国饲料工业走上了快速发展的轨道。改革开放30年来，饲料工业由小到大发展成为产量稳居世界第二的饲料生产大国。目前，全国饲料行业规模以上企业15300个，其中绝大多数是中小企业，而且以民营企业为主。到2007年底，全国饲料总产值已达3335亿元，总产量已达1.23亿吨，人员53.6万人，成为国民经济的一个重要组成部分。经过几十年的发展，我国饲料工业形成了包括饲料加工业、饲料添加剂工业、饲料原料工业、饲料机械制造工业和饲料科研、教育、标准、检测等较为完备的饲料工业体系，成为国民经济支柱产业之一。

饲料工业是发展畜牧业的基础。三十多年来，我国的畜牧业有了一定发展，但总的看来还很落后，重要原因之一是没有形成一个与畜牧业发展相适应的饲料工业体系，畜牧业生产基本上处于有啥喂啥的落后状态。由于动物营养成分不平衡，饲料不能充分发挥作用，同工业发达国家用配合饲料的效果来比较，我国大约要浪费30%的精饲料，加上饲养方法不科学、耗用的饲料较多，也得不到应有的畜禽产品。要改变我国畜牧业的落后状况，必须迅速建立和发展我国的饲料工业，把一切可以利用的饲料资源充分合理地利用起来。这项工作如果做好，畜禽产品就可以有一个较快的发展。饲料工业的发展不仅对畜牧业和渔业的发展有直接的作用，而且对人们食品结构的改善和整个国民经济的发展都具有积极意义。

2. 未来几年我国饲料工业发展的主要趋势

（1）饲料企业将逐步实现规模化　许多小型企业由于受饲料原料价格剧烈波动等因素影响，逐渐被市场淘汰，一批大中型企业通过市场机制，采用兼并、收购等多种重组方式，组建跨地区、跨行业、跨所有制形式经营的大型饲料企业集团，通过资产重组加快了向规模化、产业化、集团化方向发展的步伐。同时饲料加工企业向饲料原料、畜禽养殖、畜产品加工及销售等环节延伸，逐步形成包括农民在内的多元化利益主体的“一条龙”企业集团。

（2）饲料行业的管理将走上健全轨道　今后国家将继续加大制定推动饲料工业健康发展的法规和政策的力度，特别是关于饲料质量监督管理的法规，以确保我国饲料工业在法制的良性轨道上前进。饲料工业所处的大环境将日益完善化、合理化。

（3）饲料产品的科技含量更高　随着动物营养需要量的研究和预测进一步向动态、准确化方向发展，设计的动物饲料配方将会更科学，动物营养与饲料研究领域所取得的科技成果会不断应用于动物生产中，将显著改善畜禽的生产性能，提高动物产品的科技含量，促进畜禽健康，提高畜禽产品的质量和数量。

（4）生物技术的应用使饲料原料的来源更广　饲料资源短缺将极大地制约未来动物生产的可持续发展，利用物理、化学和生物技术开发新型饲料资源，将缓解动物生产发展与饲料资源供应紧张的矛盾。生物技术在饲料工业中将发挥越来越强大的作用。

（5）环保型饲料及安全绿色食品更被关注　随着人类对环境保护、食品安全及健康的进一步关注，为了提供优质的肉蛋奶和水产品，必须有安全、有效、不污染环境的环保型饲料作保证，饲料安全就是食品安全。为确保食品安全，必须建立实施饲料安全生产的监控体系。加强环保型饲料的研究与应用，控制动物排泄物对环境的污染，严格禁止在饲料产品中使用各种违禁药物和添加剂，加强动物营养和饲料基础性问题的研究，为我国饲料工业和畜牧业的可持续发展提供技术保障。

四、我国饲料工业存在的问题

1. 蛋白质饲料原料资源短缺

我国是蛋白质饲料资源短缺的国家。目前，主要蛋白质饲料原料仍然依靠进口，如鱼粉消费的约70%需要进口，生产豆粕的大豆约70%需要进口，构成蛋白质的基本单元——合成氨基酸70%以上也需要进口。蛋白质饲料原料加工业发展严重滞后，不仅抑制了饲料工业的快速发展，而且由于营养失衡造成了其他饲料的浪费。

2. 饲料粮供需矛盾突出

20世纪90年代以来，随着我国养殖规模的扩大和发展速度的加快，饲料粮短缺的格局开始显现。1990～2002年间，我国年均进口谷物820万吨，1995年曾进口2027万吨，其中进口玉米518万吨。我国对农业结构进行战略性调整以来，玉米播种面积和产量都有所增加，但无法满足饲料生产需求，已经连续四年动用国家储备粮补充饲料粮。我国2006～2007年度玉米产量1.41亿吨，饲料消费9037万吨，工业需求3039万吨，年度缺口105万吨，期末库存降至1755万吨（上一年度期末库存为1859万吨）。

3. 饲料安全问题不容忽视

几年来的饲料产品质量监督检测结果显示，我国饲料产品质量合格率一直保持在90%以上，饲料添加剂产品合格率一直保持在85%以上，饲料质量情况总体较好。然而，饲料产品安全卫生状况不容乐观，动物源性饲料产品质量较低，添加违禁药品的现象仍未杜绝，滥用饲料添加剂的情况时有发生，有毒有害物质未能全面有效控制，这既威胁到了养殖动物生产和居民身体的健康，也影响了养殖产品的国际贸易。

4. 科研投入不足，应用基础研究缺乏

我国对动物营养与饲料的基础性、前沿性研究投入较少，科研能力较低，行业的整体技术水平同国际水平有较大差距。饲料标准制定和饲料安全检测技术水平不能满足需要。许多新产品、新技术没有标准可依，卫生标准不健全，饲料中一些有毒有害物质、违禁药物等的检测工作尚未开展，饲料标准化工作难以适应国内饲料工业和养殖业的发展需要，这些均严重影响了饲料工业的健康发展。

第一章 动物营养概述

【知识目标】

- 了解动植物体的营养物质组成。
- 掌握各种营养物质的营养生理功能。
- 了解动植物体营养成分的异同点及其相互关系。
- 掌握不同动物对饲料的消化方式及消化特点。

【技能目标】

- 能说出饲料中六大营养物质的主要营养功能。
- 会对动植物体的化学组成进行比较。
- 熟练掌握饲料消化率的计算。

动物为了维持自身的生命活动和生产，必须从外界环境中摄取所需要的各种营养物质或含有这些营养物质的饲料。本节重点阐述了动植物体的化学组成、动物饲料中主要营养物质、动物与植物的相互关系、动物对饲料的消化等内容。

第一节 动植物体的化学组成

一、动植物体的元素组成

动植物体内约含 60 余种化学元素，按其在动植物体内含量的多少分为两大类。

常量元素：含量大于或等于 0.01%的元素，如 C、H、O、N、Ca、P、K、Na、Cl、Mg、S 等，其中 C、H、O、N 含量最多，在植物体中约占 95%，在动物体中约占 91%。

微量元素：含量小于 0.01%的元素，如 Fe、Cu、Co、Zn、Mn、Se、I、Cr、F 等。

饲料与动物体中的元素，绝大部分不是以游离状态单独存在，而是互相结合为复杂的无机化合物或有机化合物，构成各种组织器官和产品。

二、饲料的营养物质组成

一切能被动物采食、消化、利用，并对动物无毒无害的物质，皆可作为动物的饲料。饲料中凡能被动物用以维持生命、生产产品的物质，称为营养物质（简称养分）。植物及其产品是动物饲料的主要来源。

采用常规饲料分析法，并结合近代分析技术测定的结果，植物性饲料的营养物质组成见图 1-1。

将水分、粗灰分、粗蛋白质、粗脂肪、粗纤维和无氮浸出物六大成分，称为饲料概略养分。

1. 水分

各种饲料均含有水分，含量相差很大，多者可达 95%，少者只含 5%。同一种饲用植物由于收割时期不同，水分含量也不一样，幼嫩时含水较多，成熟后较少；植株部位不同，水

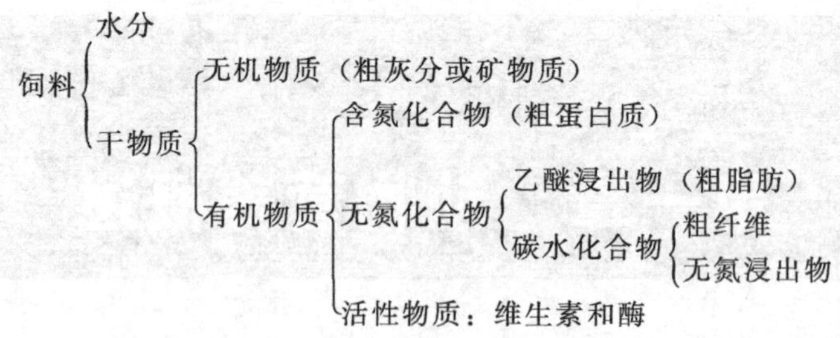

图 1-1　植物性饲料的营养成分

分含量也有差异，枝叶中水分较多，茎秆中较少。饲料中水分含量越高，干物质越少，饲料的营养价值越低且不利于保存。

水分也是动物机体内各种器官、组织的重要成分，其含量一般可达体重的一半，动物随着年龄和营养状况的不同，所含水分有显著变化，幼龄时水分含量多，随年龄的增长而逐渐降低；家畜营养状况不同，水分含量也有差异，脂肪沉积越多，则水分含量越低。

2. 粗灰分或称矿物质

饲料中主要有钾、钠、钙、磷、锰等，随植物生长，灰分含量逐渐减少，但其中钠、硅含量逐渐上升。部位不同，灰分含量不同，茎叶灰分含量较多。

动物体内以钙含量最多，其次为磷，还有少量的锌、铁、碘、铜、锰、钴、硫、氟等。

3. 粗蛋白质

饲料中含氮物质总称为粗蛋白，包括蛋白质与氨化物（非蛋白质含氮物质，如氨基酸、尿素等）两部分。

几乎所有饲料均含有蛋白质，但其含量和品质各有不同，如豆科植物及油饼类饲料含蛋白质较多，品质也较好，而禾本科植物含蛋白质较少，秸秆饲料则最少，品质也最差。同一种饲料植物由于生长阶段的不同，蛋白质含量也不同，幼嫩时含量多，开花后含量迅速下降。部位不同蛋白质含量也有差异，籽实＞叶茎＞茎秆。

动物体内蛋白质含量较稳定。

4. 粗脂肪

粗脂肪可分为真脂和类脂两大类。真脂由脂肪酸和甘油结合而成，类脂除甘油和脂肪酸外，还有磷酸、糖和其他含氮物。

饲料中脂肪含量差异较大，高者在10%以上，低的不及1%，部位不同含脂量也不同，籽实＞茎叶＞根。

动物脂肪含量随年龄增长而增加，营养状况好的脂肪含量高。

5. 粗纤维

由纤维素、半纤维素、木质素、角质等组成，是植物细胞壁的主要成分，也是饲料中最难消化的营养物质。含量随植物生长阶段而有差异，幼嫩时，含量低，成熟时，含量高；部位不同，粗纤维的含量不同，茎部＞叶部＞果实、块根

6. 无氮浸出物

饲料有机物质中无氮物质除去脂肪及粗纤维外，总称为无氮浸出物，或称可溶性碳水化合物，包括单糖、双糖及多糖，一般植物性饲料中均含有较多的无氮浸出物，禾本科的籽实和根茎类饲料含量最多。

动物体内的无氮浸出物主要是糖原，贮存于肝脏和肌肉中，也含有少量的葡萄糖。

三、影响饲料营养成分的因素

饲料营养价值成分表中所列各种营养物质的数量与质量是多次分析结果的平均数，与具

体使用的饲料养分含量有一定差异。了解影响饲料中营养物质组成的因素，一方面能正确认识饲料价值和查用饲料营养价值成分表，做到合理利用饲料，另一方面可采取适当措施，改变饲料营养物质组成，提高饲料的营养价值。

1. 饲料的种类与品种

不同种类的饲料营养物质的组成差异很大，如青绿饲料水分含量高，富含维生素；蛋白质饲料蛋白质含量多；能量饲料中含有大量的淀粉。同一种饲料品种不同，其营养物质组成也会不同，如黄玉米中富含胡萝卜素，而白玉米中则缺乏。

2. 饲料的收获期、加工调制及贮存时间

(1) 收获期　植物在不同生长阶段，营养物质含量不同。随着植物生长，含水量下降，到籽实形成期粗蛋白、粗脂肪下降，而粗纤维含量上升。

(2) 加工调制　植物叶子中营养丰富，远远超过秸秆，收获、晒制、贮存、饲喂过程中，应尽量避免叶片损失。

(3) 贮存时间　收割后的饲料，经长期贮存后，营养物质含量会发生很大变化，如青草经过干燥成为干草时，首先失去大量水分，其次损失一部分有机物。

3. 植物的生长环境

(1) 土壤　生长在不同土壤中的同一种植物，不仅产量不同而且化学成分也有差异。如肥沃的黑土可生产出优质饲料，贫瘠和结构不良的土壤生产的饲料产量和营养价值均较低；有些地区缺少铜、硒、碘，则该地区生产的饲料作物相应的也缺少这几种元素，从而易导致动物患地方性矿物质缺乏症；某些地区的土壤中含有过多的氟、钼、硒等元素，也容易导致动物患氟、钼、硒的中毒症。

(2) 施肥　施用肥料，既可提高饲料作物产量，又可影响饲料中营养物质含量。如施用氮肥，可提高饲料作物产量和粗蛋白含量；施用磷肥，提高饲料作物含磷量和粗蛋白含量；施用钾肥，可增加饲料作物中粗蛋白、粗灰分和钾含量，可减少钙含量。

(3) 气候　气温、光照及雨量分布等气候条件对饲用作物的收获量及化学成分有很大影响，在寒冷气候下生长的作物比在温热气候下生长的植物粗纤维较多，而蛋白质和粗脂肪较少。

四、动物体与植物性饲料营养成分的比较及相互关系

1. 元素比较

动植物体的元素组成种类基本相同，但数量差异大，均以氧最多，碳、氢次之，其他的少；植物含钾高，含钠低；动物含钠高，含钾低；动物的钙、磷含量高于植物。

2. 化合物组成比较

动物体与植物性饲料在营养组成上有相同之处，即都由水分、粗灰分、粗蛋白质、粗脂肪、碳水化合物和维生素六种营养物质组成，但同种营养物质各自在成分上又有明显的区别。主要表现见表 1-1。

表 1-1　动物体与植物性饲料营养成分组成的主要区别

营养物质名称	植物体(植物性饲料)	动　物　体
水分	含量不稳定，在5%～95%之间	含量较稳定，一般约为体重的1/3～1/2
干物质	以碳水化合物为主	以蛋白质和脂肪为主
碳水化合物	包括无氮浸出物(主要是淀粉)和粗纤维	不含粗纤维，只含有少量葡萄糖、低级羧酸和糖原
粗蛋白质	除蛋白质外，含有氨化物	除蛋白质外，只含一些游离氨基酸和激素
粗脂肪	除了中性脂肪、脂肪酸、脂溶性维生素和磷脂外还有树脂和蜡质	不含树脂和蜡质

3. 相互关系

动物从饲料中摄取六种营养物质后，必须经过体内的新陈代谢过程，才能将饲料中营养物质转变为机体成分、动物产品或提供能量。二者关系可概括为：动物体水分来源于饲料水、代谢水和饮水；动物体蛋白质来源于饲料中的蛋白质和氨化物；动物体脂肪来源于饲料中的粗脂肪、无氮浸出物、粗纤维即蛋白质脱氨部分；动物体中的糖分来源于饲料中的碳水化合物；动物体中的矿物质来源于饲料、饮水和土壤中的矿物质；动物体中的维生素来源于饲料中的维生素和动物体内合成的维生素。但这并不是绝对的，因为饲料中各种营养物质在动物体内的代谢过程中存在着相互协调、相互代替或相互拮抗等复杂关系。

第二节　动物对饲料的消化

动物种类不同，消化道结构和功能亦不同，但是对饲料中营养物质的消化却具有许多共同的规律。

一、消化方式

动物的消化方式主要可分为物理性消化、化学性消化、微生物消化。

1. 物理性消化

畜禽采食饲料后，经咀嚼、吞咽及胃肠运动等活动，把饲料压扁、撕碎、磨烂，增加了饲料的表面积，使其易于与消化液充分混合，并把食糜从消化道的一个部位运送到另一个部位，这个过程为物理性消化。

物理性消化后食物只是颗粒变小，没有化学性变化，其消化产物不能吸收，但它为化学性消化与微生物消化作好准备。

对各类动物均不提倡将精饲料粉得过细，因咀嚼及消化器官的肌肉运动受饲料粒度之机械刺激，若没有这种刺激，消化液分泌减少，从而不利于化学性消化。

2. 化学性消化

动物的消化腺分泌的消化液，含有能分解饲料的多种酶。在酶的作用下，各种营养物质被分解为易吸收的物质，这一消化过程称为化学性消化。这种消化方式主要在动物的胃和小肠中进行，非反刍动物主要靠这种方式消化。

动物对饲料中的蛋白质、脂肪和糖的消化，主要靠消化器官分泌相应的蛋白酶、脂肪酶、淀粉酶等作用下进行的，动物对饲料中粗纤维的消化，主要靠消化道内微生物的发酵。

3. 微生物消化

反刍动物的瘤胃和马、兔等家畜的盲肠、结肠内栖居着大量的细菌和纤毛虫等微生物。这些微生物能分泌多种酶，将饲料中的营养物质分解，这一过程称为微生物消化。这种消化方式对反刍动物和草食单胃动物的消化十分重要，是其能大量利用粗饲料的根本原因。反刍动物的微生物消化场所主要在瘤胃，其次在盲肠和大肠。草食单胃动物的微生物消化主要在盲肠和大肠。

瘤胃中寄居着数量巨大的细菌和纤毛虫，这些微生物能分泌淀粉酶、蔗糖酶、蛋白酶、纤维素酶、半纤维素酶等，这些酶可将饲料中的糖类、蛋白质，尤其是动物消化液中的酶不能消化的纤维素、半纤维素等物质逐级分解，最终产生挥发性脂肪酸等物质，同时产生大量CO_2、CH_4等气体，通过嗳气排出体外。

瘤胃微生物能直接由饲料蛋白质分解的氨基酸合成菌体蛋白，还可利用NH_3合成菌体蛋白，还能合成必需氨基酸，必需脂肪酸和B族维生素等供宿主利用。

非反刍草食动物马、兔的盲肠和结肠内的微生物消化与反刍动物瘤胃的微生物消化类似。

显然，微生物消化的最大特点是，可将大量不能被宿主动物直接利用的物质转化成能被宿主动物利用的高质量的营养素。但在微生物消化过程中，也有一定量能被宿主动物直接利用的营养物质首先被微生物利用或发酵损失，这种营养物质二次利用明显降低利用效率，特别是能量利用效率。

畜禽最大生产性能的发挥，有赖于它们正常的胃肠道环境和健康体况。胃肠道正常微生物区系从多个方面影响消化道环境的稳定和动物的健康。近年来，大量使用甚至滥用抗生素，不仅使微生物产生抗药性，而且破坏了胃肠道正常微生物区系。目前，人们试图通过直接饲喂微生物（益生素），使用化学物质（有机酸，糖）等方法恢复胃肠道的正常微生物区系。

二、各类动物的消化特点

1. 非反刍动物

非反刍动物分为单胃杂食类、草食类和肉食类，主要有猪、马、兔和狗等。除单胃草食类动物外，单胃杂食类动物的消化特点主要是酶的消化，微生物消化较弱。

猪口腔内牙齿对饲料咀嚼比较细致，咀嚼时间的长短与饲料的柔软程度和猪的年龄有关。一般粗硬的饲料咀嚼时间长，随年龄的增加咀嚼时间相应缩短。生产上猪饲料宜适当粉碎以减少咀嚼的能量消耗，同时又有助于胃、肠中酶的消化。猪饲粮中的粗纤维主要靠大肠和盲肠中微生物发酵消化，消化能力较弱。

马和兔主要靠上唇和门齿采食饲料，靠臼齿磨碎饲料，咀嚼比猪更细致。咀嚼时间愈长，唾液分泌愈多，饲料的湿润、膨胀、松软就愈好，愈有利于胃内酶的消化。该类动物的饲料喂前适当切短，有助于采食和磨碎。

马胃的容积较小，盲肠和结肠却十分发达。盲肠容积可达32～37L，约占消化道容积的16％，而猪和牛仅占7％。盲肠中的微生物种类与反刍动物瘤胃类似，食糜在马盲肠和结肠中滞留时间长达72h以上，饲草中粗纤维40％～50％被微生物发酵分解为挥发性脂肪酸、氨和二氧化碳。消化能力与瘤胃类似。兔的盲肠和结肠有明显的蠕动与逆蠕动，从而保证了盲肠和结肠内微生物对食物残渣中粗纤维进行充分消化。

2. 反刍动物

反刍动物牛羊的消化特点是前胃（瘤胃、网胃、瓣胃）以微生物消化为主，主要在瘤胃内进行。皱胃和小肠的消化与非反刍动物类似，主要是酶的消化。反刍动物采食饲料不经充分咀嚼就匆匆进入瘤胃，被唾液和瘤胃水分浸润软化后，又返回到口腔仔细咀嚼，再吞咽入瘤胃。这是反刍动物消化过程中特有的反刍现象。饲料在瘤胃经微生物充分发酵，其中70％～85％干物质和50％的粗纤维被消化。

瘤胃微生物在反刍动物的整个消化过程中，具有两大优点：一是借助于微生物产生的β-糖苷酶，消化宿主动物不能消化的纤维素、半纤维素等物质，显著增加饲料中总能（GE）的可利用程度，提高动物对饲料中营养物质的消化率；二是微生物能合成必需氨基酸、必需脂肪酸和B族维生素等营养物质供宿主利用。瘤胃微生物消化的不足之处是微生物发酵使饲料中能量的损失较多，优质蛋白质被降解，一部分碳水化合物经发酵生成CH_4、CO_2、H_2及O_2等气体，排出体外而流失。食糜由瘤胃、网胃、瓣胃进入真胃和小肠，进行酶的消化。当食糜进入盲肠和大肠时又进行第二次微生物发酵消化。饲料中粗纤维经两次发酵，消化率显著提高，这也是反刍动物能大量利用粗饲料的营养基础。

3. 禽类

禽类对饲料中养分的消化类似于非反刍动物猪的消化。不同的是禽类口腔中没有牙齿，靠喙采食饲料，喙也能撕碎大块食物。鸭和鹅呈扁平状的喙，边缘粗糙面具有很多小型的角质齿，也有切断饲料的功能。饲料与口腔内的唾液混合，吞入食管膨大部——嗉囊中贮存并将饲料湿润和软化，再进入腺胃。食物在腺胃停留时间很短，消化作用不强。禽类的肌胃壁肌肉坚厚，可对饲料进行机械性磨碎，肌胃内的砂粒更有助于饲料的磨碎和消化。禽类的肠道较短，饲料在肠道中停留时间不长，所以酶的消化和微生物的发酵消化都比猪的弱。未消化的食物残渣和尿液通过泄殖腔排出。

三、消化率及影响因素

1. 饲料的消化率

饲料中三种有机物被动物采食后，首先要经过胃肠消化，其中一部分被消化了，另一部分未被消化。被消化的物质中，蛋白质最终被分解为氨基酸和寡肽，脂肪最终被分解为甘油和脂肪酸，碳水化合物最终被分解为糖或低级羧酸。消化最终产物大部分被小肠吸收，少部分未被吸收，未被吸收的部分随同未被消化的部分一起由粪便排出体外。饲料中被动物消化吸收的营养物质称为可消化营养物质，可消化营养物质占食入营养物质的百分比称为消化率。则

$$消化率=\frac{可消化营养物质}{食入营养物质}\times100\%$$

因粪中排出的物质，除饲料中未消化吸收的营养物质外，还有消化道脱落细胞及分泌物、肠道微生物及其产物。另外，在计算可消化营养物质时也未扣除饲料在消化道发酵所产生气体的损失部分，故此消化率又称为表观消化率，而真消化率为

$$真消化率=\frac{食入营养物质-(粪中排出物质-粪中代谢产物)}{食入营养物质}\times100\%$$

表观消化率比真消化率低，但真消化率的测定比较困难，因此一般测定和应用表观消化率。通过消化试验测表观消化率。

2. 影响消化率的因素

凡影响动物消化生理、消化道结构及机能和饲料性质的因素都会影响消化率。影响消化率的因素很多，主要是动物、饲料、饲料的加工调制、饲养水平等几个方面。

【复习思考题】

1. 试述动植物体化合物组成的异同点及相互关系。
2. 动物对饲料的消化方式有几种？不同消化方式之间有无联系？
3. 了解饲料消化率有什么意义？

第二章　动物的营养需要和饲养标准

【知识目标】

- 理解营养需要、饲养标准、维持需要的概念。
- 了解饲养标准的发展动态。
- 掌握减少维持营养需要的方法。

【技能目标】

- 能根据实际情况采取有效措施减低动物维持消耗。
- 会正确地使用饲养标准。

第一节　动物的营养需要

一、营养需要的概念、表示方法

由于动物种类、品种、年龄、性别、生长发育阶段、生理状态及生产目的和生产水平不同，对营养物质的需要亦不相同。动物从饲料摄取的营养物质，一部分用来维持正常体温、血液循环、组织更新等必要的生命活动，另一部分则用于妊娠、泌乳、生长、产肉、产蛋、产毛和劳役等生产活动。动物的营养需要是指动物在生长、繁殖及从事生产等过程中对营养物质需要的量，确切地讲是指每天每头（只）动物对能量、蛋白质、矿物质和维生素等营养物质的总需要量。

研究动物的营养需要，就是要探讨各种动物对营养物质需要的特点、变化规律及影响因素，作为制定饲养标准和合理配合日粮的依据。

营养需要量的表示方法如表 2-1。

表 2-1　营养需要量的常用单位

营　养	常 用 单 位
能量	kJ/g、kJ/kg 或 MJ/kg、kJ/(头・日)或 MJ/(头・日)
蛋白质	%、g/(头・日)
氨基酸	%、g/(头・日)
维生素	IU/kg、IU/(头・日)、μg/kg、μg/(头・日)、mg/kg、mg/(头・日)
常量元素	%、g/(头・日)、g/kg
微量元素	mg/kg、mg/(头・日)

注：kJ 为千焦，MJ 为兆焦，IU 为国际单位，kg 为千克，mg 为毫克，μg 为微克。

动物的营养需要不仅要考虑所需养分的种类，还要考虑各种养分的数量或比例。通常养分需要量的表示方法有每天每头需要量、养分浓度、能量与养分的比例等。

二、动物营养需要的测定方法

动物营养需要的测定方法有综合法和析因法。

1. 综合法

综合法常用的测定方法有饲养试验法、平衡试验法和比较屠宰试验法等。综合法是笼统地测定用于一个营养目标或多个营养目标的某种养分的总需要量，而不是剖析构成此需要量的各组成成分。

(1) 饲养试验法　即将试验动物分为数组，在一定时期按一定的营养梯度，喂给一定量已知营养含量的饲料，观察其生理变化，如体重的增减、体尺的变化、泌乳量的高低等指标。例如：有一批猪平均每天喂 2kg 饲料既不增重，也不减重，而另一组同样的猪，每天喂 3kg 相同的饲料，可获得平均日增重 0.8kg。则 2kg 饲料中所含的能量和蛋白质为该动物维持需要的能量和蛋白质数量，其余 1kg 所含的能量和蛋白质可视为增加 0.8kg 体重所需要的养分。若已知每千克饲料含若干千焦热量（消化能、代谢能或净能），就可推断出维持和一定生产水平的能量需要。

饲养试验法简单，需要的条件也不高，比较容易进行，但此法较粗糙，没有揭示动物机体代谢过程中的本质，因此，必须要有大量的统计材料才能说明问题。

(2) 平衡试验法　根据动物对各种营养物质或能量的“食入”与“排出”之差计算而得。这种方法纵然不了解体内转化过程，却可知道机体内营养物质的收支情况，由此可测知营养物质的需要量和利用率。此法适应于能量、蛋白质和某些矿物质需要量的测定。根据平衡试验法所测数值是绝对沉积量，并非是动物的供给量。例如，在对某家畜采用氮平衡试验，测定饲喂日粮、粪及尿中的含氮量。若测得该家畜每天在体内沉积氮 10g（相当于粗蛋白质 62.5g），则需要可消化粗蛋白质量为：沉积数/利用率。

现以不同体重的猪氮平衡情况为例，其计算方法见表 2-2。

表 2-2　不同体重的猪氮平衡情况

体重 /kg	日食入氮(①) /g	粪中氮(②) /g	消化氮 (①－②＝③) /g	尿中氮(④) /g	沉积氮 (③－④＝⑤) /g	消化氮的利用率 (⑤÷③×100%＝⑥) /%
24	22.7	3.7	19.0	7.5	11.5	60.5
36	33.4	5.2	28.2	12.0	16.2	57.4
52	42.7	6.9	35.8	16.6	19.2	53.6
73	51.2	8.5	42.7	22.4	20.3	47.5

(3) 比较屠宰试验法　从一批试验动物中抽取具有代表性的样本，按一定要求进行屠宰并分析其化学成分，作为基样。其余动物按一定营养水平定量饲养一阶段，然后用同样的方法再进行屠宰测定，两次结果对比，得出在已知营养喂量条件下的体内增长量，也就是该增长量所需的营养量，即增长所需。此法比较简单，且有相当的准确性，但投资比较大。

2. 析因法

析因法是根据动物代谢活动的各个方面，以及营养需要等多方面的总和来计算。可概括为

总营养需要＝维持营养需要＋生产营养需要

详细剖析则为如下公式

$$R=aW^{0.75}+cX+dY+eZ$$

式中，R 为某一营养物质的总需要量；$W^{0.75}$ 为代谢体重（kg，自然体重的 0.75 次方称为代谢体重）；a 为常数，即每千克代谢体重该营养物质需要量；X、Y、Z 为不同产品（如胚胎、体组织、奶、蛋、毛等）里该营养物质的量；c、d、e 为利用系数。

析因法取得的营养需要量，一般来说略低于综合法。在实际应用中，常由于某些干扰，

各项参数不易掌握。

三、动物的维持需要

动物的维持需要是动物生命和生产的基础，不能满足动物的维持需要，就不能保证动物的健康，更不可能获得生产性能。

动物的维持需要是指动物不从事任何生产（包括生长、妊娠、泌乳、产蛋等），只是维持正常生命活动的需要，包括维持体温、呼吸、血液循环、内分泌系统正常机能的实现，支持体态和体组织的更新，毛发、蹄角与表皮的消长，以及用于必需的自由活动等情况下，动物对各种营养物质的最低需要量。如干乳期空怀的成年母畜、非配种季节的成年公畜和休产母鸡等即处于维持状态。

1. 维持营养需要的意义

实际上维持状态下的动物，其体组织依然处于不断的动态平衡中。动物在维持状态下，为了维持正常的生理机能、一定的健康水平和体重不变的状态，仍然需要从饲料中获取各种营养物质。在动物生产中，维持需要属于无效益生产的需要，又是必不可少的一部分需要，动物只有在满足维持需要之后，多余的营养物质才用于生产。不同动物维持需要量不同，其对各种营养素的需要量也不同，用于维持消耗的营养物质的比例越大，动物产品产量及饲料转化率就越低。研究动物的维持需要及影响因素，尽可能减少影响维持需要的因素，使动物所食营养素最大限度用于生产。这对于降低生产成本，提高经济效益有重要意义。例如，在动物生产潜力允许范围内，增加饲料投入，可相对降低维持需要，从而增加生产效益。当然，缩短肉用动物的饲养时间，减少不必要的自由活动，加强饲养管理和注意保温等措施，也是减少维持营养需要的方法。

2. 影响动物维持营养需要的因素

（1）年龄和性别　幼龄动物代谢旺盛，单位体重的代谢消耗比成年和老年动物多，故幼龄动物的维持需要相对高于成年和老年动物。性别也影响代谢消耗，公畜比母畜代谢消耗高，如公牛高于母牛10%～20%。

（2）体重　动物的体重愈大，维持需要的绝对量也愈多。但就单位体重而言，体重小的维持需要较体重大的高。这是因为体重小者，单位体重所具有的体表面积大，散热多，故维持需要量也多。

（3）种类、品种和生产水平　按单位体重需要计算，鸡的代谢消耗和维持需要最高，猪次之，羊和马再次，牛最低。高产乳牛比低产乳牛的代谢强度高10%～32%，乳用家畜在泌乳期比干乳期高30%～60%；乳用牛比肉用牛的基础代谢高15%。一般代谢强度高的动物，按绝对量计，其维持需要也多；但维持需要所占的比例就愈小。例如，1头500kg体重的乳牛，日产20kg标准乳时，其维持消耗占总营养消耗的37%；而日产标准乳达40kg时，仅占23%。

（4）环境温度　动物都是恒温动物，动物机体通过调节产热量和散热量来维持恒定的体温。只有当产热量与散热量相等时，才能保持体温恒定。而散热量受环境温度、湿度、风速的影响很大。当气温低、风速大时，散热量显著增加，动物为了维持体温的恒定，必须加速体内氧化分解过程，提高代谢强度，以增加产热量。在这种情况下，维持的能量需要就可能成倍增加。动物由于气温低、开始提高代谢率时的环境温度，称为“临界温度”，也称为临界温度下限。而当气温过高时，动物的散热受阻，这时由于体内蓄热而致体温升高，使呼吸与循环加速，代谢率也要提高。这种因高温而提高代谢率的环境温度称为“过高温度”，也称为临界温度上限。不同动物的临界温度上限与下限都不同，在临界温度上限与临界温度下限之间的环境温度称为“等热区”。在等热区内动物代谢率最低，维持需要的能量最少。所以，无论严冬或酷暑都会增加动物的维持需要量。如猪体重在 23～57kg 阶段，其适宜温度为17～20℃，在 55～100kg 阶段则为 15～17℃。因此，实际饲养中，应注意调节舍温，以减少畜体无为的基础代谢消耗。

（5）活动量　动物的活动量愈大，代谢消耗愈多，用于维持的能量就越多。所以，饲养肉用动物应适当限制活动，这样可减少维持营养需要的消耗。

此外动物的生理状态、个体、被毛厚薄和营养状况等对维持需要都有一定的影响。因此应掌握影响动物维持需要的因素，实行科学的饲养管理，以达到降低维持消耗、提高生产效率的目的。

3. 维持营养需要的估计

（1）能量需要　维持的能量需要可通过基础（或绝食）代谢等方法加以估测。

基础代谢是指体况良好的动物处于安静状态（立卧各占一半时间）和适宜的外界温度及绝食时最低限度的能量代谢。这时的代谢只限于维持细胞内必要的生化反应和有关组织必要的和基本的活动。基础代谢消耗的能量主要用于心跳、循环、呼吸及细胞内必要代谢过程中的生化反应和维持体温所需要的能量。

基础代谢所具备的理想条件如下：

① 适温环境条件　处于适温环境条件下的动物不需要为暖和身体，也不需为冷却身体而增加能量消耗；当动物处于冷应激环境温度条件下时，动物体内糖、脂肪和蛋白质代谢加强，总热量增加；当动物处于热应激环境温度条件下时，动物为驱散体内余热，代谢反应增加。

② 动物必须处于饥饿和完全空腹状态　即消化道完全处于空腹状态。达到这种状态猪需要饥饿 72～96h，禽饥饿 48h，大鼠 19h，人 12～14h，兔 60h，反刍动物大于 78h，以避免由于采食而增加的热增耗造成基础代谢能量消耗的增大。

③ 动物必须处于绝对安静和放松状态　以避免增加产热。

④ 动物必须健康　测定基础代谢前营养状况良好。

试验表明，基础能量代谢大约与体重的 0.75 次方（$W^{0.75}$）成正比，也与体表面积有关，每千克代谢体重每天需要 293kJ 能量，即

$$基础代谢能量(净能,kJ/d)=293\times W^{0.75}$$

动物的维持能量需要，除了包括基础代谢能量消耗外，还包括非生产性自由活动及环境条件变化所引起的能量消耗。此外，还应充分考虑妊娠或高产状态下动物基础代谢加强所引起的营养消耗增加的部分。所以，根据基础代谢估测动物维持能量需要，可用公式表示为

$$维持能量需要(kJ)=293W^{0.75}\times(1+a)$$

式中，a 为动物非生产性活动的能量消耗率。

在生产条件下，一般家畜舍饲时，维持能量需要应在基础代谢上增加 20%，笼养鸡增加 37%，散养家畜增加 50%。

（2）蛋白质的需要　要想知道动物处于维持状态下对蛋白质的需要，首先要了解以下几个概念：

① 代谢粪氮　动物采食无氮日粮时，从粪中排出的氮称代谢粪氮（MFN），主要来自消化道黏膜脱落部分和消化液等。

② 内源尿氮　从尿中排出的氮称内源氮（EUN），动物体内蛋白质始终处于一种分解和合成代谢的动态平衡中，而分解代谢产生的氨基酸不可能全部重新用于蛋白质的合成代谢，氧化分解部分主要从尿中排除。

③ 体表氮损失　主要是毛发、蹄甲、羽毛、皮肤损失的氮。在维持状态下，由于动物用于更新毛发、蹄甲、羽毛、皮肤等组织时需要的蛋白质很少，所以体表氮损失一般忽略不

计。因此，只要计算代谢粪氮与内源尿氮，两者之和即为维持氮量，维持氮量乘以 6.25 即维持的蛋白质净需要量。

维持蛋白质需要＝(内源尿氮＋代谢粪氮)×6.25

(3) 矿物质的需要　钙、磷、钠等矿物质在代谢过程中，可被机体重复利用。一般维持时每 4184kJ 净能，需钙 1.25～1.26g，需磷 1.25g。钠和氯以食盐形式供给，每 100 千克体重为 2g。

(4) 维生素的需要　维生素 A 的需要量为 100kg 体重每日 6600～8800IU 或胡萝卜素 6～10mg；维生素 D 需要量为每 100 千克体重每日 90～100IU。但不同动物及不同年（日）龄个体有较大差异。

四、动物的生产需要

动物的生产需要是指动物生长、肥育、繁殖、泌乳、产蛋、产毛和使役等对各种营养物质的需要。生产需要与维持需要构成了动物总的营养需要。应充分认识到，生产与维持是一个复杂的整体过程中相互联系相互制约的两大方面。确定生产需要的主要依据是产品中养分的含量及饲料养分转换为产品养分的利用率。为了直观说明各类动物的营养需要并方便使用，本书将我国最新颁布的猪、鸡及奶牛饲养标准节录于附录中，可供配合日粮时参考。

第二节　动物的饲养标准

一、饲养标准的概念及意义

动物的饲养标准是根据大量饲养试验结果和动物生产的实际，对各种特定动物所需要的各种营养物质的定额做出的规定。现行饲养标准更确切的含义是：系统地表述经试验研究确定的特种动物（包括不同种类、性别、年龄、体重、生理状态和生产性能等）的能量和各种营养物质需要量或供给量的定额数值，经审定后，定期或不定期地以专题报告性的文件由有关权威机关颁布执行。

饲养标准通常有两种表示方法：一是每头动物每日所需各种营养物质的数量；二是对于群体饲养且自由采食的动物，以每千克饲粮中各种营养物质的含量或所占百分数表示。

饲料标准反映了动物生存和生产对饲养及营养物质的客观要求，高度概括了动物营养与饲料领域科学研究的最新进展和生产实践的最新总结，具有很强的科学性和广泛的指导性。同时饲养标准是在总结大量科学实验研究和实践经验的基础上，经过严格审定程序，由权威行政部门颁布实施，具有很强的权威性。它是动物生产计划组织饲料供给，设计饲粮配方、生产平衡饲粮和对动物实行标准化饲养的技术指南和科学依据。随着科学技术的不断发展，实验方法的不断进步，动物营养研究不断深入和研究结果更加准确，饲养标准或营养需要也更进一步接近动物对营养物质摄入的实际需要。

二、饲养标准的内容和表达方式

不同的饲养标准和营养需要除了在制定能量、蛋白质和氨基酸定额时所采用的指标体系有所不同外，其他指标采用的体系基本相同。我国饲料成分及营养价值表和各类动物饲养标准中常用的营养物质种类及其需要量的指标及其单位如下。

1. 采食量

干物质或风干物质采食量。

2. 能量

能量的表示因畜种而异。猪、羊等以消化能表示，家禽常以代谢能表示，这与一些发达国家饲养标准相一致；肉牛以产肉净能表示；奶牛以产奶净能表示，并以3138kJ产奶净能为1个奶牛能量单位（NND）。能量单位一般用每千克饲粮中含有千焦（kJ）或兆焦（MJ）表示。家畜也以每头每日需要能量（kJ或MJ）表示。

3. 蛋白质

我国各种动物的饲养标准中蛋白质需要量指标为粗蛋白质、可消化粗蛋白质或小肠可消化粗蛋白质，常以百分数表示。家畜以每头每日需要粗蛋白质、可消化粗蛋白质或小肠可消化粗蛋白质的量（g）表示。按照英国国家科学委员会制定的标准，对于在反刍动物，其蛋白质需要用瘤胃降解蛋白质、瘤胃未降解蛋白质来表示。

4. 蛋白能量比

蛋白能量比是每千克饲粮中粗蛋白质含量与能量的比值，常以g/MJ表示。

5. 氨基酸

饲养标准中一般列出部分或全部必需氨基酸的需要量，饲粮中以百分数或以每头每日所需克数表示。

6. 常量元素

主要考虑钙、磷（有效磷）、钠、氯等，饲粮中以百分数、每千克饲粮中常量元素的含量（mg）表示，或以每头每日需要的量（mg）表示。

7. 微量元素

主要考虑铁、铜、锌、锰、碘、硒等，以每千克饲粮中微量元素的含量（mg）或每头每日所需的量（mg）表示。

8. 维生素

维生素A、维生素D、维生素E以每千克饲粮中含多少国际单位（IU）或量（mg）表示，或以每头每日需多少IU或mg表示；维生素B_{12}和生物素以每千克饲粮中含有多少微克（μg）表示，或以每头每日需要多少μg表示；其他B族维生素等以每千克饲粮中含有的毫克（mg）量，或以每头每日需要的毫克（mg）量表示。

猪与禽等的饲养标准中各种营养物质的需要量，是指一定生理状态和生产水平条件下总营养物质的需要量，不再分为维持需要与生产需要。但奶牛的饲养标准却列有维持需要和生产需要两部分，计算奶牛每日的营养需要量，应包括维持需要、产奶需要、妊娠需要和体重变化需要四部分，因此要根据某头奶牛具体情况来确定营养需要的项目，以合理计算其总营养需要量。

三、应用饲养标准的原则

饲养标准是发展动物生产、制定生产计划、组织饲料供给、设计饲粮配方、生产平衡饲粮、实行标准化饲养管理的技术指南和科学依据。但是，饲养标准具有条件性和局限性，为了达到预期的目的和效果，在应用饲养标准时，要充分注意以下原则。

1. 适合性原则

在实际工作中，应用饲养标准时，首先要看所选用的饲养标准是否适合应用的对象，必须认真分析饲养标准与应用对象的适合程度，重点把握饲养标准所要求的条件与应用对象实际条件的差异，尽可能选择最适合应用对象的饲养标准。

2. 灵活性原则

同一品种动物，由于国家、地区、季节、环境温度以及饲料规格、质量和饲养技术不同，其饲养标准也应有所差异。但饲养标准是权威机构统一制定的，在制定标准过程中不能对所有的影响因素都加以考虑。比如同品种动物之间的个体差异，千差万别的饲料适口性和物理特性，不同的饲养环境条件的影响，甚至市场经济形势变化对饲养者的影响等，不可能制定适合于不同条件的多种饲养标准。只能结合具体情况，按饲养标准规定的原则灵活应用。所以饲养标准规定的数值，并不是在任何情况下都固定不变的，在采用动物饲养标准中营养定额设计日粮配方和拟定饲养计划时，对饲养标准要正确理解，因地制宜地做出适当调整，不可机械地照搬执行。

3. 效益性原则

应用饲养标准规定的营养定额，不能只强调满足动物对营养物质的客观要求，还应考虑饲料生产成本，必须贯彻营养、效益（包括经济、社会和生态等）相统一的原则。在饲料或动物产品市场变化的情况下，可以通过改变饲粮的营养浓度不改变平衡，而达到既不浪费饲料中的营养物质又实现调节动物产品的数量和质量的目的，从而体现效益性原则。

【复习思考题】

1. 名词解释：营养需要、维持营养需要、饲养标准。
2. 在实际生产中，有哪些降低动物维持营养需要的方法？
3. 产蛋鸡日粮每千克含代谢能为 11.9MJ，粗蛋白质水平为 16.5%，请计算产蛋鸡日粮的蛋白能量比。
4. 应用动物饲养标准时应注意哪些？

第三章　动物营养基础

【知识目标】

- 了解各种营养物质与动物营养的关系。
- 理解各种营养物质的营养原理。
- 掌握能量在动物体内的转化过程。
- 掌握蛋白质、碳水化合物、脂肪的营养代谢特点。

【技能目标】

- 能解释各种营养物质的主要营养生理功能。
- 能说出单胃动物和反刍动物三大有机物的营养代谢特点。
- 能判定动物矿物元素的缺乏症或中毒症，提出合理的预防或治疗措施。
- 能识别维生素的典型缺乏症，在生产中合理供给动物需要的维生素。

第一节　水与动物营养

水对动物极为重要，动物体内含水量在50%～80%之间。畜禽绝食期间，几乎消耗体内全部的脂肪、半数的蛋白质，或失去40%的体重，此时动物仍能生存。但动物体水分丧失10%就会引起代谢紊乱，失水20%则会导致死亡。

一、水的生理功能

1. 水是动物体内重要的溶剂

各种营养物质的消化吸收、运输与利用及其代谢废物的排出，均需溶解在水中方可进行。

2. 水是各种生化反应的媒介

动物体内的化学反应是在水媒介中进行的，水不仅参加体内的水解反应，还参与氧化还原反应、有机物质合成以及细胞呼吸过程。

3. 水对体温调节起重要作用

由于水的比热高，因而吸收的热较多。动物体代谢过程中产生的热能通过体液交换和血液循环，水能将体内产生的热经体表皮肤或肺部呼气中散发。同时，水具有很高的蒸发热(每克水在37℃时完全蒸发可吸热2500J左右)，蒸发少量的汗，就能散发大量的热，这对具有汗腺的动物维持体温恒定更为重要。

4. 水具有润滑作用

泪液可防止眼球干燥；唾液可湿润饲料和咽部，便于吞咽；关节液润滑关节，使之活动自如并减少活动时的摩擦；体腔内和各器官间的组织液可减少器官间的摩擦力，起到润滑作用。

5. 水能维持组织、器官的形态

动物体内的水大部分与亲水胶体相结合，成为结合水，直接参与构成活的细胞与组织。这种结合水能使组织器官有一定的形态、硬度及弹性，以利于完成各自的机能。

6. 缺水的后果

短期缺水，会引起动物生产力下降，幼年动物生长受阻，肥育家畜增重缓慢，泌乳母畜产奶量急剧下降，母鸡产蛋量急速减少，蛋重减轻、蛋壳变薄。

动物长期饮水不足，会损害健康。当动物体失去体重1%～2%的水时，即开始感觉干渴。动物缺水初期食欲明显减退，尤其是不愿进食干饲料，此后，随着失水增多，当水含量减少8%时，干渴感觉严重，可致食欲完全废绝，消化机能迟缓乃至完全丧失，机体免疫力和抗病力明显减弱。

严重缺水危及动物生命。长期水饥饿的动物，各组织器官缺水，血液浓缩，营养物质代谢发生障碍，组织中脂肪和蛋白质分解加强，体温升高，常因组织内积蓄有毒代谢产物而死亡。实际上，畜禽得不到水分比得不到饲料更难维持生命，因此，必须保证供水。

二、动物体内水的来源和排出

1. 水的来源

（1）饮水　饮水是畜禽水的主要来源。饮水必须注意水质，要求水质良好，无污染，并符合饮水水质标准和卫生要求。可溶总盐分浓度在1000～5000mg是安全范围。

（2）饲料水　动物随饲料摄入的水分，因采食的饲料种类不同而有差异，有的饲料含水量很高，如青牧草、块根、块茎及糟渣类等含水量达70%～90%以上，有的饲料含水量则很低，如干草、秸秆、谷实及饼粕等含水量仅8%～15%。随饲料摄入的水分愈多，则所需水分愈少；反之，则愈多。例如，在青饲条件下，动物可随饲料摄入大量水分，故需由饮水摄入的水相对较少。

（3）代谢水　是动物所需水的来源之一，所谓代谢水是指营养物质在机体内氧化所产生的水。每克碳水化合物、脂肪、蛋白质氧化分别产生0.6ml、1.07ml、0.41ml的水；在合成糖原过程中每1分子葡萄糖可生成1分子水；由脂肪酸与甘油合成1分子脂肪过程中可形成3分子水；由n分子氨基酸结合形成蛋白质时可产生n分子水，通常动物机体需水量的5%～10%可由代谢水提供。代谢水对于冬眠动物和沙漠里的小啮齿动物的水平衡十分重要，它们有的永远靠采食干燥饲料为生而不饮水，冬眠过程中不摄食不饮水仍能生存。

2. 水的排出

动物体不断摄入水分，并须经常排出体外，以维持机体水的平衡。

（1）通过粪和尿排泄　泌尿器官是调节机体水平衡的重要器官，通常随尿排出的水占到总排水量50%左右。以粪形式排出的水量随动物种类不同而异。牛、马等动物从粪中排出的水量较多，绵羊、狗、猫等动物由粪便排出的水较少。

（2）通过皮肤和肺脏的蒸发　由皮肤表面失水的方式有两种：一是由血管和皮肤的体液中简单地扩散到皮肤表面蒸发，二是通过排汗失水，具有汗腺的动物处在高温时经出汗排出大量水分，如马的汗液含水量约94%，排汗量随气温上升及肌肉活动量的增强而增加。

不少动物汗腺不发达或缺乏汗腺，体内水的蒸发多以水蒸气的形式经肺呼气排出。无汗腺的母鸡通过皮肤扩散失水和肺呼出水蒸气的排水量占总排水量的17%～35%。

（3）经动物产品排泄　泌乳亦是水排出的重要途径，例如奶牛每产1kg牛奶可排出0.87kg水。产蛋家禽可通过蛋排水，每产1枚60g重的蛋可排出42g以上的水。

三、动物需水量及影响因素

1. 需水量

动物的最低需水量因受多种因素影响而较难估计。生产实践中，动物的需水量常以采食饲料干物质量估计，对牛和绵羊，每采食1kg饲料干物质约需水3～4kg；猪、马和家禽约需 2～3kg，猪在高温环境里需水量可增至 4～4.5kg。

2. 影响因素

（1）动物种类和品种　不同种类的动物，体内水的流失情况不同。哺乳动物粪尿或汗液流失的水比鸟类多，需水量相对较多。

（2）年龄　幼龄动物需水量比成年动物多。

（3）生理状态　动物妊娠需水量高于空怀期；泌乳期需水量高于干奶期；产蛋母鸡比休产母鸡需水量多。动物处于疾病状态时需水量增加。

（4）生产力　动物生产力提高的同时，需水量增加，高产奶牛，高产母鸡和重役马需水量比同类的低产动物多。

（5）饲料性质　饲料中粗蛋白质、矿物盐及粗纤维的含量高时，动物体需水量多。饲料中含有毒素时，需水量增加。饲喂青绿饲料时，需水量少。

（6）气温　气温亦是影响动物需水量的重要因素，气温愈高则动物需水愈多，气温高于 30℃，动物需水量明显增多，气温低于 10℃则需水量明显减少。

第二节　碳水化合物与动物营养

碳水化合物广泛存在于植物性饲料中，在动物日粮中占一半以上，是供给动物能量最主要的营养物质。

一、碳水化合物的组成与功能

1. 碳水化合物的组成

植物性饲料中的碳水化合物又称糖，大多由碳、氢、氧三种元素组成。其中氢与氧原子的比为 2∶1，与水的组成相同，故称为碳水化合物（图 3-1）。但习惯上的糖为水溶性的单糖和寡糖，不包括多聚糖。

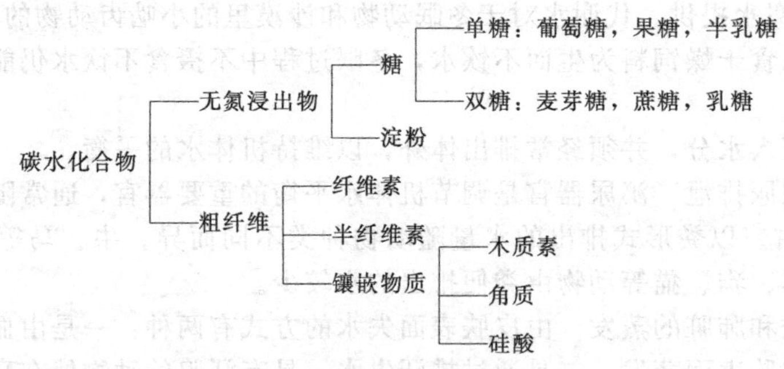

图 3-1　碳水化合物的分类

寡糖：又称低聚糖，是指 2～10 个单糖通过糖苷键连接起来形成直链或支链的一类糖。

多聚糖：10 个糖单位以上的称为多聚糖，同一糖单位组成的为同质多糖如淀粉、纤维素、半乳聚糖等，由不同糖单位组成的称为杂多糖，如半纤维素、果胶透明质酸、黏多糖等。

2. 碳水化合物的营养功能

（1）碳水化合物是体组织的构成物质　碳水化合物普遍存在于动物体各种组织中，作为细胞的构成成分，参与多种生命过程，在组织生长的调节中起重要作用。

（2）碳水化合物是动物体内能量的主要来源　碳水化合物在动物体内的主要作用是氧化供能，动物所需能量中，约 80% 由碳水化合物提供。其产热量虽然低于同等重量脂肪所产生的热能，但因它在植物饲料中含量丰富，价格便宜，故动物体主要依靠碳水化合物氧化分解供能最为经济。

(3) 碳水化合物是动物体内的营养贮备物质　饲料中碳水化合物除供动物所需的养分外，有多余时可转变为糖原和脂肪贮存起来，糖原存在于肝脏和肌肉中，分别称为肝糖原和肌糖原。肝脏和肌肉等组织由于合成糖原的能力十分有限，故不可能无限制地合成糖原，当动物合成糖原之后仍有剩余时，将合成脂肪贮备于体内。

(4) 碳水化合物是合成乳脂和乳糖的重要原料　单胃动物主要利用葡萄糖合成乳脂，而反刍动物则利用碳水化合物在瘤胃中发酵产生的乙酸合成乳脂中的脂肪酸，乳脂中的甘油则主要由血液中的葡萄糖合成，乳中的乳糖由葡萄糖合成，其葡萄糖可来源于血液的葡萄糖及碳水化合物在瘤胃中发酵产生的丙酸所合成的葡萄糖。

(5) 粗纤维是日粮中不可缺少的成分　粗纤维是各种动物尤其是草食动物日粮中不可缺少的成分。粗纤维经微生物发酵产生的各种挥发性脂肪酸，除用以合成葡萄糖外，还可氧化供能；粗纤维是草食动物的主要能量来源物质，它所提供的能量可满足草食动物维持能量消耗；粗纤维体积大、吸水性强，不易消化，可充填胃肠容积，使动物食后有饱感；粗纤维可刺激消化道黏膜，促进胃肠蠕动、消化液的分泌和粪便的排出。

(6) 寡糖的特殊作用　碳水化合物中的寡糖已知有1000种以上，目前在动物营养中常用的主要有寡果糖、寡甘露糖、寡乳糖、寡木糖。寡聚糖可作为有益健康的基质改变肠道菌群，建立健康的肠道微生物区系；寡糖还有清除消化道内病原菌、激活机体免疫力系统等作用，日粮中添加寡糖可增强机体免疫力、提高成活率、增重及饲料转化率。寡糖作为一种稳定、安全、环保性良好的抗生素替代物，在畜牧业生产中有着广阔的发展前景。

二、单胃动物碳水化合物的营养特点

碳水化合物在动物体内代谢方式有两种，一是葡萄糖代谢，二是挥发性脂肪酸代谢。其过程简式表示如下

碳水化合物 —(酶)→ 葡萄糖等单糖 ／ —(细菌)→ 乙酸、丙酸、丁酸 → 肝脏 → 参加三羧酸循环氧化供能，部分葡萄糖合成糖原 ／ → 部分合成体脂肪、乳脂肪和其他物质

1. 无氮浸出物营养

单胃动物以猪为例。饲料中碳水化合物被猪采食后进入口腔，猪口腔的唾液淀粉酶活性较强，少部分淀粉经唾液淀粉酶的作用水解为麦芽糖等；胃本身不含消化碳水化合物的酶类，而是由饲料从口腔带入部分淀粉酶，猪胃内大部分为酸性环境，淀粉酶失去活性，只有在贲门腺区和盲囊区内，一部分淀粉在唾液淀粉酶作用下水解为麦芽糖；小肠中含有消化碳水化合物的各种酶；其消化过程如下

淀粉 —(胰淀粉酶、肠淀粉酶)→ 麦芽糖 —(麦芽糖酶)→ 葡萄糖

蔗糖 —(蔗糖酶)→ 葡萄糖＋果糖

乳糖 —(乳糖酶)→ 葡萄糖＋半乳糖

无氮浸出物最终的分解产物是各种单糖，其中大部分由小肠壁吸收，经血液输送至肝脏，在肝脏中，其他单糖首先都转变为葡萄糖。其中大部分葡萄糖经体循环输送至身体各组织，参加循环，氧化释放能量供动物需要；一部分葡萄糖在肝脏合成肝糖原；一部分葡萄糖通过血液输送至肌肉，形成肌糖原；再有过多的葡萄糖时，则被输送至动物脂肪组织的细胞

中合成体脂肪作为贮备。

2. 粗纤维营养

单胃动物的胃和小肠不分泌纤维素酶和半纤维素酶，因此饲料中的纤维素和半纤维素不能在其中酶解，饲料中的纤维素和半纤维素的消化主要依靠盲肠和结肠中的细菌发酵，将其酵解产生乙酸、丙酸和丁酸等挥发性脂肪酸及 CH_4、H_2、CO_2 等气体，部分挥发性脂肪酸可被肠壁吸收，经血液输送至肝脏，继而被动物利用，而气体排出体外。

猪碳水化合物代谢特点：以葡萄糖代谢为主，消化吸收的主要场所是在小肠，靠酶的作用进行。挥发性脂肪酸为辅助代谢方式，且在大肠中靠细菌发酵进行，其营养作用较小，因此猪能大量利用淀粉和各类单、双糖，但不能大量利用粗纤维。猪饲粮中粗纤维水平不宜过高，一般为4%～8%。

禽碳水化合物代谢特点与猪相似，但缺少乳糖酶，故乳糖不能在家禽消化道中水解，而粗纤维的消化只在盲肠。因此，它利用粗纤维的能力比猪还低，鸡饲粮中，粗纤维的含量以3%～5%为宜。

单胃草食动物，如马、驴、骡等，对碳水化合物的消化代谢过程与猪基本相同，单胃草食动物虽然没有瘤胃，但盲肠、结肠较发达，其中的细菌对纤维素和半纤维素具有较强的消化能力，因此，它们对粗纤维的消化能力比猪强，但不如反刍动物。马属动物既可进行葡萄糖代谢又可进行挥发性脂肪酸代谢。

三、反刍动物碳水化合物的营养特点

1. 粗纤维营养

反刍动物瘤胃是消化粗纤维的主要器官。饲料粗纤维进入瘤胃后，被瘤胃细菌降解为乙酸、丙酸和丁酸等挥发性脂肪酸，同时产生 CH_4、H_2 和 CO_2 等气体，分解后由血液输送至肝脏。在肝脏中，丙酸转变为葡萄糖，参与葡萄糖代谢，丁酸转变为乙酸，乙酸随体循环到各组织中参加循环，氧化释放能量供给动物体需要，同时也产生 CO_2 和 H_2O，还有部分乙酸被输送至乳腺用以合成乳腺脂肪。所产气体以嗳气等方式排出体外。反刍动物体内碳水化合物消化代谢关系见图 3-2。

瘤胃中未被降解的粗纤维通过小肠时无大变化，到达盲肠与结肠时，部分粗纤维又可被细菌降解为挥发性脂肪酸及气体，挥发性脂肪酸可被肠壁吸收参加机体代谢，气体排出体外。

2. 无氮浸出物营养

反刍动物口腔中唾液多但淀粉酶少，饲料中淀粉在口腔内变化不大，饲料中大部分淀粉和糖进入瘤胃后被细菌降解为挥发性脂肪酸及气体。挥发性脂肪酸被瘤胃壁吸收参加机体代谢，气体排出体外。

瘤胃中未被降解的淀粉和糖进入小肠，在淀粉酶、麦芽糖酶及蔗糖酶等的作用下分解为葡萄糖等单糖，被肠壁吸收，参加机体代谢，小肠中未被消化的淀粉和糖进入结肠与盲肠，被细菌降解为挥发性脂肪酸并产生气体，挥发性脂肪酸被肠壁吸收参加代谢，气体排出体外。

在所有消化道中未被消化吸收的无氮浸出物和粗纤维，最终由粪便排出体外。

反刍动物碳水化合物代谢特点：以挥发性脂肪酸代谢为主，在瘤胃和大肠中靠细菌发酵，以葡萄糖代谢为辅，在小肠中靠酶的作用进行，故反刍动物不仅能大量利用无氮浸出物，也能大量利用粗纤维。

反刍动物瘤胃容积大，并生存有大量分解粗纤维的纤维分解菌，瘤胃又处于消化道前段，粗纤维分解的终产物有充分的机会被动物体吸收，因此，反刍动物对粗纤维的消化率一

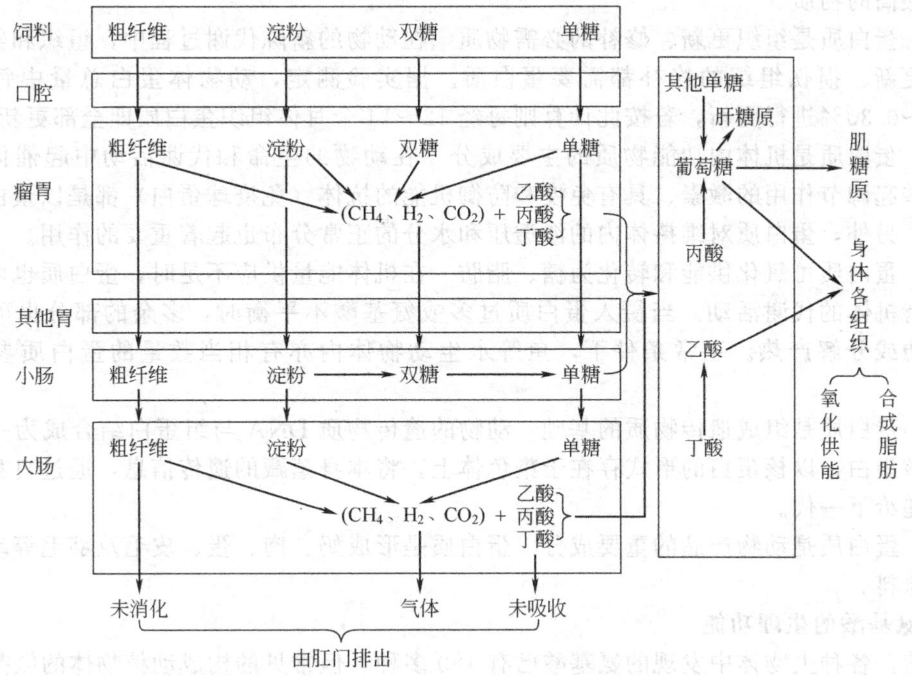

图 3-2　反刍动物体内碳水化合物消化代谢简图

般可达 42%～61%。

瘤胃发酵形成的各种挥发性脂肪酸的数量因日粮组成、微生物等因素的不同而异。对于肉牛，提高精料比例、将粗饲料磨成粉状饲喂，则产生乙酸、丙酸，利于合成体脂肪，提高增重改善肉质；对于奶牛，粗饲料比例增加，则形成乙酸，利于形成乳脂，提高乳脂率。

对于反刍动物，粗纤维除具有发酵产生挥发性脂肪酸的营养作用外，还对保证消化道正常功能、维持健康、调节微生物区系具有重要作用。所以粗饲料一般占日粮干物质的 50% 以上，奶牛粗饲料供给不足或粉碎过细，轻则影响产奶量、降低乳脂率，重则引起奶牛蹄叶炎、酸中毒、瘤胃不完全角化症等。奶牛日粮中按干物质计，粗纤维含量约为 17%，低于或高于此范围都会产生不良影响。

第三节　蛋白质与动物营养

蛋白质是一种复杂的高分子有机化合物，是塑造一切细胞和组织结构的重要成分。一切生命活动均与蛋白质密切相关，其作用是其他营养物质所不能代替的。

蛋白质是由氨基酸组成的一类数量庞大的物质的总称。通常所讲的粗蛋白质包括真蛋白质和非蛋白质类含氮化合物。蛋白质的主要组成元素是碳、氢、氧、氮，大多数的蛋白质还含有硫，少数含有磷、铁、铜和碘等元素。各种蛋白质的含氮量虽不完全相等，但差异不大，一般蛋白质的含氮量按 16% 计。动植物体中真蛋白质含氮量的测定比较困难，通常只测定其中的总含氮量，然后乘以蛋白质系数 6.25（或除以 16%），并以粗蛋白质表示。

一、蛋白质、氨基酸及肽的生理功能

1. 蛋白质的生理功能

(1) 蛋白质是构成动物体最基本的物质　动物体各种组织器官如肌肉、皮肤、内脏、神经、血液、精液、毛发、喙等，均由蛋白质作为结构物质而形成，蛋白质是动物体内除水分

外含量最高的物质。

(2) 蛋白质是组织更新、修补的必需物质　在动物的新陈代谢过程中，组织和器官的蛋白质的更新、损伤组织的修补都需要蛋白质。据实验测定，动物体蛋白总量中每天约有0.25%～0.30%进行更新，若按此计算则每经12～14个月体组织蛋白质即全部更新一次。

(3) 蛋白质是机体内功能物质的主要成分　在动物的生命和代谢活动中起催化作用的酶、某些起调节作用的激素、具有免疫和防御机能的抗体（免疫球蛋白）都是以蛋白质为主要成分。另外，蛋白质对维持体内的渗透压和水分的正常分布也起着重要的作用。

(4) 蛋白质可氧化供能和转化为糖、脂肪　在机体能量供应不足时，蛋白质也可分解供能，维持机体的代谢活动。当摄入蛋白质过多或氨基酸不平衡时，多余的部分也可转化成糖、脂肪或分解产热。正常条件下，鱼等水生动物体内亦有相当数量的蛋白质参与供能作用。

(5) 蛋白质是组成遗传物质的基础　动物的遗传物质DNA与组蛋白结合成为一种复合体——核蛋白，以核蛋白的形式存在于染色体上，将本身蕴藏的遗传信息，通过自身的复制过程传递给下一代。

(6) 蛋白质是动物产品的重要成分　蛋白质是形成奶、肉、蛋、皮毛及羽毛等动物产品的重要原料。

2. 氨基酸的生理功能

目前，各种生物体中发现的氨基酸已有180多种，但常见的构成动植物体的氨基酸只有20种。植物能合成自己全部的氨基酸，但动物不能。常见氨基酸功能如下。

(1) 赖氨酸　赖氨酸在动物体内不能自行合成，是动物最易缺乏的必需氨基酸之一。它是动物体内合成细胞蛋白质和血红蛋白所必需的氨基酸，也是幼龄动物生长发育所必需的营养物质。日粮中缺乏赖氨酸，会导致动物食欲降低，体况消瘦，瘦肉率下降，生长停滞；血红蛋白量减少，贫血，甚至引起肝脏疾病；皮下脂肪减少，骨的钙化失常。

植物性饲料，除大豆、豆饼（粕）富含赖氨酸外，其余含量均低；优质鱼粉含赖氨酸较多。

(2) 蛋氨酸　它是含硫氨基酸。蛋氨酸不仅是合成蛋白质的原料，而且是动物体代谢中一种重要的甲基供体。通过甲基转移，参与肾上腺素、胆碱和肌酸的合成；肝脏脂肪代谢中，参与脂蛋白的合成，将脂肪输出肝外，防止动物产生脂肪肝，降低胆固醇；此外，还具有促进动物被毛生长的作用。蛋氨酸脱甲基后可转为胱氨酸和半胱氨酸。动物缺乏蛋氨酸时表现为发育不良，体重减轻，肝、肾机能受到破坏。

动物性饲料中含蛋氨酸较多，植物性饲料中均欠缺，一般常采用DL-蛋氨酸补饲。

(3) 色氨酸　色氨酸参与血浆蛋白的更新，并与血红素、烟酸的合成有关；它能促进维生素B_2作用的发挥，并具有神经冲动的传递功能；是幼龄动物生长发育和成年动物繁殖、泌乳所必需的氨基酸。动物缺少色氨酸时，食欲降低，体重减轻，生长停滞；产生贫血、下痢，视力破坏并患皮炎等。种公畜缺乏时睾丸萎缩。产蛋母鸡缺乏时无精卵多，胚胎发育不正常或中途死亡。

色氨酸在动物蛋白中含量多，玉米中含量较低。

(4) 亮氨酸　亮氨酸是合成体组织蛋白与血浆蛋白所必需的氨基酸，可促进雏鸡的食欲和体重的增加。亮氨酸是免疫球蛋白的成分，并能促进骨骼肌的合成，对除骨骼肌以外的机体组织的降解有抑制作用。

(5) 异亮氨酸　异亮氨酸与亮氨酸共同参与体蛋白质的合成。缺乏异亮氨酸时，动物不能利用饲料中的氮。用不含异亮氨酸的饲料育雏，雏鸡体重下降，且过一定时间后雏鸡会死亡。

（6）缬氨酸　缬氨酸具有保持神经系统正常机能的作用。缺乏时，动物生长停滞，运动失调。它是免疫球蛋白的成分并影响动物的免疫反应。

（7）苯丙氨酸　苯丙氨酸是合成甲状腺素和肾上腺素所必需的氨基酸。缺乏苯丙氨酸时甲状腺和肾上腺机能受到破坏，用缺乏苯丙氨酸的饲料育雏，雏鸡体重减轻。

（8）组氨酸　组氨酸大量存在于细胞蛋白质中，参与机体的能量代谢。组氨酸是生长期动物的必需氨基酸，缺乏时生长停滞。

（9）精氨酸　精氨酸也是生长期动物的必需氨基酸，缺乏时体重下降；精子蛋白中精氨酸约占80%左右，缺乏时，精子生成受到抑制，公猪表现尤为明显；精氨酸在肝脏生成尿素的过程中起着极其重要的作用；精氨酸还具有免疫调节功能，可防止胸腺的退化（尤其是受伤后的退化），补充精氨酸能增加胸腺的重量，促进胸腺中淋巴细胞的生长。

（10）苏氨酸　苏氨酸参与体蛋白的合成，缺乏时动物体重迅速下降；苏氨酸是免疫球蛋白的成分，也是母猪初乳与常乳中免疫球蛋白中含量最高的氨基酸；苏氨酸作为黏膜糖蛋白的组成成分，有助于形成防止细菌与病毒入侵的非特异性防御屏障。

（11）甘氨酸　甘氨酸在动物体内参与多种化合物的合成。它与氨甲酸及二氧化碳等共同合成核酸的重要成分嘌呤类；与琥珀酸共同合成血红素的重要成分卟啉类；它也是合成肝氨胆酸、谷胱苷肽、肌酸及血红素的原料。甘氨酸是雏鸡的必需氨基酸，缺乏时，雏鸡的腿呈现一种麻痹状，羽毛发育严重损坏。

3. 肽的生理功能

经深入研究，人们认识到动物对蛋白质的需要不能完全由游离氨基酸来满足，肽特别是小肽在蛋白质营养中有着重要的作用。小肽一般是指由2～3个氨基酸组成的寡肽，可直接被消化道吸收进入循环系统，被组织代谢利用。其营养生理功能简述如下。

（1）促进氨基酸的吸收，提高蛋白质沉积率　小肽与游离氨基酸具有相互独立的吸收机制，二者互不干扰。小肽吸收系统具有速度快、耗能低、不易饱和等特点，在氨基酸吸收中有着很重要的作用。很多试验证明，肽中的氨基酸残基比相应的游离氨基酸吸收更快。当以小肽作为动物的氮源时，机体蛋白质沉积率高于相应氨基酸的纯合日粮。如完全以小肽的形式供给日粮蛋白质，鸡赖氨酸的吸收速度则不再受精氨酸的影响。由于小肽吸收迅速，吸收峰高，能快速提高动、静脉氨基酸差值，从而可提高整体蛋白质合成。

（2）促进矿物质元素吸收利用　小肽可与钙、锌、铜、铁等矿物质离子形成螯合物增加其可溶性，有利于机体的吸收。酪蛋白磷酸肽在动物小肠内能与钙结合而阻止磷酸钙沉淀的形成，使肠道内溶解钙的量大大增加，从而促进钙的吸收和利用。

（3）促进瘤胃微生物对营养物质的利用　小肽对于瘤胃微生物有重要的作用。肽是瘤胃微生物合成蛋白质的底物，瘤胃微生物合成的氮大约有2/3来源于肽和氨基酸。可溶性糖作为能源时，小肽促进可溶性糖分解菌的速度比氨基酸的促进作用高70%。小肽对瘤胃微生物的主要效应是加快微生物繁殖速度，缩短细胞分裂周期，并且小肽是瘤胃微生物达到最大生长效率的关键因子。但小肽能否促进微生物的生长主要取决于作为能源的碳水化合物的发酵速度，对发酵速度快的可溶性糖，小肽能促进微生物的生长，而对发酵速度慢的纤维素等物质，小肽不能促进微生物生长。

（4）提高动物生产性能　在生长猪日粮中添加少量小肽，能显著提高猪的日增重、蛋白质利用率和饲料转化率；断奶仔猪添加小肽制品，能极显著地提高日增重和饲料转化率；在蛋鸡基础日粮中加入肽制品后，蛋鸡的产蛋率、日产蛋量和饲料转化率均显著提高，蛋壳强度有提高的趋势。

除以上功能外，小肽能阻碍脂肪的吸收，并能促进“脂质代谢”，因此，在保证摄入足够量的肽的基础上，将其他能量组分减至最低，可达到减肥的目的。此外，体内小肽可促进葡萄糖的转运且不增加肠组织的氧消耗；鸡蛋蛋白中提取的某些肽能促进细胞的生长和脱氧核糖核酸（DNA）的合成。

动物机体所需小肽主要由日粮蛋白质在消化道内分解产生，影响日粮提供小肽数量的因素主要有：蛋白质的品质、氨基酸比例、加工及贮藏条件、饲养方式和日粮营养水平等。

总之，肽是蛋白质营养生理作用的一种重要形式。小肽产品的开发应用将在动物生产中具有广阔的前景。

二、蛋白质供给不足与过量

1. 蛋白质供给不足的后果

饲粮中蛋白质不足或蛋白质品质低下，会影响动物的健康、生长、繁殖及生产性能，其主要表现为以下几方面。

（1）消化机能紊乱　饲粮中蛋白质的缺乏首先会影响胃肠黏膜及其分泌消化液的腺体组织蛋白的更新，从而影响消化液的正常分泌，引起动物消化功能紊乱。动物会出现食欲下降，采食量减少，营养吸收不良及慢性腹泻等异常现象。

（2）动物生长发育受阻或体重减轻　幼龄动物正处于皮肤、骨骼、肌肉等组织迅速生长和各种器官发育的旺盛时期，需要蛋白质多。若饲粮中蛋白质缺乏，幼龄动物增重缓慢，生长停滞，甚至死亡。成年动物则会因体组织器官尤其是肌肉和脏器的蛋白质合成和更新不足，而使体重大幅度减轻，并且这种损害很难恢复正常。

（3）易患贫血症及其他疾病　动物缺少蛋白质，体内不能形成足够血红蛋白和血细胞蛋白质而患贫血症。并因血液中免疫抗体数量减少，使机体的抗病力减弱，容易感染各种疾病。

（4）影响繁殖机能　日粮中若缺乏蛋白质会影响控制和调节生殖机能的重要内分泌腺——脑垂体的作用，抑制其促性腺激素的分泌。其有害影响对于公畜表现为睾丸的精子生成作用异常，精子数量减少和品质降低，对于母畜则表现为影响正常的发情、排卵、受精和妊娠，导致难孕、流产、弱胎和死胎等。

（5）生产性能降低　若饲粮中缺乏蛋白质时，可使生长动物增重缓慢，泌乳动物泌乳量下降，绵羊的产毛量及家禽的产蛋量减少，而且动物产品的质量也会降低。

2. 蛋白质过量的危害

饲粮中蛋白质超过动物的需要，不仅造成浪费，而且多余的氨基酸在肝脏中脱氨，形成尿素由肾随尿排出体外，加重肝肾的负担，严重时引起肝肾疾患。

三、单胃动物蛋白质营养

1. 单胃动物蛋白质消化代谢特点

（1）蛋白质的消化　动物进食的饲料蛋白质进入胃，在胃酸和胃蛋白质酶的作用下，部分蛋白质被分解为分子较少的胨与际，然后随同未被消化的蛋白质一同进入小肠继续进行消化，蛋白质和大分子肽在小肠中经胰蛋白质酶和糜蛋白酶的作用消化分解而生成大量游离氨基酸和小分子肽（寡肽），在胃和小肠中未被消化的饲料蛋白质经由大肠以粪的形式排出体外，其中部分蛋白质可降解为吲哚、粪臭素、酚、H_2S、NH_3 和氨基酸，细菌虽可利用 NH_3 和氨基酸合成菌体蛋白质，但最终还是随粪便排出。以猪为例，其蛋白质消化代谢过程如图 3-3。

马、驴、骡等草食动物的盲肠结构较为发达，不仅可以消化饲料中蛋白质，还可以消化氨化物，主要方式是微生物发酵。

（2）蛋白质的吸收　单胃动物主要以氨基酸的形式吸收利用蛋白质，其吸收部位在小

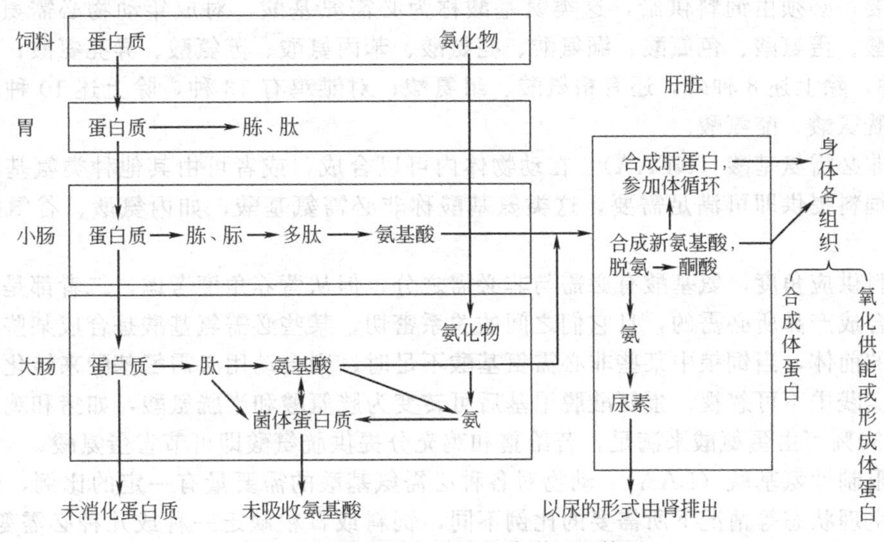

图 3-3 猪对蛋白质消化代谢过程简图

肠，而且主要在十二指肠部位，亦可吸收少量寡肽。

(3) 蛋白质的代谢与利用 蛋白质在体内不断发生分解和合成，无论是外源性蛋白质或是内源性蛋白质，均是首先分解为氨基酸，然后进行代谢，因此，蛋白质代谢实质上是氨基酸的代谢。

通常将饲料蛋白质在消化酶作用下分解产生的氨基酸称“外源性氨基酸”，而将体组织在组织蛋白酶作用下分解产生的氨基酸和由非蛋白质物质在体内合成的氨基酸称“内源性氨基酸”，二者联合构成氨基酸代谢池，均经血液循环达到全身各个器官，并进入各种组织细胞进行代谢。在代谢过程中，氨基酸可用于合成组织蛋白质，供机体组织的更新，生长，形成动物产品的需要，还可用于合成各种活性物质，未用于合成组织蛋白质和生物活性物质的氨基酸则在细胞内分解，经脱氨基作用生成的 NH_3，哺乳动物将其转化为尿素，鸟类转化为尿酸排出体外；非含氮部分则氧化分解为 CO_2 和 H_2O，并释放能量或转化为脂肪和糖原作为能源贮备。

(4) 各种单胃动物蛋白质消化代谢特点 动物的种类不同，其蛋白质消化代谢的特点各不相同。

① 猪 蛋白质消化吸收的主要场所是小肠，并在酶的作用下，最终以大量氨基酸和少量寡肽的形式被机体吸收、利用，而大肠的细菌虽然可利用少量氨化物合成菌体蛋白质，但最终绝大部分还是随粪便排出。因此，猪能大量利用饲料中蛋白质，而不能大量利用氨化物。

② 禽 腺胃容积小，饲料停留时间短，消化作用不大，肌胃是磨碎饲料的器官。因此，家禽蛋白质消化吸收的主要场所也是小肠，其特点大致与猪相同。

③ 马属动物和兔等单胃草食动物 盲肠与结肠相当发达，它们在蛋白质消化过程起着重要作用，这一部位消化蛋白质的过程类似反刍动物，而胃和小肠蛋白质的消化过程与猪类似，因此草食动物不仅能利用饲料中蛋白质，还能利用饲料中氨化物。

2. 必需氨基酸、非必需氨基酸及限制性氨基酸

氨基酸是组成蛋白质的基本单位，单胃动物的蛋白质营养实质上就是氨基酸营养，饲料蛋白质品质的好坏，取决于它所含各种氨基酸的平衡状况。

(1) 必需氨基酸（EAA） 组成蛋白质的氨基酸有 20 多种，对动物来说都是必不可少的，但并非都需由饲料直接提供。在动物体内不能合成，或者合成速度慢、数量少，不能满足机体需要，必须由饲料供给，这类氨基酸称为必需氨基酸，对成年动物必需氨基酸有8种，赖氨酸、蛋氨酸、色氨酸、缬氨酸、亮氨酸、苯丙氨酸、苏氨酸、异亮氨酸；对生长动物有10种，除上述8种外，还有精氨酸、组氨酸；对雏鸡有13种，除上述10种外，还有甘氨酸、胱氨酸、酪氨酸。

(2) 非必需氨基酸（NEAA） 在动物体内可以合成，或者可由其他种类氨基酸转变而成，无需饲料提供即可满足需要，这类氨基酸称非必需氨基酸，如丙氨酸、谷氨酸、丝氨酸等。

从饲料供应角度，氨基酸有必需与非必需之分，但从营养角度考虑，二者都是动物合成体蛋白和合成产品所必需的，且它们之间的关系密切，某些必需氨基酸是合成某些特定非必需氨基酸的前体，当饲粮中某些非必需氨基酸不足时，则会动用必需氨基酸来转化代替。这点在饲养实践中不可忽视。蛋氨酸脱甲基后可转变为胱氨酸和半胱氨酸，如猪和鸡对胱氨酸需要量的30%可由蛋氨酸来满足，若给猪和鸡充分提供胱氨酸即可节省蛋氨酸。

(3) 限制性氨基酸（LAA） 动物对各种必需氨基酸的需要量有一定的比例，但不同种类、不同生理状态等情况下所需要的比例不同，饲料或日粮缺乏一种或几种必需氨基酸时，就会限制其他氨基酸的利用，致使整个日粮中蛋白质的利用率下降，故称它们为该日粮的限制性氨基酸。必需氨基酸的供给量与需要量相差越多，则缺乏程度越大，限制作用越强。根据饲料或日粮中各种必需氨基酸缺乏的程度，分别称为第一限制性氨基酸、第二限制性氨基酸、第三限制性氨基酸等，以此类推。

根据饲料氨基酸分析结果与动物需要量的对比，即可推断出饲料中哪种必需氨基酸是限制性氨基酸。

饲料种类不同，所含必需氨基酸的种类和数量有显著差别，动物则由于种类和生产性能等的不同，对必需氨基酸的需要量也有明显差异。因此，同一种饲料对不同动物或不同种饲料对同一种动物，限制性氨基酸的种类和顺序不同。如谷实类饲料中，赖氨酸均为猪和肉鸡的第一限制性氨基酸，蛋白质饲料中一般蛋氨酸比较缺乏。大多数玉米-豆饼型日粮，蛋氨酸和赖氨酸分别是家禽和猪的第一限制性氨基酸。

3. 理想蛋白质与饲粮的氨基酸平衡

(1) 理想蛋白质 理想蛋白质是指这种蛋白质的氨基酸在组成和比例上与动物所需蛋白质的氨基酸的组成和比例一致，包括必需氨基酸之间以及必需氨基酸和非必需氨基酸之间的组成和比例，动物对该蛋白质的利用率应为100%。理想蛋白质是以生长、妊娠、泌乳、产蛋等的氨基酸需要为理想比例的蛋白质。

所谓理想蛋白质模式是指日粮中的氨基酸供应量与动物的实际需要量相一致的蛋白质模式。理想蛋白模式又称氨基酸平衡模式，通常以赖氨酸作为100，其他氨基酸用相对比例表示。目前，已建成猪和鸡的理想氨基酸模式，如表3-1所示。

表3-1 猪三个生长阶段必需氨基酸理想模式

氨基酸 \ 体重	5～20/kg	20～50/kg	50～100/kg	氨基酸 \ 体重	5～20/kg	20～50/kg	50～100/kg
赖氨酸	100	100	100	亮氨酸	100	100	100
精氨酸	42	36	30	缬氨酸	68	68	68
组氨酸	32	32	32	苯丙氨酸＋酪氨酸	95	95	95
色氨酸	18	19	20	蛋氨酸＋胱氨酸	60	65	70
异亮氨酸	60	60	60	苏氨酸	65	67	70

注：摘自NRC，1998。

在动物生产中，以理想蛋白质模式来设计饲料配方，可使蛋白质和氨基酸的利用率达到最高，即用最少量的氨基酸来获得最大的效益，降低饲料成本。

(2) 饲料的氨基酸平衡　氨基酸平衡是指日粮中各种必需氨基酸在数量和比例上同动物特定需要量相符合，即供给与需要之间是平衡的，一般是指与最佳生产水平的需要量相平衡。平衡饲粮的氨基酸时，应重点考虑和解决以下问题。

① 氨基酸缺乏　动物饲粮中一种或几种氨基酸不能满足需要。

② 氨基酸失衡　日粮必需氨基酸总量较多，但相互间比例与动物体需要不相适应，一种或几种氨基酸数量过多或过少则会出现氨基酸平衡失调。不平衡主要是比例问题，缺乏则主要是量不足。

③ 氨基酸过量　添加过量的氨基酸即会引起动物中毒，且不能以补加其他氨基酸加以消除，尤其是蛋氨酸，过量摄食可引起动物生长抑制，降低蛋白质的利用率。

④ 氨基酸间的相互关系

相互转化：雏鸡饲粮中，胱氨酸可代替 1/2 的蛋氨酸，丝氨酸可完全代替甘氨酸，酪氨酸不足，可以由苯丙氨酸来满足等。

相互拮抗：赖氨酸与精氨酸、苏氨酸与色氨酸、亮氨酸与异亮氨酸，亮氨酸与缬氨酸、蛋氨酸与甘氨酸、苯丙氨酸与缬氨酸、苯丙氨酸与苏氨酸之间在代谢中都存在一定的拮抗作用。

雏鸡试验表明，赖氨酸过多时，会干扰肾小管对精氨酸的重吸收，造成精氨酸不足，为消除不良影响，应向饲粮中添加精氨酸，鸡饲粮中赖氨酸与精氨酸的适宜比例为 1∶1.2；亮氨酸过量时，会激活肝脏中异亮氨酸氧化酶和缬氨酸氧化酶，致使异亮氨酸和缬氨酸大量氧化分解而不足。生产中常遇到亮氨酸超量的问题，这是因为玉米、高粱中亮氨酸较多，以致常引起小鸡对异亮氨酸和缬氨酸需要量增加。拮抗作用只有在两种氨基酸的比例相关较大时影响才明显。

进行日粮氨基酸平衡的方法一般是参考理想蛋白质模式确定饲粮中必需氨基酸的限制顺序，根据限制性氨基酸选择相应的必需氨基酸含量不同的饲料，进行合理搭配，以改善日粮氨基酸之间的比例，使不同饲料的氨基酸起到一种互补作用。实践中亦可按照限制性氨基酸添加合成氨基酸。

4. 提高蛋白质转化效率的措施

目前，蛋白质饲料既短缺又昂贵，为了合理地利用有限的蛋白质资源，应采取各种措施，以提高饲料蛋白质转化效率。

(1) 配合日粮时饲料应多样化　饲料种类不同，蛋白质中所含必需氨基酸的种类、数量也不同，多种饲料搭配，能起到氨基酸的互补作用，改善饲料中氨基酸的平衡，提高蛋白质的转化效率。

(2) 补饲氨基酸添加剂　在合理利用饲料资源的基础上，参照饲养标准向饲粮中添加所缺乏的限制性氨基酸，从而使氨基酸达到平衡。目前，生产中广泛应用的有赖氨酸、蛋氨酸和色氨酸，其他氨基酸还有待于进一步推广。

(3) 日粮中蛋白质与能量要有适当比例　正常情况下，被吸收的蛋白质约 70%～80% 被畜禽用以合成体组织或产品，20%～30%分解供能。当供给能量的碳水化合物和脂肪不足时，必然会加大蛋白质的供能部分，减少合成体蛋白质和畜禽产品的部分，导致蛋白质转化效率降低。因此，必须合理确定日粮中蛋白质与能量之间的比例，以最大限度地减少蛋白质分解供能的部分。

(4) 控制饲粮中的粗纤维水平　单胃动物饲粮中粗纤维过多，会加快饲料通过消化道的速度，不仅使其本身消化率降低，而且影响蛋白质及其他营养物质的消化，粗纤维大约每增加 1%，蛋白质消化率降低 1.0%～1.5%，因此要严格控制猪、禽饲粮中粗纤维的水平。

(5) 掌握好饲粮中蛋白质的水平　饲粮蛋白质数量适宜，品质好则蛋白质转化效率高，喂量过多，蛋白质转化效率下降，多余蛋白质只能做能源，不仅造成浪费而且还增加动物肝肾的负担。

(6) 豆类饲料的湿热处理　生豆类与生豆饼等饲料中含有抗胰蛋白酶，抑制胰蛋白酶和糜蛋白质酶等的活性，影响蛋白质消化吸收，采取浸泡、蒸煮、常压或高压蒸汽处理的方法可破坏抑制。但加热时间不宜过长，否则会使蛋白质变性。

(7) 保证与蛋白质代谢的有关的维生素和微量元素的供应　如果饲料中维生素 A、维生素 D、维生素 B_1 及铁、铜、钴等供应不足，可进行添加。

四、反刍动物蛋白质营养

1. 反刍动物蛋白质消化代谢特点

(1) 代谢过程

① 消化　进入瘤胃的饲料蛋白质中约有 60%～80%经细菌和纤毛虫分解，仅有 20%～40%的蛋白质未经变化而进入消化道的下一部分。各部位的代谢特点如下。

瘤胃　饲料蛋白质在瘤胃微生物蛋白质水解酶的作用下，首先分解为肽，进一步分解为游离氨基酸，蛋白质消化分解产物——肽和氨基酸，部分被微生物用于合成菌体蛋白质，部分氨基酸亦可在细菌脱氨酶的作用下经脱氨基进一步降解为 NH_3、CO_2 和挥发性脂肪酸，饲料中非蛋白氮化合物（NPN）化合物亦可在细菌尿素酶的作用下分解为 NH_3 和 CO_2，NH_3 可被细菌用于合成菌体蛋白质。在瘤胃中被发酵而分解的蛋白质称为瘤胃降解蛋白质（RDP）。

皱胃和小肠　未经瘤胃微生物降解的饲料蛋白质直接进入后部胃肠道，通常称这部分饲料蛋白质为过瘤胃蛋白质（RBPP），亦称未降解蛋白质（UDP）。过瘤胃蛋白质与瘤胃微生物蛋白质一同由瘤胃转移至皱胃，随后进入小肠，其蛋白质的消化过程和单胃动物相近，靠胃肠道分泌的蛋白质酶水解。

② 吸收　反刍动物对蛋白质的消化代谢途径如图 3-4 所示，消化产物的主要吸收部位是瘤胃和小肠。

瘤胃壁对 NH_3 的吸收能力极强，瘤胃蛋白质的降解产物——NH_3——除用于合成菌体蛋白质外，大量 NH_3 被瘤胃壁所吸收，被吸收的 NH_3 随血液循环进入肝脏合成尿素，所生成的尿素大部分进入肾脏随尿排出，部分可进入唾液腺随唾液返回瘤胃，再次被微生物合成菌体蛋白质，NH_3 这种反复循环的被利用的过程，称为“瘤胃-肝脏的氮素循环”（或称“尿素循环”），瘤胃亦可吸收少量的游离氨基酸。

小肠对蛋白质的吸收形式同单胃动物一样，也是氨基酸。

进入盲肠和结肠的含氮物质主要是未消化的蛋白质和来自血液的尿素，在此降解和合成的氨基酸几乎完全不能被吸收，最终以粪的形式排出。

(2) 代谢特点　蛋白质消化吸收的主要场所是瘤胃，靠微生物的降解，其次是在小肠，在酶的作用下进行。因此，反刍动物不仅能大量利用饲料中的蛋白质，而且也能很好地利用氨化物。

饲料蛋白质在瘤胃进行较大改组，通过微生物合成饲粮中不曾有的氨基酸。反刍动物的小肠可消化蛋白质来源于瘤胃合成的微生物蛋白质（即菌体蛋白质）和饲料过瘤胃蛋白质。瘤胃微生物蛋白质品质好，仅次于优质动物蛋白质，与豆饼、苜蓿叶蛋白质相当，优于大多数谷物蛋白质。

2. 反刍动物对非蛋白含氮化合物（NPN）的利用

反刍动物营养中所说的 NPN，一般是指简单的含氮化合物，如尿素、双缩脲、铵盐等，

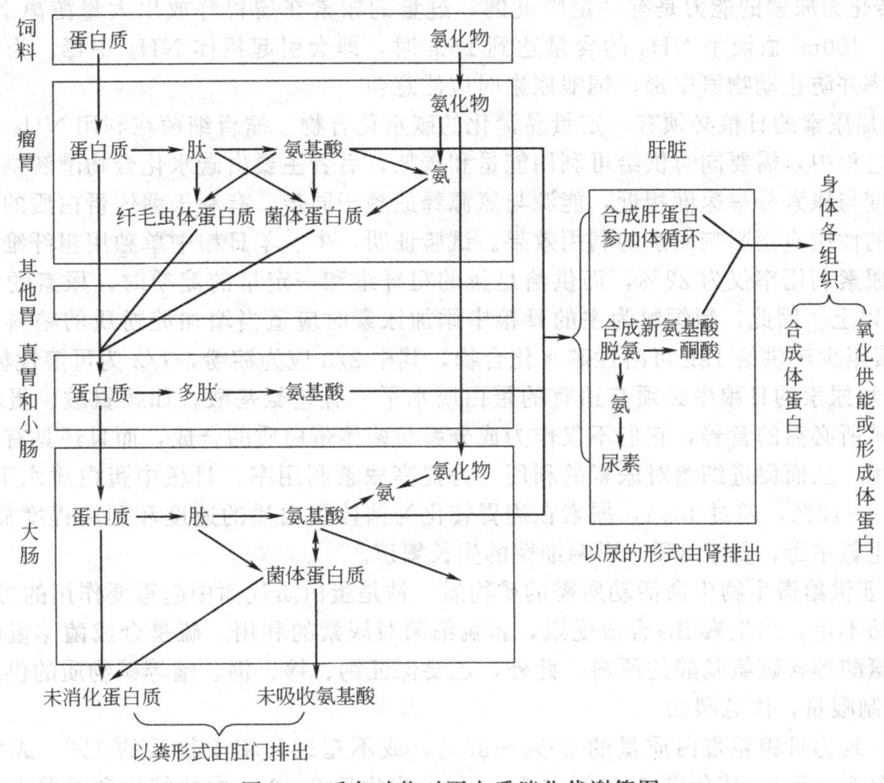

图 3-4 反刍动物对蛋白质消化代谢简图

可代替植物或动物来源的蛋白质饲料饲喂反刍动物，以供给瘤胃微生物合成菌体蛋白质所需要的氮源，节省动植物性蛋白质饲料。

(1) 反刍动物利用非蛋白含氮化合物的机制 反刍动物对尿素、双缩脲等非蛋白含氮化合物（也称氨化物）的利用主要靠瘤胃中的细菌。以尿素为例

$$尿素 \xrightarrow{细菌脲酶} 氨+二氧化碳$$

$$碳水化合物 \xrightarrow{细菌酶} 酮酸+挥发性脂肪酸$$

$$NH_3+酮酸 \xrightarrow{细菌酶} 氨基酸 \xrightarrow{细菌酶} 菌体蛋白质$$

$$菌体蛋白质 \xrightarrow{真胃和小肠消化酶} 氨基酸$$

瘤胃内的细菌利用尿素作为氮源，以可溶性碳水化合物作为碳架和能量的来源，合成菌体蛋白质。进而和饲料蛋白质一样在动物消化酶的作用下，被动物体消化利用。

尿素含氮量为42%～46%，若按尿素中的氮70%被合成菌体蛋白质计算，1千克尿素经转化后，可提供相当于4.5kg豆饼的蛋白质。因此，可用非蛋白含氮化合物代替高价格的动植物性蛋白质饲料饲喂反刍动物，以供瘤胃微生物合成菌体蛋白质所需的氮源，节省动植物性蛋白质饲料，降低成本，提高经济效益。

(2) 提高尿素利用率的措施 通常尿素在进入瘤胃后经过2h即可完全被水解成NH_3，由于尿素在瘤胃中水解十分迅速，以致瘤胃细菌对NH_3不能充分吸收利用，其中有相当一部分被吸收进入血液，并转运至肝脏合成尿素，肝脏所合成的尿素可经肾脏随尿排出。肝脏

将 NH_3 转化为尿素的能力是有一定限度的，过量的尿素在瘤胃释放出大量游离 NH_3 并进入血液中，100ml 血液中 NH_3 的含量达到 1mg 时，即会引起机体 NH_3 中毒。为了提高尿素的利用率并防止动物氨中毒，饲喂尿素时应注意：

① 补加尿素的日粮必须有一定量易消化的碳水化合物　瘤胃细菌在利用 NH_3 合成菌体蛋白质的过程中，需要同时供给可利用能量和碳架，后者主要由碳水化合物酵解供给，淀粉的降解速度与尿素分解速度相近，能源与氮源释放趋于同步，有利于菌体蛋白质的合成。碳水化合物的性质直接影响尿素的利用效果。试验证明，牛、羊日粮中单独用粗纤维作为能量来源时，尿素利用率仅为 22%，而供给足量的粗纤维和一定量的淀粉时，尿素的利用率提高到 60%以上。因此，粗饲料为主的日粮中添加尿素时应适当增加淀粉质的精料，通常每 100 克尿素至少应供给 1kg 可溶性碳水化合物，其中 2/3 应为淀粉，1/3 为可溶性糖。

② 补加尿素的日粮中必须有适宜的蛋白质水平　有些氨基酸，如赖氨酸、蛋氨酸是细菌生长繁殖所必需的营养，它们不仅作为成分参与菌体蛋白质的合成，而且还具有调节细菌代谢的作用，从而促进细菌对尿素的利用，为提高尿素利用率，日粮中蛋白质水平要适宜，一般为 9%～12%，超过 13%，尿素在瘤胃转化为菌体蛋白质的速度和利用程度显著降低，甚至会发生氨中毒，低于 8%，影响细菌的生长繁殖。

③ 保证供给微生物生命活动所需的矿物质　钴是蛋白质代谢中起重要作用的维生素 B_{12} 的成分。钴不足，维生素 B_{12} 合成受阻，影响细菌对尿素的利用。硫是合成菌体蛋白质中蛋氨酸、胱氨酸等含硫氨基酸的原料。此外，还要保证钙、锌、铜、锰等矿物质的供应。

④ 控制喂量，注意喂法

喂量：约为日粮粗蛋白质量的 20%～30%，或不超过日粮干物质的 1%。成年牛饲喂 60～100g/(头・天)，成年羊 6～12g/(头・天)。出生后 2～3 月内的犊牛和羔羊由于瘤胃尚未发育完全，严禁饲喂，如果日粮中有含蛋白质高的饲料（青贮），尿素用量可减半。

喂法：为了有效地利用尿素，防止中毒，饲喂尿素时，必须将尿素均匀地搅拌到精饲料中混喂，最好先用糖蜜将尿素稀释，精料拌尿素后再与粗料拌匀，还可将尿素加到青贮原料中，青贮后一起饲喂，1 吨玉米青贮原料中，均匀加入 4kg 尿素，2kg 硫酸铵；开始时少喂，逐渐加量，使动物有 5～7 天适应期。一天喂量分几次喂。

生豆饼类、苜蓿、紫云英等含脲酶的饲料不要掺在加尿素的动物饲料中一起饲喂。

严禁单独饲喂或溶于水中饮用，应在饲喂尿素 3～4h 后饮水。

⑤ 减缓尿素分解速度　为缓解尿素在瘤胃中的分解速度，使细菌有充足的时间利用氨合成菌体蛋白质，提高尿素利用率和饲用安全性，在饲用尿素时可采用下列措施。

a. 向尿素饲料中加入脲酶抑制剂　如脂肪酸盐，如硼酸钠等，如醋酰氧肟酸、辛酰氧肟酸、脂肪酸盐、四硼酸钠等，以抑制脲酶的活性。

b. 包被尿素　用煮熟的玉米糊或高粱面糊拌和尿素后饲喂。据报道，也可用硬脂酸、羟甲基纤维素、干酪素、蜡类或蛋白质将尿素包被后制成颗粒饲喂。

c. 制成颗粒凝胶淀粉尿素　此产品可在降低氨释放速度的同时，加快淀粉的发酵速度，保持能、氮同步释放，提高菌体蛋白质的合成效率。

d. 尿素舔块　将尿素、糖蜜、矿物质等压制或自然凝固制成块状物，让牛羊舔食，控制了尿素的食入速度，提高了尿素的利用率。

e. 饲喂尿素衍生物　如磷酸脲、二缩脲等，与尿素相比，其降解速度减慢，饲用效果和安全性均高。

3. 反刍动物对必需氨基酸的需要

反刍动物同单胃动物一样，真正需要的不是蛋白质本身，而是蛋白质分解产生的氨基酸，因此，反刍动物蛋白质营养的实质是小肠氨基酸营养。

一般饲养条件下，反刍动物对必需氨基酸的需要量约 40%，依赖微生物合成，其余 60%则来自饲料。对于中等生产水平的反刍动物，上述来源的氨基酸一般可满足其对必需氨基酸的需要，但是对于高产乳牛和高产绵羊，上述来源的氨基酸却不能充分满足需要，从而限制了反刍动物生产潜力的发挥。据研究，对日产奶 15kg 以上的乳牛，蛋氨酸和亮氨酸是限制性氨基酸，而日产奶 30kg 以上的乳牛，除上述氨基酸外，赖氨酸、组氨酸、苏氨酸、苯丙氨酸可能都是限制性氨基酸。现今已确认，蛋氨酸乃是反刍动物的最主要限制性氨基酸。

在生产实践中，必须从饲料中保证高产反刍动物对限制性氨基酸的需要，以充分发挥其高产潜力。对高品质蛋白质饲料进行过瘤胃保护，不仅可满足高产反刍动物对氨基酸的需要，而且可避免瘤胃过度降解饲料真蛋白质造成的能量和氮素浪费。

4. 过瘤胃蛋白保护技术

高产反刍动物仅依靠瘤胃菌体蛋白质所提供的氨基酸不能满足其需要，过瘤胃蛋白质保护无疑是一项重要的补充，对于高品质蛋白质饲料进行过瘤胃保护更为必要。

过瘤胃蛋白质保护技术，即经过技术处理将饲料蛋白质保护起来，避免在瘤胃内被发酵降解，直接进入小肠被消化吸收，从而达到提高饲料蛋白质利用率的目的。在保证氨基酸利用率不受抑制的前提下，降低饲料蛋白质在瘤胃中的降解度，提高过瘤胃蛋白质的数量是控制过瘤胃菌体蛋白质产生量的基本原则。

(1) 物理处理法

①青草干制，可显著降低蛋白质的溶解度；②热处理是一种保护过瘤胃蛋白质的有效办法。

(2) 化学处理法　利用化学药品，如甲醛、单宁、戊二醛、乙二醛、NaCl 等，可对高品质蛋白质饲料进行保护处理，目前常用的化学药品有甲醛、NaOH、锌盐和单宁等。

甲醛处理法的原理是甲醛可与蛋白质形成络合物，这种络合物在瘤胃 pH 为 5.5～7 的条件下非常稳定，可抵抗微生物的侵袭，但此络合物进入真胃后即行解体。蛋白质可被胃肠道酶消化成氨基酸，从而被动物体吸收利用。

(3) 包被法　用某些富含抗降解蛋白质的物质或某些脂肪酸对饲料蛋白质进行包埋，以抵抗瘤胃的降解。

第四节　脂肪与动物营养

一、脂肪的理化特性

各种饲料和动物体中均含有脂肪。除少数复杂的脂肪外，均由碳、氢、氧三种元素组成。根据结构不同，主要分为真脂肪和类脂肪两大类，两者统称为粗脂肪。真脂肪在体内脂肪酶的作用下，分解为甘油和脂肪酸，类脂肪则除了分解为甘油和脂肪酸外，还含有磷酸、糖和其他含氮物。

构成脂肪的脂肪酸种类很多，其中绝大多数都是偶数碳原子的直链脂肪酸，包括饱和脂肪酸和不饱和脂肪酸。植物油脂中不饱和脂肪酸含量高于动物油脂，故常温下，植物油脂呈液态，而动物油脂呈现固态。

1. 脂肪的水解作用

脂肪可在酸或碱的作用下发生水解，水解产物为甘油和脂肪酸，动植物体内脂肪水解是在脂肪酶催化下进行。水解所产生的游离脂肪酸大多无臭、无味，但低级脂肪酸如丁酸和乙酸具有强烈异味。多种细菌和霉菌均可产生脂肪酶，当饲料保管不善时，其所含脂肪易于发生水解，而使饲料品质下降。

脂肪水解时，如有碱类存在，则脂肪酸皂化成肥皂，脂肪酸皂化时所需的碱量，叫皂化价。脂肪酸皂化时，每分子脂肪酸与一原子的钠或其他相当的碱元素化合。脂肪酸的分子量愈小，则在一定重量中分子数愈多，所能化合的碱元素也愈多，其皂化价愈高；脂肪酸分子量越大则皂化价愈低。所以脂肪酸分子量的大小及脂肪酸分子中碳原子的多少可用皂化价的大小来测定。

不饱和脂肪酸也能和碘化合，每100克脂肪或脂肪酸所能吸收的碘克数叫碘价，脂肪酸不饱和程度愈大，所能化合的碘愈多，则碘价愈高，所以脂肪酸的饱和程度可以用碘价来测定。

脂肪酸有饱和脂肪酸和不饱和脂肪酸，脂肪中含不饱和脂肪酸越多，其硬度越小，熔点也越低。

2. 脂肪的氧化酸败

天然脂肪暴露在空气中，经光、热、湿和空气的作用，或者经微生物的作用氧化生成过氧化物，再分解产生低级的醛、酮、酸等化合物，同时放出难闻的刺激性气味，这种现象就是脂肪的氧化酸败。

脂肪发生氧化酸败的原因：①脂肪中的不饱和脂肪酸的双键被空气中的 O_2 所氧化时生成分子量较小的醛与酸的复杂混合物，并且光和热能加快这一氧化过程。②脂肪在高温、高湿和通风不良的情况下，可因微生物的作用而发生水解，产生脂肪酸和甘油，脂肪酸可经微生物进一步作用，在原子上发生氧化，所生成的 β-酮酸，再经脱羧而生成酮。

脂肪酸败产生的醛、酮、酸等化合物，不仅具有刺激性气味，而且在氧化过程中所生成的过氧化物还使一些脂溶性维生素发生破坏。

脂肪的酸败程度可用酸价表示，所谓酸价指中和1g脂肪的游离脂肪酸所需的氢氧化钾的毫克数，通常酸价大于6的脂肪即可能对动物体健康造成不良影响。

3. 氢化作用

脂肪中的不饱和脂肪酸分子结构中含有双键，故可与氢发生加成反应使双键消失，转变为饱和脂肪酸。从而使脂肪硬度增加，不易酸败，有利于贮存。

反刍动物进食的饲料脂肪可在瘤胃中发生氢化作用，因而其体脂的饱和脂肪酸含量较高。

二、脂肪的生理功能

1. 脂肪是构成动物体组织的重要原料

动物体各种组织器官，如神经、肌肉、骨骼、皮肤及血液的组成中均含有脂肪，主要为磷脂和固醇等。各种组织的细胞膜并非完全由蛋白质所组成，而由蛋白质和脂肪按一定比例组成，脑和外周神经组织都含有鞘磷脂。磷脂对动物生长发育非常重要，固醇是体内合成固醇类激素的重要物质，因此，脂肪也是组织细胞增殖、更新及修补的重要原料。

2. 脂肪是供给动物体能量和贮备能量的最好形式

脂肪是含能最高的营养素，在体内氧化所产生的能量为同质量碳水化合物的2.25倍。动物摄入过多有机物质时，可以以体脂肪形式将能量贮备起来。而体脂肪能以较小体积含藏较多能量，是动物贮备能量的最佳方式。

3. 脂肪是脂溶性维生素的溶剂

饲料中的脂溶性维生素（A、D、E、K）均须溶于脂肪后才能被吸收，而且吸收过程还需有脂肪作为载体，因而若无脂肪参与将不能完成脂溶性维生素的吸收过程，从而导致脂溶性维生素代谢障碍。

4. 脂肪可提供必需脂肪酸

在不饱和脂肪酸中，有几种不饱和脂肪酸在动物体内不能合成，必须由饲料供给，这些不饱和脂肪酸即称为必需脂肪酸。即亚油酸、亚麻油酸、花生油酸，是动物的必需脂肪酸。对于多数哺乳动物包括人类，亚油酸乃是一种最重要的必需脂肪酸，必须由外源供给；其次重要的必需脂肪酸是亚麻酸，花生四烯酸则可由亚油酸在动物体通过碳链加长和双键形成而生成。

必需脂肪酸的概念不适用于成年反刍动物，反刍动物如牛、羊的瘤胃微生物能合成上述必需脂肪酸，不需依赖饲料供给，至于幼龄反刍动物因瘤胃功能尚不完善，故亦需在饲料中摄取必需脂肪酸。

5. 脂肪对动物具有保护作用

脂肪不易传热，因此，皮下脂肪能够防止体热的散失，寒冷的季节有利于维持体温的恒定性和抵御寒冷，脂肪充填在脏器周围，具有固定和保护器官及缓和外力冲击的作用。

6. 脂肪是动物产品的成分

动物产品肉、蛋、奶、皮毛、羽绒等，均含有一定数量的脂肪，脂肪的缺乏会影响到动物产品的形成和品质。

三、单胃动物脂肪代谢

饲料脂肪可通过脂肪酶的作用而水解，单胃动物的胃黏膜虽能分泌少量脂肪酶，具有水解作用，但因脂肪须先经乳化才便于水解，且胃中的酸性环境不利于脂肪的乳化，所以脂肪在胃中不被消化。饲料脂肪进入小肠中，在胰液和胆汁的作用下，将脂肪水解，脂肪水解后释放出游离脂肪酸和甘油。磷脂和固醇也在胆盐存在下发生水解。

甘油三酯及其主要水解产物均不溶于水，但可与胆盐结合形成水溶性微粒，此种微粒到达十二指肠和空肠等主要吸收部位时被破坏而破裂，胆盐滞留于肠道中，而游离脂肪酸和甘油则透过细胞膜而被吸收，并在黏膜上皮细胞内重新合成甘油三酯。磷脂和固醇的水解产物，亦可形成水溶性微粒被吸收，并在黏膜上皮细胞中重新合成。重新合成的甘油三酯、磷脂与固醇可与特定的蛋白质结合形成乳糜微粒和极低密度脂蛋白，并通过淋巴系统进入血液循环，进而分布于脂肪组织中。

四、反刍动物脂肪代谢

幼龄反刍动物对乳脂的消化吸收与单胃动物相似，然而随着断奶后食物的改变和瘤胃中微生物的逐渐成熟，反刍动物对脂肪的消化和利用就不同于单胃动物了。

构成反刍动物日粮中的各种饲料脂肪组成不同，但日粮中含有较高比例的不饱和脂肪酸，这些不饱和脂肪酸主要存在于饲草的半乳糖酯和谷实的甘油三酯中。这些饲料在进入瘤胃后，在微生物的作用下而发生水解。甘油三酯和半乳糖酯经水解而生成游离脂肪酸、甘油和半乳糖，它们可进一步经微生物发酵而生成挥发性脂肪酸。由于瘤胃内环境为高度还原性，饲料脂肪在瘤胃中可发生氢化作用，不饱和脂肪酸在微生物作用下氢化为饱和脂肪酸。此外，瘤胃细菌和纤毛虫还能够将丙酸合成奇数碳链脂肪酸，并能利用缬氨酸、亮氨酸、异亮氨酸的碳链合成一些支链脂肪酸。

饲料脂肪经过瓣胃和网胃时，基本上不发生变化，在皱胃，饲料脂肪、微生物与胃液混合，脂肪逐渐被消化。进入十二指肠的脂肪由吸附在饲料颗粒表面的脂肪酸、微生物脂肪以及少量瘤胃中未消化的饲料脂肪构成。

反刍动物对各种脂肪酸的吸收不同于单胃动物。单胃动物对长链脂肪酸和饱和脂肪酸的吸收率较差，而反刍动物对长链脂肪酸和饱和脂肪酸，尤其是对硬脂酸却能较好的吸收。瘤胃中产生的短链脂肪酸主要通过瘤胃壁吸收。其余脂类的消化产物进入回肠后都能被吸收。呈酸性环境的空肠前部主要吸收混合乳糜微粒中的长链脂肪酸，中后段空肠主要吸收混合乳糜微粒中的其他脂肪酸。

五、饲料脂肪对动物产品品质的影响

1. 饲料脂肪对动物体脂肪的影响

(1) 单胃动物　单胃动物体组织沉积脂肪的不饱和脂肪酸多于饱和脂肪酸，这是由于植物性饲料脂肪中的不饱和脂肪酸含量较高，被猪、鸡采食吸收后，不经氢化即直接转变为体脂肪，故猪、鸡体脂肪内不饱和脂肪酸高于饱和脂肪酸。马虽是草食动物，但其没有瘤胃，虽有发达的盲肠，但饲料中不饱和脂肪酸进入盲肠之前，在小肠中经胰液和胆汁的作用，未经转化为饱和脂肪酸就被吸收，所以马的体脂肪中也是不饱和脂肪酸多于饱和脂肪酸，因此单胃动物体脂肪的脂肪酸组成明显受饲料脂肪性质的影响。

(2) 反刍动物　由于反刍动物瘤胃微生物作用，可将饲料中不饱和脂肪酸氢化为饱和脂肪酸，因此反刍动物的体脂肪组成中饱和脂肪酸比例明显高于不饱和脂肪酸，即反刍动物体脂肪品质受饲料脂肪性质的影响较小。

2. 饲料脂肪对乳脂肪品质的影响

饲料脂肪在一定程度上可直接进入乳腺，饲料脂肪的某些成分，可不经变化地用以形成乳脂肪，因此，饲料脂肪性质与乳脂品质密切相关。

3. 饲料脂肪对蛋黄脂肪的影响

将近一半的蛋黄脂肪是在卵黄发育过程中，摄取经肝脏而来的血液脂肪而合成，这说明蛋黄脂肪的质和量受饲料影响较大。在饲料中添加油脂（主要是植物油）可促进蛋黄的形成，继而增加蛋重，并可产生富含亚油酸的“营养蛋”。

第五节　能量与动物营养

一、动物的能量来源

1. 基本概念

植物利用光能（太阳能）合成有机物（碳水化合物、脂肪、蛋白质等），将光能转化为化学能贮存在有机物中。动物通过食入有机物，在体内进行一系列酶促反应，将饲料中的化学能转化为生物能，从而为维持正常的生命活动和进行各种生产需要供能。有机物是能量的载体，能量是有机物的综合指标。

2. 能量的衡量单位

过去用卡（cal 卡路里），现国际上通用单位是焦耳（J），但由于焦耳单位较小，实际应用时常用千焦（kJ）或兆焦（MJ）表示能量的单位。

1cal＝4.184J

1J＝0.239cal

1MJ＝1 000kJ＝1 000 000J

1Mcal＝1 000kcal＝1 000 000cal

3. 能量的来源

动物维持生命活动，从事一切生产活动如产蛋、产奶、产毛、使役、繁殖等，均需要消耗能量。动物从饲料中摄取营养物质，在体内进行物质代谢的同时伴随着能量的代谢，将化学能转变为生物能。动物所需的能量主要来源于三大有机物，即碳水化合物、脂肪和蛋白质，饲料中的水分、矿物质和维生素都不参与供能。单胃动物和反刍家畜都能通过葡萄糖代谢，大量利用淀粉、单糖、寡糖供能。反刍动物除了从这些物质获得能量外，还能通过瘤胃微生物对纤维素和半纤维素的发酵，获取机体所需的大部分能量，而单胃动物只有在盲肠和结肠中有少量微生物，分解纤维素供能。动物需能较高时，体内的糖原、脂肪也能分解供能，但脂肪消耗过多会对动物体产生不利影响。在一定的条件下，蛋白质也可提供能量，但会降低蛋白质的生物学效价，也会加重动物的肾脏负担。

所以正常情况下，能量主要来源于碳水化合物，其次为脂肪、蛋白质。

二、饲料能量在动物体内的转化

有机物是能量的载体。饲料能量在动物体内的转化过程，也是饲料有机物被动物采食、消化、代谢及利用的过程。能量在动物体内的转化如图 3-5 所示，其遵循能量守恒定律（即能量从一种形式转变其他形式时，其总量保持不变）。

1. 总能

饲料的能值即为饲料总能（GE），是碳水化合物、脂肪、蛋白质三大营养物质完全燃烧后释放的能量（体内为氧化）。

饲料总能的大小主要取决于所含脂肪的高低，含脂肪高的饲料总能值也高。但总能不能反映和区别饲料的真实营养价值。如营养价值不同的玉米与燕麦秸，能值分别为 18.87MJ/kg 和 18.70MJ/kg，几乎相等。这说明总能不能反映饲料的真实营养价值，也不能说明被动物利用的有效程度，但是总能是评定能量代谢过程中其他能值的基础。

2. 消化能

饲料中被动物消化吸收的养分所含的能量，即总能减去粪能，称为消化能（DE）。

粪中有机物所含的能量，即饲料被动物采食以后，其中一部分有机物（养分）未被动物消化吸收，而随粪便排出体外，这部分有机物（养分）所含的能量称为粪能（FE）。

由于动物粪便中除含有未被消化吸收的饲料残渣外，还含有来自动物体内的分解产物，如消化道脱落细胞、进入消化道的机体分泌物和消化道微生物及其产物等。这些物质也含有一定能量，称之为代谢粪能（FmE）。代谢粪能常与未消化饲料所含的能量一起被测定而作为粪能。由此得出的消化能称为表观消化能（ADE）。通常所说的消化能指的是表观消化能。

真实消化能（TDE）是将 FE 中的 FmE 扣除。计算公式为

$$ADE=GE-FE \qquad TDE=GE-(FE-FmE)$$

粪能损失量与动物的种类和饲料性质有关。虽然吸收的能量在动物体内可能被利用的程度仍有差异，但已排出了影响最大的消化损失的影响，故消化能在一定程度上反映了不同饲料对动物的营养价值。测定饲料的消化能采用消化试验。

禽类因其粪尿在一起，一般不测定禽类的消化能。

3. 代谢能

饲料中被动物利用的营养物质中所含的能量，称为代谢能（ME）。即总能减去粪能、尿能和消化道甲烷能损失。即

$$ME=DE-UE-AE \text{ 或 } ME=GE-FE-UE-AE$$

尿能（UE）：是指被吸收的饲料养分在代谢过程中所产生的不能被机体利用，通过尿排出的副产物，主要是尿素、尿酸等含氮物质所含的能量。

甲烷能（AE）：甲烷气体能主要对草食动物而言。饲料在消化过程中产生而随嗳气或粪便排出体外的含有化学潜能的气体主要是甲烷，这些甲烷燃烧后所放出的能量称为甲烷能。甲烷能约占总能的 8%，与饲养水平和碳水化合物含量有关。

对于非草食动物消化道甲烷气产量很少，可忽略不计。

用代谢能评定饲料的营养价值和能量需要，比用消化能更进一步明确饲料能量在动物体内的转化与利用程度。测定饲料的代谢能用代谢试验。

4. 净能

饲料总能中，完全用来维持动物生命活动和生产产品的能量，即代谢能减去体增热称为净能（NE），包括维持净能和生产净能（图 3-5）。

净能的计算公式为

$$NE=ME-HI \text{ 或 } NE=GE-FE-UE-AE-HI$$

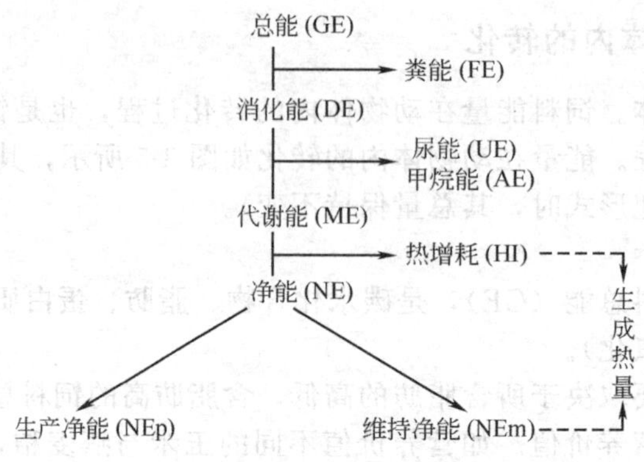

图 3-5 饲料能量在动物体内的转化过程

（1）维持净能（NEm） 用于基础代谢、维持体温恒定和随意活动所消耗的能量。从生产效益考虑，维持净能也是一种无偿消耗，但这是动物进行生产的基础。

（2）生产净能（NEp） 用于生长，肥育、繁殖、产奶、产蛋、产毛所消耗的能量。

（3）体增热又称热增耗（HI） 是指绝食动物饲给饲粮后短时间内，体内产热量高于绝食代谢产热的那部分热能，它由体表散失。这部分能量除在气候寒冷条件下可供作机体维持体温以外，在一般情况下却成为能量的额外损耗，故常将其称为热增耗。

简言之，热增耗就是动物食入饲料后伴随发生的身体产热增加的现象，又称为食后体增热（或特殊动力作用）。热增耗包括发酵热（HF）和营养代谢热（HNM）两部分。

① 发酵热（HF） 食入饲料在被消化过程中由消化道微生物发酵而产生的热。主要针对草食动物，对于非草食动物的发酵热一般则忽略不计。

② 营养代谢热（HNM） 动物采食饲料后由于体内代谢活动加强而增加的产热量。主要产生于被吸收养分的代谢过程；此外，消化道肌肉活动、呼吸加快以及分泌系统和循环系统的机能加强，都会引起体热增加。不同动物和养分的热增耗如表 3-2 所示。

表 3-2 不同动物和养分的 HI[①] 单位：%

养分 \ 动物种类	猪	绵　羊	牛
脂肪	9	29	35
碳水化合物	17	32	37
蛋白质	26	54	52
混合日粮	10～40	35～70	35～70

① 占代谢能（ME）的含量，%。摘自陈代文，动物营养学。

测定净能除进行代谢试验外还要测定热增耗。用净能评定饲料的营养价值比用代谢能又进了一步，但测定比较麻烦，现在饲料营养价值表中所列净能多是推算出来的。

三、影响动物对饲料能量利用的因素

1. 影响因素

(1) 动物的种类　除了总能以外，同一种饲料饲喂不同种类的动物，其消化能、代谢能和净能值均不同，其原因是不同动物的消化代谢生理差异较大。

(2) 生产目的　不同生产目的的有效能的转化效率不同，其转化效率顺序是：维持＞产奶＞生长、肥育＞妊娠、产毛。

(3) 饲养水平　适宜的饲养水平范围内，随饲养水平提高，能量利用率升高。饲粮的能量水平不是越高越好，应与动物类别、动物所处的生理状态相适应，才能提高饲料能量的利用效率，从而提高畜禽的生产力。

在正常情况下，日粮中能量水平不足、不能满足畜禽需要量时，畜禽健康恶化，繁殖力降低，饲料能量用于生产的效率降低。例如，饲喂乳牛低能日粮时，泌乳高峰消失快，泌乳期产乳量减少；能量供给过低时，母绵羊表现为生长缓慢或停止，育肥仔猪可能出现“小老猪”现象。

日粮的能量水平过高，对动物的生长、发育同样不利。例如，乳牛日粮能量水平过高，其产后瘫痪及乳房炎的发病率较高；妊娠母猪供能能量过高，易导致产后食欲降低，影响哺育仔猪，蹄病发病率也高；产蛋后备鸡供给能量过高，易造成性成熟过早，初产蛋重轻，耗料过多现象。

(4) 饲粮的组成和营养成分　不同的营养素热增耗不同，蛋白质的热增耗比其他养分高，饲料中纤维素水平也影响热增耗，喂谷物饲料时，HI 为 ME 的 50%，喂粗饲料时达到 60%。反刍家畜日粮中粗纤维含量高，其热增耗也高。饲粮中缺少钙、磷、维生素都会使热增耗增大。

(5) 环境因素　包括温度、湿度、气流、光照、饲养密度、应激等。家畜处在等热区中，能量的利用率最高。温度过低，动物用于机体的维持需要量增加，而用于产品合成的能量必然减少；温度过高，用于生产的饲料能量也减少。

(6) 疾病　动物患病时，食欲下降，进而引发其他症状，甚至导致代谢紊乱，这样也必然影响到动物对能量的转化，使其利用率下降。

(7) 群体效率　除考虑动物个体效率外，还应考虑群体效率，如产仔少、增重慢，雄性动物多及群居间的骚扰都会降低能量利用效率。

2. 提高能量利用率的营养学措施

(1) 减少维持需要　维持需要是动物在维持生命活动而不产生任何动物产品的情况下，所消耗的能量，属于无效生产需要。在生产中要尽量使家畜处于等热区，冬季防寒、夏季防暑，合理地减少家畜运动，缩短饲养期，蛋用禽类和种用动物的体重控制在标准体重，加强动物的饲养管理，合理组群，防止疾病的发生。

(2) 减少能量损失　通过正确合理的饲料配制、加工及饲喂技术，可减少能量在转化过程中粪能、尿能、胃肠甲烷能、体增热等各种能量的损失、减少动物的维持消耗，增加生产净能。

(3) 确切满足动物需要　给动物配制全价日粮，即根据动物的具体情况，参照各自饲养标准，满足其对能量、蛋白质、矿物质和维生素等各种营养物质的需要及相应的适宜比例。

第六节　矿物质与动物营养

一、矿物质营养简介

1. 动物体内矿物元素的含量

动物体内矿物元素含量约有 4%，其中 5/6 存在于骨骼和牙齿中，其余 1/6 分布于身体的各个部位。其在体内的含量与分布特点如下。

① 按无脂空体重基础表示，每种元素在各种动物体内的含量比较近似，常量元素近似程度更大，见表 3-3。

表 3-3 不同动物体内矿物质元素含量

动物	常量元素/%							微量元素/(mg/kg)						
	钙	磷	钠	钾	氯	硫	镁	铁	锌	铜	锰	碘	硒	钴
猪	1.11	0.71	0.16	0.25	—	0.15	0.04	90	25	25	—	—	0.20	—
鸡	1.50	0.80	0.12	0.11	0.06	0.15	0.03	40	35	1.3	—	0.40	0.25	
牛	1.20	0.70	0.14	0.10	0.17	0.15	0.03	50	20	5.0	0.3	0.43	—	<0.04
绵羊	2.00	1.10	0.13	0.17	0.11	0.10	0.06	78	26	5.3	0.4	0.20	—	0.01
人	1.80	1.00	0.15	0.35	0.15	0.25	0.05	74	28	1.7	0.3	0.40	—	—

注：引自吴晋强，动物营养学。

② 体内电解质类元素（钠、钾、氯）含量从胚胎期到发育成熟，不同阶段都比较稳定。

③ 不同组织器官中元素含量，依其功能不同而含量不同：钙、磷是骨骼的主要组成成分，因此骨中钙、磷含量丰富，铁主要存在于红细胞中，动物肝中微量元素含量比其他器官中含量高。

2. 必需矿物元素

动物体内存在的矿物元素，有一些是动物生理过程和体内代谢必不可少的，这一部分元素就是常说的必需矿物元素。必需矿物元素必须由外界供给，外界供给不足，不仅影响动物生长或生产，而且会引起动物体内代谢异常、生化指标变化和缺乏症。如，钙、磷、镁参与骨和牙齿的构成；锌、锰、铜、硒构成酶的活性中心；碘是甲状腺素的组成成分；铁参与血红蛋白的构成；钠、钾、氯等以离子形成维持体液和细胞内外的渗透压及酸碱平衡；钙、镁、钠、钾和氢离子维持神经肌肉的兴奋性。动物体缺乏这些必需矿物质元素时，就会对动物的生长发育和代谢过程有影响，甚至表现出明显的疾病症状，严重甚至会死亡。

现今已知，动物的必需常量矿物质元素有钙、磷、钾、钠、氯、镁、硫 7 种。微量元素有铁、钴、锌、锰、铜、碘、硒、钼、铬、氟、镉、矾、硅、锡、镍、砷、锂、铅、硼、溴 20 种。镉、矾、硅、锡、镍、砷、锂、铅、硼、溴 10 种元素在动物体内的含量非常低，在实际生产中几乎不出现缺乏症。在缺乏某种矿物元素的饲粮中补充该元素，相应的缺乏症会减轻或消失。

3. 矿物元素营养生理功能

矿物质虽然不是动物体能量的来源，但它是动物体组织器官的组成成分，并在物质代谢中起着重要调节作用。

(1) 构成体组织　机体内 5/6 的矿物元素存在于骨骼和牙齿中，钙、磷是骨骼和牙齿的主要成分，镁、氟、硅也参与骨骼、牙齿的构成。磷和硫还是组成体蛋白的重要成分。有些矿物质存在于毛、蹄、角、肌肉、体液及组织器官中。

(2) 维持体液渗透压恒定和酸碱平衡　少部分钙、磷、镁及大部分钠、钾、氯以电解质形式存在于体液和软组织中，维持体液渗透压恒定，调节酸碱平衡，从而维持组织细胞的正常生命活动。

(3) 是机体内多种酶的成分或激活剂　某些微量元素参与酶和一些生物活性物质的构成。如铁是细胞色素酶等的成分，氯是胃蛋白质酶的激活剂。

(4) 维持神经与肌肉正常功能　各种矿物元素保持适宜的比例，即可维持神经和肌肉的正常功能。如钾和钠能促进神经和肌肉的兴奋性，而钙和镁却能抑制神经肌肉的兴奋性。

4. 矿物元素的代谢

矿物元素在体内以离子形式吸收，主要吸收部位是小肠和大肠前段，反刍动物瘤胃可吸收一部分。动物消化吸收的矿物质元素经过血液运输到全身组织与器官。矿物元素排出方式随动物种类和饲料组成而异，反刍动物通过粪排出钙、磷，而单胃动物通过尿排出钙、磷。动物生产如产奶、产蛋也是排泄矿物元素主要途径。矿物质元素在动物体内的代谢保持着动态平衡，由产品和内源排除构成了动物对矿物质元素的需要量。

矿物元素对动物的生长、繁殖和健康有着重要的作用，但动物过量地摄入矿物元素，会出现中毒，严重者导致死亡。由于动物的矿物元素营养与环境之间存在密切关系，岩石、土壤、大气、水、植物和动物、人之间构成一个不可分割的整体的食物链，而气候、季节、施肥与田间管理、耕作和环境污染等则间接地影响动物矿物质营养。

二、主要常量矿物质元素

1. 钙、磷

(1) 含量与分布　体内含量最多，占体重1%～2%，几乎占矿物质总量的65%～70%，99%的钙和80%的磷存在于骨骼和牙齿中，其余存在软组织和体液中。骨中含水45%，蛋白质20%，脂肪10%，灰分25%，灰分中含钙36%，磷18%，镁0.5%～1.0%，通常动物骨骼中的钙、磷比例为2∶1。

(2) 吸收与代谢

① 吸收　始于胃，主要部位在小肠，钙的吸收需要维生素 D_3 和钙结合蛋白的参与，形成复合物后经扩散吸收，磷以离子态形式吸收。不同家畜钙、磷吸收率变化较大。

② 代谢　钙、磷代谢处于动态平衡中，钙的周转代谢量为吸收量的4～5倍，为沉积量的8倍。其中粪排出量占80%，尿占20%。

(3) 营养作用

① 钙构成骨骼与牙齿；维持神经和肌肉兴奋性；维持膜的通透性；调节激素分泌；钙信号在激活细胞参与细胞分裂过程中起信息传递作用。

② 磷不仅构成骨骼与牙齿，还以有机磷的形式存在于细胞核和肌肉中，参与核酸代谢、能量代谢与蛋白质代谢；维持膜的完整性，在细胞膜结构中，磷脂是不可缺少的成分；磷酸盐是体内重要的缓冲物质，参与维持体液的酸碱平衡。

体内钙和磷的代谢是相互联系的，本质上受同一生理和生化机制的调节，动物体内的钙、磷比例要适当，其生理作用才能正常发挥。

(4) 缺乏症与过量

① 缺乏症　钙缺乏时动物会表现出食欲不振，生产力下降，繁殖力下降。母鸡产软壳蛋或蛋壳破损率高，产蛋率和孵化率下降。动物体骨骼病变，幼龄动物为佝偻病，表现为骨质软弱、腿骨弯曲，脊柱呈弓状（图3-6），骨端粗大，行动不便，常会引起自发性骨折和后躯瘫痪；成年动物表现为骨软病或骨质疏松症，其骨组织疏松呈海绵状；乳牛还会发生产后瘫痪的现象。

图3-6　缺钙的猪

磷缺乏时，动物会出现异嗜癖、低磷性的骨质疏松，如，猪、鸡呈现营养性的瘫痪，牛出现关节

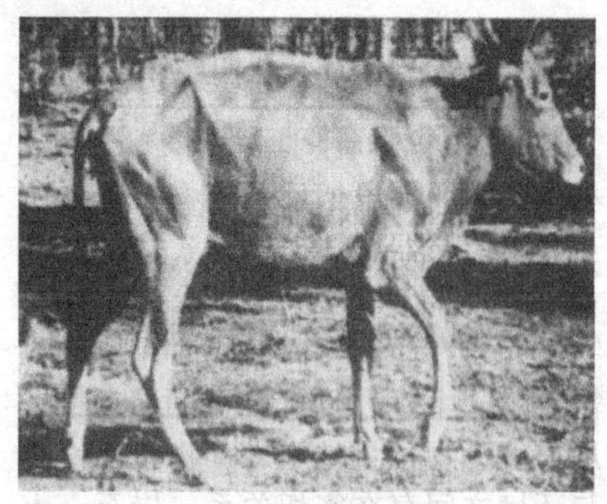
图 3-7 缺磷的牛

僵硬、肌肉软弱（图 3-7）、生长减缓、繁殖异常。钙、磷缺乏时，血检查可见血清钙、磷水平低，碱性磷酸酶活性升高。

② 过量 反刍动物钙过量抑制瘤胃微生物作用而导致消化率降低；单胃动物钙过量降低脂肪消化率；过量钙、磷干扰其他元素的作用和代谢，例如钙过量抑制锌的吸收，磷过量会引起甲状腺机能亢进。

(5) 钙、磷的来源 植物饲料含钙少，而磷多，但磷有一半左右为植酸磷，饲料总磷利用率一般较低，猪利用率约为 20%～60%，鸡利用率约为 30%，反刍动物可较好利用植酸磷。动物性的饲料如乳、鱼粉、肉骨粉等一般含钙较为丰富。

当饲料中钙、磷含量不足，可直接在饲料中添加钙、磷的补充料，可用骨粉（钙 31%，磷 14%）、磷酸氢钙（钙 23.2%，磷 18.6%）、磷酸钙、碳酸钙、石粉等。

2. 镁

(1) 含量与分布 动物体内含镁 0.05%，60%～70%在骨中，镁占骨灰分的 0.5%～1.0%，其余 30%～40%存在于软组织中。

(2) 吸收与代谢 反刍动物在瘤胃吸收，单胃动物在小肠吸收，吸收方式为扩散吸收。吸收率：猪禽 60%，奶牛 5%～30%。代谢随年龄和器官而异，幼龄动物贮存和动用镁的能力较成年动物高，骨中镁可动员 80%参与周转代谢。

(3) 营养作用 构成骨与牙齿；参与酶系统的组成与作用；参与核酸和蛋白质代谢；调节神经和肌肉兴奋性；维持心肌的正常结构和功能。

(4) 缺乏与过量

① 反刍动物需镁高于单胃动物，其缺镁症可分为两种类型：一种是长期饲喂缺镁饲粮，导致反刍动物体内储存镁消耗发生的缺镁症，主要症状为痉挛，一般幼龄动物易患；另一种是反刍动物在放牧时采食大量生长旺盛的青草，青草中镁含量低，吸收率差，动物主要表现为：食欲不振，生长缓慢，过度兴奋，痉挛和肌肉抽搐，严重可导致死亡。如牛采食后发生缺镁症，叫“牧草痉挛”，表现为生长受阻、过度兴奋、痉挛、肌肉抽搐、呼吸弱、心跳快、死亡。

② 镁过量，动物可出现昏睡，运动失调，拉稀，采食量和生产力下降，严重也可引起死亡。

(5) 镁的来源 常用饲料含镁丰富，不易缺乏，糠麸、饼粕和青绿饲料含镁丰富，块根和谷实含镁多。缺镁时，用硫酸镁、氯化镁、碳酸镁补饲，补镁有利于防止过敏反应和集约化饲养时咬尾巴的现象。

3. 钠、钾、氯

(1) 含量与分布 动物体内干物质中含钠 0.15%，钾 0.30%，氯 0.1%～0.15%，钾主要存在于细胞内，是细胞内主要阳离子，钠、氯主要存在于体液中。

(2) 吸收与代谢 主要吸收部位是十二指肠、胃、后段，小肠和结肠能部分吸收，吸收形式为简单扩散。大部分随尿排出，其他途径包括粪、汗液及产品。钠、钾、氯周转代谢强，内源部分为采食部分的数倍。

(3) 营养作用 钠、钾、氯为体内主要电解质，与其他离子共同维持肌肉神经兴奋性。

钠在保持体液的酸碱平衡和渗透压方面起着重要作用；钾参与碳水化合物代谢，钾在维持细胞内液渗透压的稳定和调节酸碱平衡上起着重要的作用；氯参与胃酸形成，与钠、钾共同维持体液的酸碱平衡和渗透压调节。

(4) 缺乏与过量

① 缺乏　钠易缺乏，钾不易缺乏。生长期动物缺钠，出现食欲和消化机能减退、生长受阻。成年动物，可发生肌肉颤抖、四肢运动失调、心律不齐等，严重会死亡。氯缺乏时主要表现为肾功能受损，皮肤、肌肉和内脏器官中氯的含量明显减少。缺氯化钠出现异嗜癖、啄羽。长期缺乏出现肌肉（心肌）病变。

② 过量　食盐过多，饮水量少，会引起动物中毒。猪、鸡对食盐过量较为敏感，容易发生食盐中毒。表现为：腹泻，口渴，产生类似脑膜炎的神经症状。钾过量，干扰镁吸收和代谢，出现低镁性痉挛。

(5) 来源　各种饲料钠、氯少，以食盐补充，饲料饼粕含钾高。

4. 硫

(1) 含量与分布　体内约含 0.15%的硫，大部分以有机硫形式存在，如组成硫-氨基酸、维生素 B_1、生物素、羽毛，毛中含硫量高达 4%。

(2) 吸收与代谢　无机硫在回肠以扩散方式吸收，有机硫以硫-氨基酸的形式在小肠以主动吸收形式吸收。体内无机硫不能转变成有机硫，微生物可利用无机硫。排泄途径是粪尿。硫参与蛋白质、碳水化合物代谢（如：硫-氨基酸、维生素、胰岛素）。

(3) 营养作用　硫主要是通过氨基酸、维生素和激素而体现其生理功能。硫通过间接地参与蛋白质合成和脂肪及碳水化合物代谢，完成各种含硫生物活性物质在体内的生理生化功能。

(4) 缺乏与过量

① 缺乏　不易缺乏，只在反刍动物大量利用非蛋白氮（NPN）饲料时可能出现不足，缺乏时动物出现消瘦，毛、蹄生长不良，纤维利用率下降，采食量下降，NPN 利用率下降。日粮中 N、S 比例大于 10∶1（奶牛 12∶1），可能出现硫缺乏。

② 过量　硫过量也很少发生，无机硫添加剂用量大于 0.3%～0.5%时可能导致厌食，体重下降，便秘，腹泻等症状。

(5) 来源　蛋白质饲料含硫高，鱼粉、肉粉、血粉含硫达 0.35%～0.85%，饼粕 0.25%～0.40%，禾谷类及糠麸 0.15%～0.25%，块根、块茎作物缺乏，对于反刍动物，不足时可用硫酸盐或硫化物补充，单胃动物不考虑无机硫。

三、主要微量矿物质元素

1. 铁

(1) 含量与分布　各种动物体内含铁 60～70mg/kg，其中 60%～70%存在于血红蛋白中，3%存在于肌球蛋白，26%为贮备，不足 1%为铁转运化合物。

(2) 吸收与代谢　主要吸收部位在十二指肠，从肠腔进入黏膜细胞，肠黏膜细胞上的转铁蛋白结合大多数的铁或铁与小分子有机化合物螯合，经易化扩散吸收。

(3) 营养作用

① 参与载体组成　转运和贮存营养素；铁是合成血红蛋白和肌红蛋白的原料。血红蛋白作为氧和二氧化碳的载体，能保证其正常运输。

② 参与物质代谢调节　Fe^{2+}或 Fe^{3+}是酶的活化因子，三羧酸循环中有 1/2 以上的酶和因子含铁或与铁有关。

③ 生理防卫机能　铁与动物体免疫机制有关，游离铁可被微生物利用。

(4) 缺乏与过量

① 缺乏　典型缺乏症为贫血，表现为食欲不振，虚弱，皮肤和黏膜苍白，皮毛粗糙，生长慢。血液检查，血红蛋白低于正常。易发于仔猪，因为初生猪铁贮为30mg/kg体重，正常生长每天需铁约7～8mg，而每天从母乳中仅得到约1mg的铁。因此，仔猪出生后应及时补铁。青草、干草及糠麸、动物性饲料（奶除外）均含铁，但利用率差，仔猪常在3日龄左右补铁，可用氯化亚铁、硫酸亚铁、葡聚糖铁，肌注150～200mg聚糖铁，可满足3周的需要，但缺维生素E时补铁可引起部分死亡。表3-4所示为仔猪血红蛋白含量与贫血的关系。

表3-4　仔猪血红蛋白含量与贫血的关系

血红蛋白的含量/g/100ml	贫血程度	血红蛋白的含量/g/100ml	贫血程度
⩾10	正常水平	⩽7	贫血、生长减慢
9	正常与贫血分界线	⩽6	严重贫血、生长发育受阻
8	边缘贫血，需补充	⩽4	严重贫血，有死亡的危险

② 过量　全价配合饲料中正常添加铁剂量一般低于0.014%，肉鸡正常添加铁剂量为0.008%，产蛋鸡为0.005%，若添加量超过标准量20倍以上就会出现慢性铁中毒现象。铁的耐受量一般较大，猪采食日粮中铁的耐受量3000mg/kg，牛和禽1000mg/kg，绵羊500mg/kg。但添加过多，易造成中毒。3～10日龄仔猪口服硫酸亚铁的中毒剂量为600mg/kg体重，喂后1～3h可出现中毒症状，表现为皮肤潮红，精神呆滞，站立不稳，呼吸急促，体温降低，嗜睡，继而昏迷，严重时死亡。

(5) 来源　天然植物饲料中富含铁元素，动物性饲料中乳制品含铁较少，但鱼粉、血粉中含铁丰富，也可用含铁的化合物进行补饲，如添加氯化亚铁、硫酸亚铁等。

2. 锌

(1) 含量与分布　动物体内平均含锌30mg/kg，其中50%～60%在骨中，其余广泛分布于身体各部位。

(2) 吸收与代谢　锌的吸收部位因动物种类不同而有所不同，在单胃动物中，锌主要在小肠远端吸收；在反刍动物中，约有1/3的锌在真胃吸收；其余大部分动物，锌主要在小肠吸收。鸡对锌的吸收始于腺胃，而以小肠吸收量较大，其中尤以十二指肠吸收最强。被机体吸收的锌与血液转运蛋白结合，通过血液循环运送到肝脏和其他组织。肝是锌的主要代谢场所，周转代谢快。锌主要从粪中排出，少量从尿排出。

(3) 营养作用

① 锌是动物体内多种酶的成分或激活剂，参与体内酶的形成。体内有200多种酶含锌，这些酶主要参与蛋白质代谢和细胞分裂。

② 维持上皮组织健康和被毛正常生长，从而防止上皮细胞角质化和脱毛。

③ 锌是胰岛素的成分，参与碳水化合物的代谢。

④ 维持生物膜正常结构与功能。

⑤ 参与骨骼和角质的生长并能增强机体免疫和抗感染力。

(4) 缺乏与过量

① 缺乏　典型缺乏症是皮肤不完全角化症，以2～3月龄仔猪发病率最高，表现为皮肤出现红斑，上覆皮屑，皮肤褶皱粗糙，结痂，伤口不易愈合，同时生长不良，骨骼发育异常，种畜繁殖机能下降，免疫力显著降低。

② 过量　各种动物对高锌都有较强的耐受力，但耐受力随动物种类、饲粮中与锌拮抗

的物质含量不同而异。采食自然饲粮，猪、绵羊和牛的耐受量分别在1000mg/kg、300mg/kg、500mg/kg以下。反刍动物锌中毒比非反刍动物更敏感。

(5) 来源　锌的来源广泛，幼嫩植物、酵母、大豆饼、芝麻饼、棉籽饼、花生饼、鱼粉中含量丰富，其他饲料的含量一般均超过实际需要量。

通常配合饲料中的原料能提供给动物体所需要的锌，但由于锌的吸收率很低，必须超量添补才能满足其生理需要。可在饲料中直接添加饲料级氧化锌和饲料级一水硫酸锌。

3. 铜

(1) 含量与分布　动物体内平均含铜2～3mg/kg，主要存在于肝、大脑、肾、心和被毛中，其中肝是体铜的主要贮存器官。

(2) 吸收与代谢　主要吸收部位是小肠，吸收方式为易化扩散，铜吸收率只有5%～10%。影响其吸收的因素包括：植酸、粗纤维、高蛋白等可降低铜吸收，抗坏血酸不利于铜吸收。钙、锌、钼、硫等与铜产生拮抗，如铜-锌拮抗是因为二者在小肠壁吸收时共用一种载体，不能与载体结合的元素在小肠壁与硫固蛋白结合，形成金属硫固蛋白，它不能进入血液，随细胞脱落或分泌到肠道而排出体外。

(3) 营养作用　铜对造血起催化作用，它促进铁从网状内皮系统和肝细胞中释放出来进入血液，以合成血红素，参与血红蛋白的合成及某些氧化酶的合成和激活，促进骨骼的正常发育，使钙、磷在软骨基质上沉积；铜在维持中枢神经系统功能上起着重要作用，并作为细胞色素氧化酶和胺氧化酶成分，维持神经健康；作为酪氨酸酶的成分，参与被毛色素的形成；可促进垂体释放生长激素、促甲状腺激素、促黄体激素和促肾上腺皮质激素等，影响动物的生殖机能与生长发育。

(4) 缺乏与过量

① 缺乏　缺铜时，影响动物正常的造血功能，出现贫血症状，且补铁不能消除；缺铜时长骨外层很薄，骨骼异常，骨畸形，易骨折；羔羊缺铜致使中枢神经髓鞘脱失，出现神经症状，共济失调，初生瘫痪；羊毛中含硫氨基酸代谢遭破坏，羊毛生长缓慢、被毛脱色；反刍动物腹泻、肠黏膜萎缩；繁殖机能下降。

② 过量　铜过量可中毒，每千克饲料干物质含铜量：绵羊超过50mg、牛超过100mg、猪超过250mg、雏鸡达300mg均会引起中毒。铜盐直接作用于胃肠道而患严重的胃炎、粪便呈绿蓝色黏液状。过量的铜吸收进入机体内，作用于全身各个器官系统，使肝、肾、神经和血液受侵害，造成肾功能衰竭。过量铜在肝脏中蓄积到一定水平时，就会释放进入血液，使红细胞溶解，动物出现血尿和黄疸症状，组织坏死，甚至死亡。

(5) 来源　饲料中铜分布广泛，豆科牧草、大豆饼、禾本科籽实及副产品中含铜较为丰富，动物一般不易缺少，缺铜的牧地可施用硫酸铜化肥或直接给动物补饲硫酸铜。无机盐铜比饲料铜有效性高。

4. 锰

(1) 含量与分布　体内含锰比其他元素低，总量0.2～0.5mg/kg，主要集中在肝、骨骼、肾、胰腺及脑垂体。

(2) 吸收与代谢　主要吸收部位在小肠，特别是十二指肠。过量钙、磷、铁会降低锰的吸收，此外，日粮锰浓度、来源、动物生理状况均影响吸收。吸收的锰以游离形式或与蛋白质结合后转运到肝，肝锰与血锰保持动态平衡，动物动用体内贮备锰的能力很低。锰主要从粪中排出。

(3) 营养作用　锰参与硫酸软骨素的合成，保证骨骼的发育；可催化性激素的前体胆固醇合成，与动物的繁殖有关；是肠肽酶、羧化酶、ATP酶等的激活剂，参与蛋白质、碳水化合物、脂肪及核酸代谢；保护细胞膜完整性。

（4）缺乏与过量

① 缺乏 动物缺锰时，采食量下降；生长发育受阻，骨骼畸形，关节肿大，骨质疏松。禽典型缺乏症是滑腱症，1日龄鸡喂缺锰日粮则在第2周就出现滑腱症，种母鸡缺锰导致鸡胚营养性软骨营养障碍，症状类似滑腱症，蛋壳强度下降，鸡胚软骨退化，死胎多，孵化率下降。猪缺锰是腿部骨骼异常。

② 过量 锰过量导致生长受阻，贫血和胃肠道损害，并致使钙磷利用率降低。禽耐受力最高，猪最差。动物对中毒剂量的敏感性存在差异，禽：2000mg/kg；反刍动物：1000mg/kg；猪：400mg/kg。生产中锰中毒现象非常少见。

（5）来源 植物饲料特别是牧草、糠麸含锰丰富，动物饲料含锰少，生产中一般不会出现缺乏症，如饲料中不足也可用硫酸锰、氧化锰补充。

5. 硒

（1）含量与分布 动物体内含硒约0.05～0.2mg/kg，主要集中在肝、肾及肌肉中，体内硒一般与蛋白质结合存在。

（2）吸收与代谢 主要吸收部位在十二指肠，吸收率高于其他微量元素，但无机硒的利用率通常低于有机硒，吸收后的硒先形成硒化物，再转变成有机硒参加代谢。动物体内硒的主要排泄途径是随粪尿排出体外。

（3）营养作用 硒元素在1957年前一直被认为是有毒元素，1957年Schwarz证明硒是必需微量元素，其主要作用如下。

① 作为谷胱甘肽过氧化酶（GSH-Px）的组成成分，保护细胞膜结构和功能的完整性，每分子GSH-Px含4原子硒，该酶催化已产生的过氧化氢和脂质过氧化物，将其还原成无破坏性的羟基化合物，从而保护细胞膜。

② 对动物胰腺的组成和功能有重要影响。缺硒时，胰腺萎缩，胰脂酶产量下降，从而影响脂质和维生素E的吸收。

③ 保证肠道脂肪酶活性，促进乳糜微粒形成，从而促进脂类及脂溶性物质的消化吸收。

（4）缺乏与过量

① 缺乏 猪缺硒主要表现为肝细胞大量坏死而突然死亡；也可出现白肌病、桑椹心；鸡缺硒主要表现渗出性素质病，胸腹部皮下有蓝绿色的体液聚集，皮下脂肪变黄，心包积水，严重缺硒导致胰腺纤维化，胰腺萎缩，胰腺分泌消化液明显减少；牛羊缺硒主要表现白肌病或营养性肌肉萎缩；动物缺硒还会导致繁殖机能下降，青年公猪精子数减少、活力差、畸形率增加；母牛空怀或胚胎死亡。硒缺乏情况具有明显的地区性。

② 过量 硒过量易中毒，5～10mg/kg的摄入量即可导致中毒，其表现时消瘦、贫血、关节强直、脱毛或影响繁殖等，摄入500～1000mg/kg硒可出现急性或亚急性中毒，患畜瞎眼、痉挛、瘫痪，肺部充血，因窒息而死亡。

（5）预防或治疗缺硒症 可用亚硒酸钠维生素E制剂，皮下或深度肌肉注射，或将亚硒酸钠稀释后，拌入饲粮中补饲。家禽可将亚硒酸钠溶于水中饮用，但要严格控制供给量。

6. 碘

（1）含量与分布 动物体内平均含碘0.2～0.3mg/kg，其中80%存在于甲状腺中，甲状腺素是唯一含无机元素的激素。

（2）吸收与代谢 反刍动物主要在瘤胃吸收，单胃动物主要在小肠吸收，以碘离子形式吸收率最高，碘离子易被甲状腺摄取，形成具有激素活性的T_3、T_4；通过血液循环进入其他组织起作用。甲状腺素进入组织后80%被脱碘酶分解，释放出的碘循环到甲状腺重新用于合成。碘主要经尿排泄，肠道碘可被重吸收，动物产品也可排出部分碘。

（3）营养作用　主要是参与甲状腺素的形成。甲状腺素几乎参与机体所有的物质代谢过程，维持体内热平衡，具有促进繁殖、生长发育、红细胞生成和血液循环等作用。体内一些特殊蛋白质（如皮毛角质蛋白质）的代谢和胡萝卜素转变成维生素 A 都离不开甲状腺素。

（4）缺乏与过量

① 缺乏　缺碘会降低动物基础代谢，碘缺乏症多见于幼龄动物，其表现为：生长受阻，骨架小，出现“侏儒症”；繁殖力下降，种畜发情无规律，甚至不孕。妊娠动物缺碘，可使胎儿发育受阻，产生弱胎、死胎，初生幼畜无毛、皮厚，颈粗、体弱、成活率低。影响神经发育，甲状腺肿大，缺碘母羊所产的羔羊发育不良或死亡，颈部因甲状腺肿大而明显肿大。

缺碘可导致甲状腺肿，但甲状腺肿不全是因为缺碘。十字花科植物中的含硫化合物和其他来源的高氯酸盐、硫脲或硫脲嘧啶都能造成类似缺碘一样的后果。

② 过量　各种动物对过量碘的耐受力不同。生长猪可耐受 400mg/kg，禽 300mg/kg，牛、羊 50mg/kg。反刍动物耐受力比单胃动物差，超过耐受量可造成不良后果：猪出现血红蛋白下降，鸡产蛋率下降，奶牛产奶量降低。

（5）来源　动物所需要的碘，主要从饲料和饮水中摄取。各种饲料中的含碘量不同，沿海地区的植物含碘量高于内陆地区植物。缺碘用碘化食盐或碘化钾、碘酸钾补饲。

7. 其他元素

钴、氟、钼、铬、砷、硅、镍等元素已被证实在动物营养中的必需性，认为这些元素为动物体所必需，它们在动物体内能与有生命的组织相互作用，当营养中缺乏时，生理机能受阻，加入时，生理机能恢复，但至今尚未发现动物缺乏的病例。因此，实际生产中勿需考虑供给问题，相反应多注意铅、砷毒性问题。

第七节　维生素与动物营养

一、维生素营养简介

1. 概念

维生素是动物机体代谢所必需的而需要量极少的一类低分子有机化合物。体内一般不能合成，必须由饲料中提供或提供其先体。

2. 特点

（1）需要量少，通常以微克（μg）、毫克（mg）计，可直接被动物完整地吸收。

（2）维生素的作用是特定的，不能被其他养分所替代，每种维生素又各有其特殊的作用，相互间也不能替代。

（3）参与代谢调节，不构成体组织，也不供给能量，在体内起催化作用，促进其他营养素的合成与降解，其中有些维生素是辅酶的组成部分。

（4）维持动物生命活动和正常生长发育与生产所必需。缺乏时产生缺乏症，危害大，但过量时亦会产生中毒症状。

（5）存在于天然食物或饲料中，为生物活性物质，易受光照、热、酸、碱、氧化剂等破坏而失效。

3. 分类

按照维生素的溶解性，可将维生素分为脂溶性维生素和水溶性维生素两大类。

（1）脂溶性维生素　包括维生素 A、维生素 D、维生素 E、维生素 K。它们只含有碳、氢、氧三种元素。共同的特点归纳如下。

① 不溶于水而溶于脂肪和大部分有机溶剂，其存在与吸收均与脂肪有关。

② 有相当数量的脂溶性维生素可贮存在动物体的脂肪组织中，若动物吸收得多，体内贮存也多，摄入量过多会引起中毒症状。

③ 未被动物消化吸收的脂溶性维生素，通过胆汁随粪便排出体外，但排泄较慢。过多会产生中毒症或者妨碍与其有关养分的代谢，尤其是维生素 A 和维生素 D。在生产中，维生素 E 和维生素 K 的中毒现象很少见。

④ 易受光照、热、酸、碱、氧化剂等破坏而失效。

⑤ 维生素 K 可在肠道内经微生物合成。动物皮肤中的 7-脱氢胆固醇可经紫外线照射转变为维生素 D_3。动物体内不能合成维生素 A 和维生素 E，均需由饲料提供。

(2) 水溶性维生素　包括 B 族维生素和维生素 C。分子中除含碳、氢、氧三种元素外，多数含氮，有的还含硫或钴。其特点如下：

① 能溶于水，并可随水分很快由肠道吸收。

② 体内一般不贮存，毒性相对脂溶性维生素要低得多。

③ 多数情况下缺乏症无特异性，主要表现为食欲下降和生长受阻。

④ 动物体内可合成维生素 C，但在高温、运输、疾病、断喙、防疫、转群等应激条件下，维生素 C 需要量增加，应额外补充。反刍动物瘤胃和草食动物盲肠中微生物可合成 B 族维生素，故成年反刍动物和草食动物不需由日粮提供 B 族维生素。

4. 维生素的来源

维生素的来源主要有饲料、动物消化道微生物合成和动物某些组织器官合成。即

饲料 ⟶ 外源性维生素

消化道微生物合成 } ⟶ 内源性维生素
动物组织器官合成 }

不同动物体内合成维生素的能力不同，动物一般能合成维生素 C 和烟酸，反刍动物能利用瘤胃和肠道微生物合成机体所需的 B 族维生素和维生素 K，单胃动物也能利用肠道微生物合成 B 族维生素和维生素 K，但由于合成的数量和利用率有限，故常不能满足需要。家禽消化道短，合成量有限，吸收的可能性也小，必须由日粮供给，或提供其前体物或维生素原。

二、脂溶性维生素

1. 维生素 A（抗干眼病维生素、视黄醇）

(1) 理化特性　维生素 A 只存在于动物体内，植物饲料不含维生素 A，含有类胡萝卜素，包括 β-胡萝卜素、α-胡萝卜素、γ-胡萝卜素和玉米黄素等，在肠壁细胞和肝脏内可转变为维生素 A，1 分子 β-胡萝卜素可转化为 2 分子维生素 A，其余只转化为 1 分子维生素 A。

维生素 A 在无氧时对热稳定，热至 120～130℃基本不变。有氧时易氧化，尤其是在湿热和有微量元素及酸败脂肪存在时，易氧化失效，在无氧黑暗处稳定。

(2) 营养生理功能与缺乏症

① 维持动物在弱光下的视力　维生素 A 是视觉细胞内的感光物质——视紫红素的成分，视紫红素使动物对弱光产生视觉，缺乏时易患夜盲症。

② 维持上皮组织健康　维生素 A 与黏液分泌上皮的黏多糖合成有关。缺乏维生素 A，上皮组织干燥和过度角质化，从而易受细菌侵袭而感染多种疾病。

③ 参与性激素形成　维生素 A 缺乏时繁殖力下降，种公畜性欲差，睾丸硬化；母畜发情不正常，不易受孕；妊娠母畜流产，难产，产弱胎、死胎或瞎眼仔畜。

④ 促进骨骼和中枢神经系统发育　维生素 A 与成骨细胞活性有关，影响骨骼的合成，缺乏时，破坏软骨骨化过程，骨骼造型不全，骨弱且过分增厚，压迫中枢神经，出现运动失

调以及痉挛、麻痹等神经症状。

⑤ 促进幼龄动物生长 维生素 A 能调节碳水化合物、脂肪、蛋白质及矿物质代谢。缺乏时，影响体蛋白合成及骨组织的发育，造成幼龄动物精神不振，食欲减退，内脏器官萎缩，严重时死亡。

⑥ 增强机体的免疫力和抗感染的能力 给妊娠母猪补充维生素 A，免疫力显著增强，产仔数和仔猪成活率提高。维生素 A 增强机体对传染病的抗感染能力，是通过保持细胞膜的强度使病毒不能穿透细胞，避免了病毒进入细胞利用细胞的繁殖机制来复制自己。缺乏时免疫器官和细胞的生长与分化、黏膜免疫、体液免疫、细胞免疫受损，如胸腺（禽为法氏囊）萎缩，动物免疫应答下降，黏膜免疫系统机能减弱，病原体易于入侵等。

(3) 缺乏与过量

① 禽类对维 A 的缺乏最为敏感，缺乏时泪腺上皮组织角化，发生“干眼病”，严重时角膜、结膜化脓溃疡，甚至失明。如图 3-8、图 3-9 所示。呼吸道或消化道上皮组织也会发生角质化，死亡率增加。

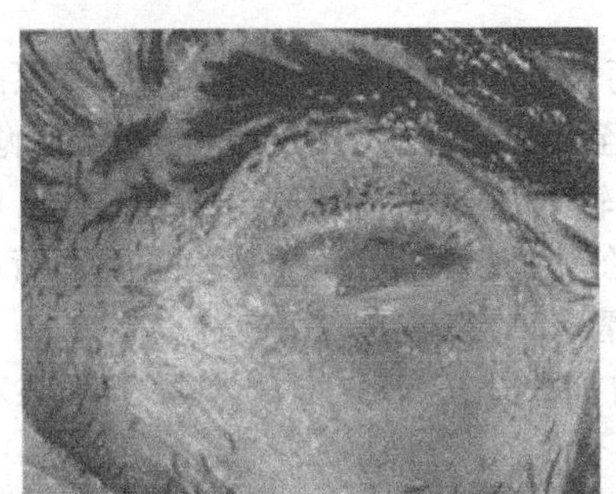
图 3-8 患维生素 A 缺乏症的病鸡

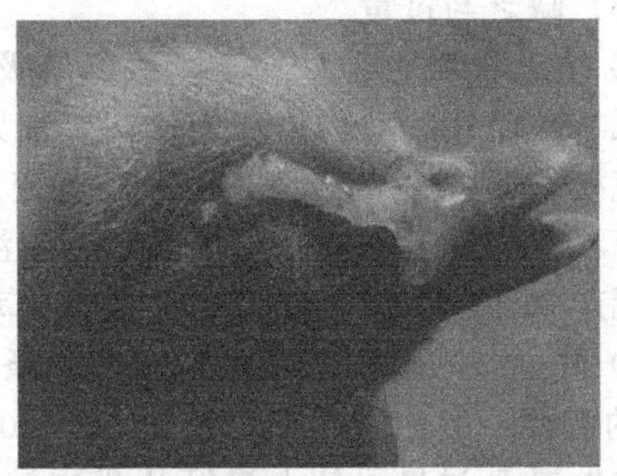
图 3-9 患维生素 A 缺乏症的小鸭

② 家畜缺乏维 A 时，皮肤干燥呈鳞片状、角质化；出现干眼症和失明。运动失调，出现痉挛、麻痹等症状；繁殖力和免疫力下降。实际生产中成年反刍动物不易发生。

③ 维生素 A 过量时，动物出现中毒症状，易产生急性或累积性中毒，出现骨畸形、器官退化、生长缓慢、失重、皮肤受损以及先天畸形等症状。

(4) 需要特点 一般来说，在生长鸡的整个生长阶段中，提供的维生素 A 都是一样的浓度，蛋用鸡的需要量比生长鸡高出 1.5～2 倍。维生素 A 和胡萝卜素可以存贮在畜禽的肝脏中。母猪体内贮备的维生素 A，可通过胎盘供给胎儿发育的需要，或通过泌乳供给哺乳仔猪。

采食大量牧草的成年反刍动物一般不易发生维生素 A 缺乏症，但对用大量精料舍饲的家禽及瘤胃机能尚未发育完全的犊牛，应给予足够的维生素 A 或胡萝卜素补充物。

畜禽对维生素 A 需要量一般为 1000～5000IU/kg，维生素过量服用也会引起中毒。维生素 A 易积蓄在肝脏和脂肪内，即使未超过急性中毒量，如每天服用 80 000～100 000IU，半年后仍会造成中毒。中毒后果表现为骨骼畸形，器官发生病变、生长缓慢，皮肤受损等。急性中毒颅内会产生水肿，两眼突出，浑身脱皮，同时伴有发烧症状。

(5) 维生素 A 的来源 维生素 A 主要来自于动物性饲料，鱼粉、蛋黄、牛奶、血液、肝脏等含量丰富。青绿饲料和胡萝卜中胡萝卜素最多，红、黄心甘薯、南瓜与黄玉米中也较多，冬季，优质干草和青绿饲料是胡萝卜素的良好来源。

饲料中胡萝卜素或维生素 A 的含量因加工调制技术、贮藏方式及其他条件而变化。如青干草在调制过程中胡萝卜素损失 30%～90%。维生素 A 也有商品化产品出售。

2. 维生素D（抗软骨病维生素）

（1）理化特性　维生素D是研究最活跃的维生素之一。维生素D有D_2、D_3、D_4、D_5、D_6和D_7等多种形式，主要是侧链结构的不同，这些差异影响维生素D抗佝偻病活性。天然的维生素D主要为D_2（麦角钙化醇）和D_3（胆钙化醇）。前者主要存在于植物性饲料中，D_3是由存在于动物的皮肤、血液、神经和脂肪组织中的7-脱氢胆固醇经紫外线照射转变成的。其余几种异构物质，对畜禽来说营养意义不大。维生素D_3比维生素D_2对家禽的营养意义更大，D_2仅为维生素D_3的1/30～1/20。

（2）营养生理功能　维生素D在动物体内必须先转变为具有活性的物质才能发挥其生理功能。

① 维生素D主要与动物钙、磷代谢有关，可以控制钙、磷代谢，特别是增加肠对钙与磷的吸收，同时还可调节肾脏对钙和磷的排泄，可控制骨骼中钙与磷的贮存，改善骨骼中钙磷的活动状态。从而影响动物骨骼与牙齿的正常发育。

② 与肠黏膜细胞的分化有关，能促进肠道中Co、Fe、Mg、Sr、Zn以及其他元素的吸收。

（3）缺乏与过量

① 缺乏　维生素D缺乏，钙、磷吸收减少，血钙、血磷浓度降低，向骨骼沉积的能力也降低，致使幼龄动物出现佝偻病，常见行动困难甚至不能站立；成年动物骨质变脆变软、骨质疏松、四肢关节变形、肋骨发生变形、鸡胸、骨软病等。另外，维生素D缺乏可使牙齿发育不良，缺乏釉质；使泌乳动物的泌乳期缩短。在高产乳牛常常出现钙的负平衡；在母鸡出现产软壳蛋、蛋壳变薄、种蛋孵化率下降，这种情况对笼养蛋鸡尤应注意。

② 过量　一般在工厂化封闭饲养条件下可适当增加维生素D。畜禽及某些鱼类对维生素D的需要一般在每千克饲粮1000～2000IU之间。

维生素D过量可使大量钙从骨中转移出来，沉积于动脉管壁、关节、肾小管、心脏等处，引起软组织钙化、骨损伤。维生素D过多有可能引起动物中毒，中毒严重程度与维生素D的类型、剂量、供给途径、肾功能及日粮组成等有关，维生素D_3比D_2毒性高10～20倍，日粮中钙、磷水平高时，维生素D中毒症状加剧。但由于中毒剂量很大，在实际生产中很少见到。

（4）维生素D的来源　虽然自然界中维生素D广泛存在，但维生素D的分布非常有限。在动物性饲料如鱼肝油、肝粉、血粉、酵母中都含有丰富的维生素D，经阳光晒制的干草含有较多的维生素D_2。

让畜禽多接触阳光也可让体内的7-脱氢胆固醇大量转变为维生素D，在密闭舍内可安装紫外线灯，进行适当的照射。

3. 维生素E（生育酚、抗不育维生素）

（1）理化特性　1922年Evans和Bishop发现一种当时叫“大因子”的物质，1925年Evans提出这种脂溶性的具有生育能力的因子是一种新的维生素，被命名为维生素E。

具有维生素E活性的酚类化合物有8种，其中以α-生育酚效价最高，通常所说的维生素E是指α-生育酚。维生素E为黄色油状物，不溶于水而溶于有机脂溶性溶剂，不易被酸、碱及热所破坏，但却极易被氧化。它可在脂肪等组织中贮存。

（2）营养生理功能　维生素E的功能极其多样化，简述如下。

① 抗氧化作用　抑制脂类过氧化物的生成，终止体脂肪的过氧化过程，稳定不饱和脂肪酸；维持细胞膜正常脂质结构，保护细胞膜，是抗氧化的第一道防线。

② 维持毛细血管结构的完整和中枢神经系统的机能健全。

③ 增强机体免疫力和抵抗力　可促进抗体的形成和淋巴细胞的增殖，提高机体的抗病

能力。

④ 维持正常的繁殖机能　维生素E可促进性腺发育，调节性机能，促进精子的生成，提高其活力。增强卵巢机能，促成受孕，防止流产，调节性激素代谢等。

⑤ 保证肌肉的正常生长发育，防止肝坏死和肌肉退化。

⑥ 改善肉质　添加适量维生素E，可使肉用动物增重加快，并减少肉的腐败，有利于改善和保持肉的色、香、味等品质。

(3) 缺乏与过量

① 缺乏症　维生素E缺乏会严重影响繁殖机能，公畜尤为明显。公畜缺少维生素E时，精细胞的形成受阻，精液品质不佳，易发生不育。母畜缺少维生素E时，性周期失常，受胎率下降。母鸡缺少维生素E时，产蛋率下降；雏鸡缺少维生素E时，毛细血管通透性增强，致使大量渗出液在皮下积蓄，患"渗出性素质病"。肉鸡饲喂高能量饲料又缺少维生素E，易患"脑软化症"，小脑出血或水肿，运动失调，伏地不起甚至麻痹，死亡率高。各种幼龄动物缺乏维生素E时，易患"白肌病"，仔猪常因肝坏死而突然死亡。

维生素E缺乏症可分为原发性与继发性两种，前者是由于动物进食的饲料中缺少维生素E，后者是因其他因素引起维生素E失活，如食入过量的不饱和脂肪酸或已酸败的脂肪。各种动物都可能发生维生素E缺乏，其中幼年动物发病较多。

② 过量　维生素E对大多数动物几乎无毒，动物体能耐受需要量100倍以上的剂量。但维生素E过多，鱼会出现肝中毒，严重会死亡。

(4) 来源　植物能合成维生素E，所有谷类饲料中都含有丰富的维生素E，特别是种子的胚芽中，豆油、小麦胚油、花生油和棉籽油含维生素E也很丰富。绿色饲料、叶和优质干草也是维生素E很好的来源，尤其是苜蓿草中，青绿饲料（以干物质计）维生素E含量一般较禾谷类籽实高出10倍之多，在饲料的加工和贮存中，维生素E损失较大。目前，维生素E添加剂已在生产中广泛应用。

4. 维生素K（抗出血维生素）

(1) 理化特性　维生素K是一类萘醌衍生物，其中最重要的是维生素K_1（叶绿醌）、维生素K_2（甲基萘醌）和维生素K_3（甲萘醌）。维生素K_1和维生素K_2是天然产物，维生素K_1为黄色油状物，维生素K_2为黄色晶体。维生素K_3是人工合成的产品，其中大部分溶于水，效力高于维生素K_2。维生素K耐热，但易被光、辐射、碱和强酸所破坏。

(2) 营养生理功能

① 催化肝脏中对凝血酶原以及凝血活素的合成　通过凝血活素的作用，使凝血酶原变为凝血酶，将血液可溶性纤维蛋白元转变为不溶性的纤维蛋白，致使血液凝固。

② 与钙结合蛋白的形成有关。

③ 还具有利尿、强化肝脏解毒功能及降低血压等作用。

(3) 缺乏与过量

① 缺乏症　家畜缺乏维生素K的较少，而家禽易发生维生素K缺乏症。雏鸡缺乏时皮下和肌肉间隙呈现出血现象，断喙或受伤时流血不止，禽类可在躯体各部位出现出血点。猪缺乏维生素K时，皮下出血，内耳血肿，尿血，呼吸异常；初生仔猪去势后会发生凝血时间过长或流血不止而死亡；有的关节肿大，充满淤血造成跛行。

② 过量　动物对维生素K的耐受能力是非常高的，一般情况下是不会发生维生素K中毒。维生素K的中毒剂量一般为需要量的1000倍。维生素K_1和K_2及其衍生物无毒，维生素K_3过量时可产生贫血、卟啉尿及其他症状。

(4) 维生素K的来源　动物对维生素K的需要量，一般通过日粮或肠道中微生物合成可以满足。维生素K_1可见于各种植物性饲料中，尤其是青绿饲料中含量丰富，动物性饲料

中维生素 K_2 含量丰富，还能在动物消化道中经微生物合成，畜粪中均有相当数量的维生素K，具有食粪习性的动物，能从粪便中获取大量维生素K。

三、水溶性维生素

水溶性维生素主要有B族维生素及维生素C。目前已确定的水溶性维生素共有10种，另有几种还没有完全确定，常称为类维生素或假维生素。水溶性维生素主要有以下特点：

① 水溶性维生素可从饲料的水溶物中提取。

② 除含有碳、氢、氧元素外，多数都含有氮，有的还含有硫或钴。

③ 主要作为辅酶，催化碳水化合物、脂肪和蛋白质代谢中的各种反应。多数情况下，缺乏症无特异性，而且难于与其生化功能直接相联系。食欲下降和生长受阻是其共同的缺乏症状。

④ 多数通过被动的扩散方式吸收，但在饲粮供应不足时，可以以主动的方式吸收。维生素 B_{12} 的吸收较特殊，需要胃分泌的一种内因子帮助。

⑤ 除维生素 B_{12} 外，水溶性维生素几乎不在体内贮存，因此，必须经常补给。

⑥ 主要经尿排出（包括代谢产物），毒性相对较小。

1. 主要B族维生素

详见表3-5。

2. B族维生素间的相互关系

各种B族维生素的作用既有共同之处，也有各自的特点，但大多数的作用并不是单独孤立地进行，往往是几种B族维生素共同作用于一种或几种生理活动。生产实践中，通过观察动物的表现，联系每种维生素特有的作用，并结合饲粮中含量情况，进行综合分析，从而确认究竟是缺少哪一种或哪几种维生素，以便有针对性地补饲。

3. 胆碱

按维生素的严格意义，将胆碱看作维生素类是不确切的，胆碱在动物体内不是以辅酶的形式，而是作为结构物质发挥其作用。尽管如此，还是将其收为B族维生素，胆碱不同于其他B族维生素，它可以在肝中合成，机体对胆碱的需要量也较高。

(1) 结构与性质　胆碱是β-羟乙基三甲铵的羟化物，纯品为无色、黏滞、微带鱼腥味的强碱性液体，可与酸反应生成稳定的结晶盐，具极强的吸性湿，易溶于水，对热相当稳定，但在酸性条件下不稳定。饲料工业中用的氯化胆碱为吸湿性很强的白色结晶，易溶于水和乙醇，水溶液pH近中性（pH6.5～8)。

(2) 营养作用

① 是机体结构物质　胆碱是细胞的组成成分，是细胞卵磷脂、神经磷脂和某些原生质的成分，同样也是软骨组织磷脂的成分。

② 防止脂肪肝的发生　胆碱参与肝脏脂肪的代谢，可促使肝脏脂肪以卵磷脂形式输送或者提高脂肪酸本身在肝脏内的氧化利用。

③ 参与神经冲动的传导　胆碱是乙酰胆碱的成分，乙酰胆碱是敏感和副敏感神经系统的神经递质。

④ 不稳定甲基的来源　胆碱在机体内可作为甲基的供体参与甲基转移。

(3) 缺乏与过量

① 缺乏症　动物缺乏胆碱时，精神不振，生长迟缓，关节肿胀，运动失调，肝脏和肾脏出现脂肪浸润而形成脂肪肝。家禽和生长猪易发生胆碱缺乏症，鸡缺乏胆碱典型症状是“滑腱症”和“骨粗短病”，母鸡产蛋量下降，甚至停产。患猪多表现运动障碍，后腿叉开站立，行动不协调。

表 3-5　B 族维生素及其作用

名称	主要营养生理功能	主要缺乏症	易受影响的动物
维生素 B_1（硫胺素）	以羧化辅酶的成分参与能量代谢；维持神经组织和心脏正常功能，维持胃肠正常消化机能；为神经介质和细胞膜组分，影响神经系统能量代谢和脂肪酸合成	心脏和神经组织机能紊乱，雏鸡患多发性神经炎，头部后仰，神经变性和麻痹；猪运动失调，胃肠功能紊乱，厌食呕吐，浮肿，生长缓慢，体重下降	猪、鸡与幼年反刍动物及成年反刍动物出现应激或高产时均需补充
维生素 B_2（核黄素）	以辅基形式与特定酶结合形成多种黄素蛋白酶，参与蛋白质、能量代谢与生物氧化	食欲减退，生长停滞，被毛粗乱，眼角分泌物增多，伴有腹泻、皮肤炎、脱毛、皮肤发疹等。鸡患卷爪麻痹症，足爪向内弯曲，用跗关节行走，腿麻痹，母鸡产蛋率、孵化率下降，鸡胚胎死亡率增高	猪、鸡、幼年反刍动物，尤其是笼养鸡、种鸡，见图 3-10
维生素 PP（烟酸）	参与三大营养物质代谢；是多种脱氢酶的辅酶，在生物氧化中起传递氢的作用，参与视紫红质的合成；促进铁吸收和血细胞的生产；维持皮肤的正常功能和消化腺分泌；参与蛋白质和 DNA 合成	生长猪患"癞皮症"，皮肤发炎，结"黑痂"，被毛粗，生长缓慢，消化机能紊乱，肠炎、呕吐、腹泻；鸡患口腔炎，黑舌症，皮炎，羽毛蓬乱，生长缓慢，下痢，骨骼异常；母鸡产蛋率和种蛋孵化率下降	猪、鸡、幼年反刍动物。奶牛日粮中添加烟酸，可抗热应激，提高产奶量，预防酮血病的发生
维生素 B_6（吡哆醇）	以转氨酶和脱羧酶等多种酶系统的辅酶形式参与氨基酸、蛋白质、脂肪和碳水化合物的代谢；抗体合成；促进血红蛋白中原卟啉的合成	幼龄动物食欲下降，生长发育受阻，皮肤发炎，脱毛，心肌变性；猪贫血，运动失调，阵发性抽搐或痉挛，昏迷，肝脏发生脂肪浸润，腹泻，被毛粗糙；鸡异常兴奋，惊跑，种蛋孵化率下降	日粮中能量和蛋白质水平高时，维生素 B_6 需要量增加，尤其生长动物。猪在应激状态需补充
泛酸（遍多酸）	为辅酶 A 的成分，参与三大营养物质代谢，促进脂肪代谢及类固醇和抗体的合成，为生长动物所必需	猪生长缓慢，运动失调，出现"鹅行步伐"，鳞片状皮炎，脱毛，肾上腺皮质萎缩；鸡生长受阻，皮炎，羽毛生长不良；雏鸡眼分泌物增多，眼睑周围结痂；母鸡产蛋率与孵化率下降，鸡胚死亡，胚胎皮下出血及水肿等	猪、鸡、幼年反刍动物（图 3-11）。泛酸是 B 族中最易缺乏的一种
维生素 B_{12}（氰钴素）	是几种酶系统中的辅酶，参与核酸、胆碱与蛋白质的生物合成及三种有机物的代谢	食欲减退，营养不良，贫血，神经系统损伤，行动不调，皮炎，皮肤粗糙，抵抗力和繁殖性能降低，仔猪生长缓慢	猪、禽与幼年反刍动物
叶酸	以辅酶形式通过一碳基团的转移参与蛋白质和核酸生物合成及某些氨基酸的代谢，起催化作用。促进红细胞、白细胞的形成与成熟	营养性贫血，生长缓慢及停滞，慢性下痢，被毛粗乱，繁殖性能和免疫功能下降，患皮炎、脱毛，消化、呼吸及泌尿器官黏膜损伤	一般不会缺乏，特殊情况下会缺乏
生物素	以各种羧化酶的辅酶形式参与三种有机物代谢，主要是起传递 CO_2 作用，它和碳水化合物与蛋白质转化为脂肪有关，与溶菌酶活化和皮脂腺功能有关	动物营养性贫血，生长缓慢，皮炎，繁殖机能和饲料利用率下降；猪后腿痉挛，蹄开裂，皮肤干燥，鳞片状和以棕色渗出物为特征的皮炎；鸡脚趾肿胀，开裂，脚、喙及眼周围发生皮炎，胫骨粗短症，生长缓慢，种蛋孵化率降低，鸡胚骨骼畸形	一般可满足需要。猪应激时需补充

图 3-10　鸡的维生素 B_2 缺乏症

图 3-11　猪的泛酸缺乏症

② 过量　过量时，动物表现为颤抖、痉挛、发绀、呼吸麻痹等。其中毒剂量与需要量的比为需要量的2～4倍。美国国家研究委员会（NRC）认为，成年鸡按需要量的一倍添加胆碱是安全的。

(4) 来源　天然存在的脂肪都含有胆碱，含脂肪的饲料都可提供一定数量的胆碱，蛋黄(1.7%)，腺体组织粉（0.6%），脑髓和血（0.2%）是最丰富的来源，绿色植物、酵母、谷实幼芽、豆科植物籽实、油料作物籽实、饼粕含量丰富，玉米含胆碱少，麦类比玉米高一倍。几种饲料中胆碱的含量如表3-6。

表3-6　几种饲料中胆碱的含量　　单位：mg/kg干物质

饲料	含量	饲料	含量	饲料	含量
大麦	1177	大豆粕	2916	血粉	848
啤酒糟	1757	高粱	737	小麦麸	1797
小麦	1053	苜蓿粉	1037	花生粕	2120
鱼粉	4036	燕麦	1116		
棉仁饼	2965	青玉米	567		

4. 维生素C（抗坏血酸）

(1) 结构与性质　维生素C以两种形式存在，即还原型和氧化型，二者的L型异构体都具有生物学活性。

维生素C是一种白色或微黄色的粉状晶体，微溶于丙酮和乙醇，0.5%的抗坏血酸水溶液是强酸性，pH为3。在干燥的室温中非常稳定，加热易破坏，在碱性条件下，低浓度的金属离子可加速其破坏。

(2) 营养作用　由于维生素C具有可逆的氧化-还原性，所以它参与体内多种生化反应。维生素C的主要功能是参与胶原蛋白质的生物合成。此外，在机体生物氧化过程，起传递氢和电子的作用；在体内具有杀灭细菌和病毒、解毒、抗氧化作用，可缓解铅、砷、苯及某些细菌毒素的毒性，阻止组织体内致癌物质亚硝基胺的形成，预防癌症及保护其他易氧化物质免遭氧化破坏；能使三价铁还原为易吸收的二价铁，促进铁的吸收；可促进叶酸变为具有活性的四氢叶酸，并刺激肾上腺皮质激素等多种激素的合成；还能促进抗体的形成和白细胞的噬菌能力，增强机体免疫功能和抗应激能力。

(3) 缺乏与过量

① 缺乏症　家畜可利用葡萄糖在脾脏和肾脏合成维生素C，通常不会出现缺乏症。维生素C缺乏时，毛细血管的细胞间质减少，通透性增强，引起皮下、肌肉、肠道黏膜出血，骨质疏松，牙龈出血，牙齿松脱，创口溃疡不易愈合，患"坏血症"。经典的坏血病试验采用豚鼠作为实验动物缺乏维生素C的豚鼠最初表现为采食量降低，体重减轻，接着是贫血和大面积出血，其他症状有肋骨软骨关节增大，齿质变性及牙龈炎等。动物缺乏维生素C时，食欲下降，生长缓慢，体重减轻，皮下及关节弥漫性出血，贫血，抵抗力和抗应激力下降。

② 过量　维生素C的毒性很低，动物一般可耐受需要量的数百倍甚至上千倍的剂量。维生素C在体内不易贮存，一般不易发生中毒，但长时间大剂量地摄入，会增加当停止摄入时坏血病发生的概率，大量摄入会使吞噬细胞的活性受损。

(4) 来源　维生素C来源广泛，青绿饲料、块根、鲜果中含量丰富，某些动物性饲料也含有一定量的维生素C，动物体内又能合成一部分，故生产中一般不需补饲。但是在高温、应激等条件下，畜禽体内合成维生素C的能力下降，而消耗增多，则必须考虑添加补充维生素C。

在现代集约化生产中，家禽生产性能不断提高，由于新陈代谢的加快，肉鸡生产中常发生代谢疾病，提高维生素 C 的添加量能起一定的预防作用。在应激条件下，如转群、高温、运输、疾病时可加大维生素 C 的供给量。

【复习思考题】

1. 简述饲料能量在动物体内的代谢过程。
2. 动物生产中蛋白质不足或过量的危害？
3. 什么叫必需氨基酸及非必需氨基酸？动物需要哪些必需氨基酸？
4. 什么是限制性氨基酸？猪、禽饲料最常见的第一限制性氨基酸各是什么？
5. 饲料脂肪性质对动物产品脂肪品质有什么影响？
6. 在生产实践中，如何使猪、鸡将食入的蛋白质更多地转变为肉、蛋等畜产品？
7. 反刍动物如何正确利用尿素？
8. 初生仔猪易发生缺铁性贫血的主要原因及其主要防治措施？
9. 动物发生软骨症或佝偻症时，应考虑补充哪些营养物质？
10. 在动物生产中如何合理补充维生素？

第四章　饲料与饲料加工

【知识目标】

- 了解各类饲料营养特点。
- 掌握常用饲料营养特点及使用注意事项。
- 了解配合饲料的概念、分类及生产加工工艺流程。

【技能目标】

- 能对饲料进行合理的加工调制。
- 会进行饲料的品质鉴定。
- 能在生产中正确选择并使用饲料原料。

第一节　饲料的概念及分类

饲料是指合理饲喂条件下能对动物提供营养物质、调控生理机制、改善动物产品品质且不发生有毒有害作用的物质。它不仅包括自然界存在的各种天然的饲料原料及其加工产物，还包括一些人工合成物质。饲料是动物生产的物质基础，其成本决定着畜牧业的经济效益。由于饲料种类繁多、养分组成复杂、营养价值差别很大，为了了解各种饲料的特点，以便科学地利用饲料，有必要建立饲料分类体系。

目前，世界各国饲料分类方法尚未完全统一。美国学者 L. E. Harris 于 1956 年提出的饲料分类原则和编码体系（表 4-1），迄今已为多数学者所认同，并逐步发展成为当今饲料分类编码体系的基本模式。我国于 20 世纪 80 年代在张子仪院士的主持下，依据国际饲料分类原则，结合我国传统分类体系，提出了我国的饲料分类法和编码系统（表 4-2）。

表 4-1　国际饲料分类依据原则

饲料类别	饲料编码	划分饲料类别依据/%		
		水分①	粗纤维②	粗蛋白质②
粗饲料	1-00-000	<45	≥18	—
青绿饲料	2-00-000	≥45	—	—
青贮饲料	3-00-000	≥45	—	—
能量饲料	4-00-000	<45	<18	<20
蛋白质补充料	5-00-000	<45	<18	≥20
矿物质饲料	6-00-000	—	—	—
维生素饲料	7-00-000	—	—	—
饲料添加剂	8-00-000	—	—	—

① 以自然含水计。
② 以干物质计。

表 4-2 中国饲料分类编码

饲料类别	饲料编码	水分①（自然含水）/%	粗纤维②（干物质）/%	粗蛋白质②（干物质）/%
一、青绿饲料	2-01-0000	＞45	—	—
二、树叶				
1. 鲜树叶	2-02-0000	＞45	—	—
2. 风干树叶	1-02-0000	—	≥18	—
三、青贮饲料				
1. 常规青贮饲料	3-03-0000	65～75	—	—
2. 半干青贮饲料	3-03-0000	45～55	—	—
3. 谷实青贮饲料	4-03-0000	28～35	＜18	＜20
四、块根、块茎、瓜果				
1. 含天然水分的块根、块茎、瓜果	2-04-0000	≥45	—	—
2. 脱水块根、块茎、瓜果	4-04-0000	—	＜18	＜20
五、干草				
1. 第一类干草	1-05-0000	＜15	≥18	—
2. 第二类干草	4-05-0000	＜15	＜18	＜20
3. 第三类干草	5-05-0000	＜15	＜18	≥20
六、农副产品				
1. 第一类农副产品	1-06-0000	—	≥18	—
2. 第二类农副产品	4-06-0000	—	＜18	＜20
3. 第三类农副产品	5-06-0000	—	＜18	≥20
七、谷实	4-07-0000	—	＜18	＜20
八、糠麸				
1. 第一类糠麸	4-08-0000	—	＜18	＜20
2. 第二类糠麸	1-08-0000	—	≥18	—
九、豆类				
1. 第一类豆类	5-09-0000	—	＜18	≥20
2. 第二类豆类	4-09-0000	—	＜18	＜20
十、饼粕				
1. 第一类饼粕	5-10-0000	—	＜18	≥20
2. 第二类饼粕	1-10-0000	—	≥18	≥20
3. 第三类饼粕	4-08-0000	—	＜18	＜20
十一、糟渣				
1. 第一类糟渣	1-11-0000	—	≥18	—
2. 第二类糟渣	4-11-0000	—	＜18	＜20
3. 第三类糟渣	5-11-0000	—	＜18	≥20
十二、草籽、树实				
1. 第一类草籽、树实	1-12-0000	—	≥18	—
2. 第二类草籽、树实	4-12-0000	—	＜18	＜20
3. 第三类草籽、树实	5-12-0000	—	＜18	≥20
十三、动物性饲料				
1. 第一类动物性饲料	5-13-0000	—	—	≥20
2. 第二类动物性饲料	4-13-0000	—	—	＜20
3. 第三类动物性饲料	6-13-0000	—	—	＜20
十四、矿物质饲料	6-14-0000	—	—	—
十五、维生素饲料	7-15-0000	—	—	—
十六、饲料添加剂	8-16-0000	—	—	—
十七、油脂类饲料及其他	4-17-0000	—	—	—

① 以自然含水计。

② 以干物质计。

一、国际分类法

L. E. Harris根据动物营养需要的几个主要方面和饲料的主要营养特性将饲料分为八大类，分别为：粗饲料、青绿饲料、青贮饲料、能量饲料、蛋白质补充料、矿物质饲料、维生素饲料、饲料添加剂。并对每类饲料予以6位数的国际饲料编码（International Feeds Number，IFN），编码分3节，表示为△-△△-△△△。首位数代表饲料归属的类别，第2、3位数为该种饲料所属亚类，后面3位数字为同种饲料根据不同饲用部分、加工处理方法、成熟阶段、茬次、等级和质量保证进行的编号。

二、我国现行的饲料分类法

根据动物营养科学的进展，为了适应饲料工业和养殖业的发展需要，在借鉴国际饲料情报网中心（INFIC）工作经验的基础上，我国在1987年由张子仪院士等建立了我国饲料数据库管理系统及饲料分类方法，将新中国成立以来积累的大量饲料化学成分和营养价值数据进行了整理、核对和筛选，并输入数据库。中国饲料分类法将饲料分成8大类、17亚类、37小类，对每类饲料冠以相应的中国饲料编码（Chinese Feeds Number，CFN），共7位数，首位为IFN，第2、3位为CFN亚类编号，代表饲料的来源、形态、生产加工方法等属性，第4～7位代表饲料的个体编码。目前，我国每年发布一期“饲料成分及营养价值表”。

第二节　青绿饲料

一、青绿饲料的种类及营养特性

1. 青绿饲料种类

青绿饲料在饲料分类系统中属第二类饲料，是指天然水分含量高于45%、富含叶绿素、处于青绿状态的饲料。青绿饲料资源丰富，种类繁多，主要有天然牧草、栽培牧草、青饲作物、叶菜类饲料、树枝树叶及水生植物等。

（1）天然牧草　我国西北、东北、西南地区大约有33亿亩（$2.2\times10^{12}m^2$）草原，另外，在内地农区还有无数分散的小面积草山草坡，面积约为9亿亩（$6\times10^{11}m^2$）。这些大面积的草原及草山草坡天然生长着许多低矮的草原植物，主要有禾本科、豆科、菊科、莎草科四大类，这些牧草构成动物可采食的主要植被。野生禾本科牧草粗蛋白质含量约为10%～15%，粗纤维含量约为30%，粗脂肪含量为2%～4%，无氮浸出物含量在40%～50%之间。野生豆科牧草粗蛋白质含量较高，约为15%～20%，粗纤维在25%左右，粗脂肪和无氮浸出物的含量与禾本科牧草相同。野生菊科和莎草科牧草粗蛋白质含量分别为10%～15%、13%～20%。粗脂肪含量分别为5%、2%～4%。粗纤维和无氮浸出物含量相同，均为25%和40%～50%。

这些野生牧草就其营养价值来说，豆科较高。但禾本科牧草生长早期幼嫩可口，采食量高。而且，禾本科野草的匍匐茎和地下茎再生能力强，比较耐牧，对其他牧草又有保护作用，适于放牧动物自由采食。

（2）栽培牧草与青饲作物　栽培牧草是指将产量高、营养价值较高、家畜喜爱采食的牧草，经人工有意识、有目的地加以栽培。我国栽培牧草历史悠久，主要品种以豆科牧草和禾本科牧草为主。此类牧草适期利用粗纤维含量低、柔嫩多汁、适口性好、易消化，为各种家畜所喜爱，而且豆科牧草富含蛋白质。

青饲作物是指农田人工栽培的农作物和饲料作物，在结实前或结实期刈割成为青绿饲料。常用的有青刈玉米、麦类、饲用甘蓝和甜菜等。

此类饲料要掌握好收割时间，以获取最佳产量和营养价值。

(3) 叶菜类饲料　这类饲料包括人工栽培叶菜类饲料及蔬菜中人类不能利用的部分。此类饲料质地柔嫩，水分含量高，干物质中粗蛋白质含量在20%左右，其中大部分为非蛋白氮化合物。粗纤维含量少，能量不足，不可用作牛羊的基础饲料，但矿物质丰富。人工栽培叶菜类饲料主要包括甘蓝、牛皮菜、竹叶菜、苦荬菜等。

(4) 水生饲料　水生饲料一般是指“三水一萍”，即水浮莲、水葫芦、水花生与红萍。这类饲料具有生长快、产量高、不占耕地和利用时间长等优点。在南方水资源丰富地区，因地制宜发展水生饲料，并加以利用，是扩大青绿饲料来源的一个重要途径。

水生饲料的水分含量特别高，一般在92%以上，因而其他营养物质的含量就相应较低。水生饲料最大的缺点是容易传染寄生虫，如猪蛔虫、姜片虫、肝片吸虫等，因此，水生饲料以熟喂为好，或者把它先制成青贮饲料后饲喂，有的也可制成干草粉。

2. 青绿饲料的营养特性

(1) 水分含量高　青绿饲料具有多汁性与柔嫩性，水分含量比较高，陆生植物牧草的水分含量约为75%～90%，而水生植物约为90%～95%。水分含量高使其干物质含量少，能值较低。陆生植物每千克鲜重的消化能约为1.20～2.50MJ；若以每千克干物质为基础计算，其消化能含量为8.37～12.55MJ，接近麦麸所含能量；以干物质为基础计算，某些优质青绿饲料干物质的能量仍较高，接近或超过燕麦籽实和麦麸所含能量。

(2) 蛋白质含量较低　禾本科牧草和蔬菜类饲料的粗蛋白质含量一般可达到1.5%～3%，豆科青绿饲料略高，为3.2%～4.4%，显然，这样低的含量难以满足动物营养的需要量。尽管按干物质计算前者粗蛋白质含量达13%～15%，后者可高达18%～24%，但动物采食的是鲜样，对鲜样的采食量是有限的。豆科饲料的氨基酸组成也优于谷实类饲料，赖氨酸含量相对较高，可补充谷物饲料中赖氨酸的不足。青绿饲料中非蛋白氮（游离氨基酸、硝酸盐等）占总氮的30%～60%，其中游离氨基酸占60%～70%。

(3) 维生素含量丰富　青绿饲料是家畜维生素营养的主要来源，其中维生素种类和含量比较丰富，特别是胡萝卜素含量较高，可达50～80mg/kg。家畜在正常采食青饲料的情况下，所能获得的胡萝卜素的量超过其需要量的100倍。另外，维生素E、维生素K、B族维生素、维生素C含量也较多。但缺乏维生素D，维生素B_6（吡哆醇）含量也很少。

(4) 粗纤维含量较低　青绿饲料含粗纤维较少，木质素低，无氮浸出物较高。青绿饲料干物质中粗纤维不超过30%，叶菜类不超过15%，无氮浸出物在40%～50%之间。粗纤维和木质素的含量随生长期的延长而增加，即植物在开花或抽穗之前，粗纤维含量较低。木质素增加后，饲料消化率明显降低。

(5) 青绿饲料是动物矿物质营养的较好来源　青绿饲料中矿物质约占鲜重的1.5%～2.5%，是动物矿物质营养的较好来源。青绿饲料中各种矿物质含量因种类、土壤和施肥情况而异，一般钙为0.4%～0.8%，磷为0.2%～0.35%，钙、磷比例适于动物生长，特别是豆科牧草中钙的含量较高，因此饲喂青绿饲料的动物不易缺钙，青绿饲料还含有丰富的铁、锰、锌、铜等微量矿物元素，但一般牧草中钠和氯的含量不能满足动物需要，放牧家畜应注意补充食盐。牧地青草重要元素的含量见表4-3。

(6) 反刍动物的重要能量来源　青绿饲料的粗纤维含量比精饲料高，虽然不利于猪、鸡等杂食动物利用，但对反刍动物并无太大影响。以放牧为主的家畜，青绿饲料是其能量的唯一来源，在此情况下动物仍能有较好的生产表现。

表 4-3 牧地青草重要元素的含量① 单位：%

元素	低	正常	高
K	<1.0	1.2～2.8	>3.0
Ca	<0.3	0.4～0.8	>1.0
Mg	<0.1	0.12～0.26	>0.3
P	<0.2	0.2～0.35	>0.4

① 以干物质计。

二、生产上常用的青绿饲料

1. 常用青绿饲料

(1) 禾本科植物

① 多年生黑麦草 为禾本科黑麦草属多年生草本植物。它是我国长江流域及南方各省春、秋、冬常绿的重要牧草。该草草质柔软，叶量较多，所有草食家畜、家禽、鱼都很喜食。可刈割青饲、放牧和调制干草，当株高 40～50cm 时可以刈割或放牧，抽穗盛期刈割调制干草。干草的粗蛋白质含量 9%～13%，粗脂肪 2%～3%。由于叶片多而柔软，是牲畜的优质干草。不同生长阶段黑麦草干物质中营养成分含量见表 4-4。

表 4-4 不同生长阶段黑麦草干物质中营养成分含量 单位：%

生长阶段	粗蛋白质	粗脂肪	粗灰分	无氮浸出物	粗纤维	粗纤维中木质素含量
叶丛期	18.6	3.8	8.1	48.3	21.2	3.6
花前期	15.3	3.1	8.5	48.3	24.8	4.6
开花期	13.8	3.0	7.8	49.6	25.8	5.5
结实期	9.7	2.5	5.7	50.9	31.2	7.5

② 苏丹草 苏丹草是当前世界各国栽培最普遍的一年生禾本科牧草，它具有高度的适应性。其茎叶品质比青刈玉米和高粱都柔软，适口性好，不仅可青刈、晒干、青贮，也是马、牛、羊良好的放牧饲草。

苏丹草抗旱能力特别强，作为夏季利用的青绿饲料最有价值，干旱地区豆科牧草生长不良时，苏丹草可用作猪的牧草。苏丹草茎叶产量高，含糖丰富，尤其是与高粱的杂交种，最适宜调制青贮饲料。在旱作区栽培，其价值超过玉米青贮料。

幼嫩苏丹草的茎叶中含有少量氰苷配糖体，但比高粱要低得多，随着植物的生长，含量减少，一般无中毒危险。

③ 象草 象草为多年生草本植物，是热带、亚热带普遍栽培的高产优良牧草。象草具有产量高、利用时间长等特点，目前已成为我国南方养牛业青绿饲料的重要来源。有些地区已用象草做猪、羊、兔和鱼的饲料，都获得了良好的效果。

适期收割的象草，柔嫩多汁，适口性好，利用率和消化率均高。象草主要用于青饲和青贮，也可调制成干草备用。

④ 羊草 羊草又名碱草，我国主要分布于东北、西北、华北和内蒙古等地，为松嫩、科尔沁、锡林郭勒和呼伦贝尔等草场上的优势种和建群种。羊草适应性强、耐干旱、耐盐碱（pH 8～9，总盐量 0.5%～0.8%）、耐瘠薄、耐短期水淹（5～7 天）。

羊草不仅适于放牧各种牲畜，而且最适于调制干草。8 月中旬收割的干草，粗蛋白质含量为 7%～13%，粗脂肪含量 2.3%～2.5%。羊草叶片多而宽长，适口性强。羊草不仅是牲畜冬春的优质干草，而且可加工成草粉，作为全价配合饲料的组成成分，或加工成不同牲畜需要的颗粒饲料。

⑤ 无芒雀麦 无芒雀麦适应性广，生活力强，草质柔嫩，营养丰富，适口性好，青饲

和放牧均可。无芒雀麦抽穗期粗蛋白质约占干物质的16%，粗脂肪为6.3%，无氮浸出物为40.7%。幼嫩的无芒雀麦，其营养价值不亚于豆科牧草。

⑥ 青饲玉米　玉米是我国的主要粮食作物之一，其栽培面积和总产量仅次于水稻和小麦，居于第三位。由于玉米植株高大，生长迅速，含糖量高，产量高，所以作为家畜的青绿饲料，具有重要的意义。

青刈玉米的产量和品质与收获期有很大关系。适时收割的玉米株才能达到最高营养价值。青刈玉米柔嫩多汁，口味良好，适于做牛、羊的青绿饲料。制成干草供冬春饲喂，营养丰富，无氮浸出物含量高，易消化。

⑦ 青刈大麦　大麦也是主要的粮饲兼用作物，早期刈割茎叶鲜嫩，适口性好，营养丰富，生长170天的青刈大麦粗蛋白质占干物质的27.4%，粗脂肪为5.3%，无氮浸出物为42.6%。青刈大麦可根据畜禽饲喂要求，在拔节至开花期分期刈割利用，也可用来青贮或调制干草。

⑧ 青刈燕麦　青刈燕麦茎秆柔软，叶片肥厚，细嫩多汁，适口性强，营养丰富，干物质中粗蛋白质含量为14.7%，粗脂肪为4.6%，无氮浸出物为45.7%，是一种很好的青刈饲料。

(2) 豆科牧草

① 紫花苜蓿　又名苜蓿，是世界上分布最广的豆科牧草，总面积3000多万公顷，被称为"牧草之王"。我国主要分布在三北地区，种植面积较大的为甘肃、陕西、新疆、山西等省。

苜蓿茎叶柔软，适口性强，可以青刈饲喂、放牧和调制干草。适宜收割期为初花期至盛花期，花期7～10天。此时粗蛋白质含量18%～20%，粗脂肪3.1%～3.6%，无氮浸出物为41.3%，蛋白质中氨基酸种类齐全，赖氨酸高达1.34%。另外，紫花苜蓿还富含多种维生素和微量元素。收割过晚则营养成分下降，草质粗硬。不同生长阶段苜蓿营养成分含量的变化如表4-5所示。

表4-5　不同生长阶段苜蓿营养成分的变化　　单位：%

生长阶段	干物质含量	占鲜重比例					占干重比例				
		粗蛋白	粗脂肪	粗纤维	无氮浸出物	灰分	粗蛋白	粗脂肪	粗纤维	无氮浸出物	灰分
营养生长	18.0	4.7	0.8	3.1	7.6	1.8	26.1	4.5	17.2	42.2	10.0
花前	19.9	4.4	0.7	4.7	8.2	1.9	22.1	3.5	23.6	41.2	9.6
初花	22.5	4.6	0.7	5.8	9.3	2.1	20.5	3.1	25.8	41.3	9.3
1/2盛花	25.3	4.6	0.9	7.2	10.5	2.1	18.2	3.6	28.5	41.5	8.2
花后	29.3	3.6	0.7	11.9	10.9	2.2	12.3	2.4	40.6	37.2	7.5

在调制苜蓿干草过程中，要严格掌握各项技术要求，防止叶片脱落或发霉变质。在北方地区尤其注意第一茬干草收割，因正值雨季即将来临，应尽量赶在雨季前割第一茬草。但紫花苜蓿鲜嫩茎叶中含有大量的皂角素，有抑制酶的作用，反刍动物大量采食后，可引起瘤胃膨胀病，所以应限饲鲜苜蓿。

② 三叶草　我国目前栽培较多的是红三叶和白三叶。红三叶草质柔软，适口性好，各种家畜均喜食，可以放牧、青饲和调制干草及青贮饲料。红三叶现蕾期的茎叶比例为1∶1，初花期1∶0.65，故青饲利用时，以现蕾盛期为好。调制干草以现蕾盛期至初花期为好。现蕾期的粗蛋白质含量为20.4%～26.9%，而盛花期仅为16%～19%，粗脂肪含量4%～5%。红三叶的叶量大，茎中空且所占比例小，易于调制干草，是长江流域及其以南各省较

理想的优质干草。

白三叶茎叶细嫩，适口性好，营养丰富，鲜草中粗蛋白质含量高于红三叶。茎枝匍匐，再生力强，耐践踏，适于放牧利用。

③ 紫云英　紫云英在我国长江流域及其以南各地广泛栽培，且以长江中下游各省栽培最多。紫云英产量高，蛋白质含量丰富，且富含各种矿物质和维生素，鲜嫩多汁，适口性好。在我国农村可作为优质的猪饲料。紫云英蛋白质营养价值很高，据分析，其现蕾期干物质中蛋白质含量高达 31.76%，粗纤维只有 1.82%，开花时品质仍属优良。盛花以后蛋白质减少，粗纤维显著增加，但与一般豆科牧草相比仍属优良。

④ 草木樨　我国种植的主要是白花草木樨及印度草木樨。草木樨营养价值高，含粗蛋白质 23.4%。草木樨含有香豆素，初喂时家畜不习惯，可与苜蓿、谷草等混喂，使之逐渐适应。

(3) 其他科饲草饲料

① 甘蓝　甘蓝在我国已有很长时间的栽培历史，全国各地都有栽培。生长期和利用期都较长，是一种很重要的蔬菜，也是一种优良的叶菜类饲料作物，不仅产量高，品质好，而且耐贮藏。

甘蓝蛋白质含量丰富，粗纤维含量低，适口性好，饲喂畜禽皆宜。不同品种和部位所含营养成分不同。用甘蓝喂牛时，宜在挤奶后喂给，以免牛奶带有芥子气味，喂猪禽时可粉碎或打浆后饲喂。

② 聚合草　聚合草以产量高、生长快、蛋白质含量高而享有盛名。鲜草干物质中含粗蛋白质 17%～23%，粗纤维只有 10%～15%。牛、猪都可饲用。其缺点是灰分含量高，且茎叶多刚毛，适口性差。聚合草在开花时刈割，单独或与禾本科饲草混合青贮，制成优质青贮料，亦可制成干草粉，作为蛋白质和维生素补充饲料。

③ 串叶松香草　也称松香草、法国香槟草、菊花草。串叶松香草营养价值高，其干物质中含粗蛋白质 23.6%左右，赖氨酸含量为 0.4%～1.16%。叶的适口性好，但刈割太晚时，茎秆粗硬。鲜喂、晒制干草、调制青贮料均可。

④ 苦荬菜　也称良麻、苦麻菜、山莴苣、八月老。苦荬菜适口性好，易消化，营养丰富。干物质中粗蛋白质含量 17%～26%，粗脂肪约 15.5%，粗纤维约 14.5%。苦荬菜柔嫩多汁，味稍苦，能促进食欲，帮助消化；能防止猪的便秘，去毒泻火；能促进仔畜生长和母畜泌乳。通常切碎或打浆后拌糠麸喂猪，采食量和消化率都很高。

⑤ 牛皮菜　牛皮菜适应性强，易于栽培，产量高，营养价值也较高。枝叶柔嫩多汁，适口性好。宜生喂，煮熟后易产生亚硝酸盐而起中毒。

2. 青绿饲料使用及使用注意事项

(1) 使用　青绿饲料的使用主要取决于青绿饲料营养价值的高低及饲喂动物的种类。

青绿饲料营养价值与青绿饲料作物种类及生长时期等有关。生产上应根据不同饲喂对象选择适宜青绿饲料作物种类、确定适宜刈割时间。如喂猪、禽，则宜选择幼嫩、多汁的青饲料品种。对于同种青绿饲料，饲喂猪、禽的刈割时间应早于牛、羊。如用豆科青绿饲料喂猪和禽宜在孕蕾前期收割，而喂牛和羊则宜在盛花期收割。

同时应根据不同饲喂对象确定适宜饲喂方法及合适的使用量。青绿饲料的饲喂方法很多，可直接饲喂，也可切碎或打浆之后饲喂，也可制成青贮饲料之后饲喂。具体采用哪种饲喂方法与青绿饲料种类和动物种类有关。如聚合草多刚毛、适口性差，宜加工调制后饲喂，青绿饲料喂猪、禽时，因其消化道容积有限，采食有限，生产上应补充精料，而用青绿饲料喂牛、羊时可大量使用，有时甚至可以完全使用青绿饲料来满足其营养需要。

(2) 使用注意事项

① 防止亚硝酸盐中毒　青绿饲料如饲用甜菜等叶菜类均含有硝酸盐，硝酸盐本身无毒或毒性很低，但在细菌的作用下，硝酸盐可还原为亚硝酸盐。青绿饲料长时间大量堆置，或者在锅里缓慢加热或煮后焖在锅里、缸中过夜，都会使细菌将硝酸盐还原为亚硝酸盐。动物大量采食含有亚硝酸盐的青绿饲料可引起中毒。

亚硝酸盐中毒发病很快，多在1天内死亡，严重者可在半小时内死亡。发病症状表现为不安、腹痛、呕吐、口吐白沫，呼吸困难、心跳加快、全身震颤、行走摇晃、后肢麻痹，体温无变化或偏低，血液呈酱油色。因此，青绿饲料不能长时间大量堆置，要随取随喂，防止亚硝酸盐中毒。

② 防止氰化物和氢氰酸中毒　氰化物是剧毒物质，即使在饲料中含量很低也会造成中毒。青绿饲料中一般不含氢氰酸，但在高粱苗、玉米苗、马铃薯幼芽、木薯、亚麻叶、蓖麻籽饼、三叶草、南瓜蔓中含有氰苷配糖体。这些饲料经过堆放发霉或霜冻枯萎，或在植物体内特殊酶的作用下，氰苷配糖体被水解生成氢氰酸，家畜采食后就会引起中毒。

氢氰酸中毒的症状为腹痛、腹胀，呼吸困难而且快，呼出气体有苦杏仁味，行走站立不稳，可见黏膜由红色变为白色或紫色，肌肉痉挛，牙关紧闭，瞳孔放大，最后卧地不起，四肢划动，呼吸麻痹而死。可每千克体重注射1mL的1%亚硝酸钠溶液或1%～2%的美蓝溶液进行治疗。

③ 防止草木樨中毒　草木樨中含有香豆素，当草木樨发霉腐败时，细菌作用可使香豆素变为双香豆素，其结构与维生素K相似，因而会发生拮抗作用，抑制家畜肝中凝血酶原的合成，延长凝血时间。因此，霉变的草木樨不能饲用。

双香豆素中毒主要发生于牛，中毒发生缓慢，通常饲喂草木樨2～3周后发病。中毒症状为机体衰弱，步态不稳，运动困难，有时发生跛行，体温低，发抖，瞳孔放大。凝血时间变长，在颈部、背部，有时在后躯皮下形成血肿，鼻孔可能流出血样泡沫，奶里也可能出现血液。此病可用添加维生素K治疗。

④ 防止含羞草素中毒　银合欢含有含羞草素，在反刍动物瘤胃中所产生的代谢物3-羟基-4-氧化吡啶基，对反刍家畜有一定毒性。采食过量或长时间舍饲单一时，家畜会出现脱毛、食欲减退、生长迟缓、唾液过多、甲状腺肿大、步态失调等症状。因此要求混播适口性好的禾本科牧草，控制放牧时间；舍饲青喂时应与禾本科牧草等量混喂。

⑤ 防止瘤胃膨胀病　早春季节放牧或鲜喂大量豆科牧草时，牛易发生瘤胃膨胀病，应予以防止。如紫花苜蓿、紫云英等豆科牧草中含有大量的可溶性蛋白质及皂素，能在反刍家畜瘤胃中形成大量的持久性泡沫，阻碍瘤胃中CO_2、CH_4等气体的排出，因而容易得膨胀病。防治方法是，及时补饲普鲁卡因，或先喂一些禾本科牧草再喂豆科牧草。

⑥ 防止农药中毒　蔬菜园、水稻田等农田喷洒农药后，其临近的杂草或蔬菜不能用做饲料，雨后或隔1个月后再割草利用，谨防引起动物农药中毒。

第三节　粗　饲　料

一、粗饲料概述

1. 种类

粗饲料是指自然状态下水分含量在45%以下，饲料干物质中粗纤维含量大于或等于18%的饲料。此类饲料能量价值较低，主要包括干的饲草、农副产品（秸、壳、荚、秧、藤）、树叶、糟渣等，属国际饲料分类系统中的第一大类。

2. 特点

(1) 来源广，成本低　粗饲料来源广，数量大。主要来自种植业的秸、秧、秕、壳、藤、蔓等农副产品，总量是粮食产量的1～4倍。据不完全统计，我国每年农作物秸秆产量5.7亿吨，包括玉米秸、小麦秸、稻草等，野生的禾本科草本植物数量更大。长期以来，如何开发和利用这类饲料，是众多畜牧学家和动物养殖经营者都在关注的问题，因此，此类饲料具有相当大的开发潜力。

(2) 容积大，适口性较差　粗饲料的质地一般较粗硬、适口性差，因此动物对此类饲料的采食有限。由于粗饲料容积大，质地粗硬，对动物胃肠消化功能有一定刺激作用，对于反刍家畜来说这种刺激作用有利于其正常反刍。食入适量粗饲料，可使动物有饱感。

(3) 营养价值低　除适时刈割的青干草外，粗饲料营养价值均较低。粗饲料中粗纤维含量高，可达25%～45%，可消化营养成分含量较低，消化能含量一般不超过10.5MJ/kg(干物质计)，有机物消化率在70%以下，其主要的化学成分是木质化和非木质化的纤维素、半纤维素。

二、青干草

青干草是指天然或人工种植的牧草及饲料作物在未结籽实以前刈割下来，经自然晾晒阴干或机械烘干达到长期贮存的程度饲用草。调制后的优质青干草保持青绿颜色，气味芬芳，质地柔软，叶片很少脱落，绝大部分营养物质被保存下来。

1. 青干草的制作方法

青干草调制时应根据饲草种类、草场环境和生产规模采取不同方法，大体上分自然干燥法和人工干燥法。自然晒制的青干草，营养物质损失较多，而人工干燥法调制的青干草品质好，但加工成本较高。

(1) 自然干燥

① 地面晒制干草　此法也称田间干燥法，是最原始最普通的方法。地面晒制青干草多采用平铺与集堆结合晒草法。具体方法是：青草刈割后即在原地或另选一高处平摊，均匀翻晒，一般早晨刈割的牧草，在11时左右翻晒一次，下午13:00～14:00左右再翻晒一次效果好。傍晚时茎叶凋萎，水分可降至40%～50%，此时就可将青草堆集成约50cm高的小堆，每天翻晒通风1～2次，使其迅速风干，经2～3天干燥，即可调制成青干草。

② 架上晒制干草　连阴多雨地区应采用草架干燥法。草架的形式很多，有独木架、角锥架、棚架、长架等。具体方法是：先将割下的牧草在地面干燥半天或一天，待含水量降至40%～50%时，再用草叉将草上架，堆放牧草时应自下而上逐层堆放，草尖朝里，堆放成圆锥形或屋脊形，要堆得蓬松些，厚度不超过70～80cm，离地面20～30cm，堆中应留通道，以利空气流通，外层要平整保持一定倾斜度，以便排水。据试验证明，架上干燥法一般比地面晒制的养分损失减少5%～10%。

除此之外还有化学制剂加速干燥法，即将化学制剂（碳酸钾、碳酸氢钠和长链脂肪酸混合液等）喷洒在刈割后的豆科牧草上，加快自然干燥速度。但这种方法成本较高，适合在大型草场采用。

(2) 人工干燥法　在自然条件下晒制干草，营养物质的损失相当大。大量资料表明，干物质的损失约占鲜草的1/5～1/4，热能损失占2/5，蛋白质损失约占1/3。如果采用人工快速干燥法，则营养物质的损失要降到最低限度，只占鲜草总量的5%～10%。人工干燥法可分为以下几种。

① 常温鼓风干燥法　此法是把刈割后的牧草压扁，再自然干燥到含水量50%左右时，分层架装在设有通风道的干草棚内，用鼓风机或电风扇等吹风设备进行常温鼓风干燥，将半干青草所含水分迅速风干，减少营养物质的损失。

②低温烘干法　低温烘干法采用加热的空气，将青草水分烘干。干燥温度如为50～

70℃，需5～6h；如为120～150℃，经5～30min可完成干燥。

③ 高温快速干燥法　利用液体或煤气加热的高温气流，可将切碎成2～3cm长的青草在数分钟甚至数秒钟内的水分含量降到10%～12%。如150℃干燥20～40min即可；温度超过500℃，6～10s即可。在合理加工的情况下，青草中的养分可以保存90%～95%的消化率，特别是蛋白质消化率并未降低。但这种方法耗资大，成本高，中小型草场不宜采用。

2. 调制过程对青干草营养价值的影响

牧草在干燥调制过程中，草中的营养物质会发生复杂的物理和化学变化，一些有益的变化会促使其产生某些营养物质，而植物体内的呼吸和氧化作用则使青干草的一些营养物质被损耗掉，青干草产量和质量受到很大影响。调制过程中影响青干草品质和质量的因素主要有以下几种。

(1) 机械作用引起的损失　青干草在调制和保存过程中，由于受搂草、翻草、搬运、堆垛等一系列机械作用，叶片、嫩茎、花序等细嫩部分破碎脱落而损失。据报道，一般禾本科牧草损失约2%～5%，豆科牧草损失严重，约15%～35%。植物叶片和嫩茎所含可消化养分多，因此机械作用引起的损失不仅降低青干草产量，而且使青干草质量下降。

为了减少机械损失，应适时刈割，在牧草细嫩茎叶不易脱落，水分大约降至40%～50%时，及时堆成草垄或小堆干燥，也可适时打捆，在干燥棚内通风干燥。

(2) 植物体生化变化引起的损失　牧草刈割后，植物细胞仍继续进行呼吸作用。呼吸作用可促使水分散失；植物体内的一部分可溶性碳水化合物被消耗，糖类被氧化为二氧化碳和水；少量蛋白质被分解成肽、氨基酸等。此阶段损失的糖类和蛋白质一般占青草总养分的5%～10%。当水分降至40%～50%时，细胞才逐渐死亡，呼吸作用停止，牧草凋萎。因此，应尽快采取有效干燥法，使含水量迅速降至40%～50%，以减少呼吸作用等引起的损失。

植物细胞死亡后，由于植物体内酶和微生物活动产生的分解酶的作用，使细胞内的部分营养物质自体溶解，部分糖类进一步分解成二氧化碳和水，氨基酸被分解成氨。该过程直到水分降至17%以下时才停止。因此，要注意晾晒方法，尽快使水分降至17%以下，以减少氧化作用造成的损失。

(3) 阳光照射与漂白作用造成的损失　晒制干草时，阳光照射会使植物体内的胡萝卜素、叶绿素因光化学变化而破坏，维生素C几乎全部损失。据测定，干草暴露在田间一昼夜，胡萝卜素可损失75%，如放置一周，则96%的胡萝卜素受到破坏。相反，干草中的维生素D含量，却因阳光的照射而显著增加。

(4) 雨水的淋洗造成的损失　雨水淋洗会使牧草可消化蛋白质和碳水化合物等可溶性营养物质受到不同程度的损失。据试验证明，雨水淋洗造成可消化蛋白质的损失平均为40%，热能损失平均为50%。阴雨天气还易使饲草霉烂，失去使用价值。因此，应选择晴朗干燥天气晒制干草，以减少雨淋造成的损失。

3. 青干草的营养价值和饲用技术

(1) 营养价值　青干草的营养价值与牧草种类、生长状况、刈割时期、调制方法等因素有关。优质青干草营养较完善，粗蛋白质含量高，约为7%～14%，个别豆科牧草可达20%以上。粗纤维含量大约为20%～35%，纤维的消化率较高。无氮浸出物含量为35%～50%。矿物质和维生素含量较丰富，豆科青干草含丰富的钙、磷、胡萝卜素，钙含量超过1%，一般晒制青干草维生素D含量可达16～150mg/kg，是草食家畜维生素D的主要来源。

(2) 饲用技术　青干草是草食动物最基本、最主要的饲料。生产实践中，干草不仅是一种必备饲料，而且还是一种贮备形式，以调节青绿饲料供给的季节性。干草是奶牛、绵羊、马的重要能量来源，表4-6可反映这些动物采食的干草和其他饲料在总能采食量中的比例。

表 4-6 干草和其他饲料所提供能量的比例 单位：%

动物	精料	干草	其他牧草	牧地牧草	所有牧草	精料＋所有牧草
泌乳牛	37.9	23.1	19.4	19.6	62.1	100
其他奶牛	19.4	29.0	5.9	45.7	80.6	100
肥育肉牛	69.8	16.3	8.7	5.2	30.2	100
其他肉牛	8.7	15.5	4.1	71.7	91.3	100
绵羊、山羊	10.4	4.7	3.1	81.8	89.6	100
马和骡	20.6	18.3	10.2	50.9	79.4	100

干草粉碎后制成草粉可作为鸡、猪、鱼配合饲料的原料。将干草与青绿饲料或青贮饲料混合使用，可促进动物采食，增加维生素 D 的供给。将干草与多汁饲料混合喂奶牛，可增进干物质及粗纤维采食量，保证产奶量和乳脂含量。青干草还可制成草颗粒、草饼饲喂给动物。

三、秸秕类饲料

秸秕类饲料，即农作物籽实收获后剩余的秸秆和秕壳，它是粗饲料中最大的一类。这类饲料对反刍动物有一定的营养价值，但营养价值比干草低得多。其中粗纤维含量高，一般在30%以上；质地坚硬，粗蛋白质含量低，一般不超过 10%；粗灰分含量高，有机物的消化率一般不超过 60%。

1. 秸秆类饲料

秸秆是指农作物籽实收获以后的茎秆枯叶部分，分禾本科和豆科两大类。禾本科有玉米秸、稻草、小麦秸、大麦秸、粟秸（谷草）等；豆科有大豆秸、蚕豆秸、豌豆秸等。

(1) 玉米秸 玉米秸外皮光滑，质地坚硬，可作为草食动物的饲料。粗蛋白质含量为6.5%，粗纤维含量约为 34%，反刍家畜对玉米秸粗纤维的消化率为 65%，对无氮浸出物的消化率在 60%左右。秸秆青绿时，胡萝卜素含量较高，约为 3～7mg/kg。夏播的玉米秸由于生长期短，粗纤维少，易消化。同一株玉米，上部比下部营养价值高；叶片比茎秆营养价值高，易消化；玉米梢的营养价值又稍优于玉米芯，而和玉米苞叶营养价值相仿。青贮是保存玉米秸养分的有效方法，玉米青贮料是反刍动物常用粗饲料。

(2) 稻草 稻草是我国南方农区主要的粗饲料来源，其营养价值低，但生产的数量大，全国每年约为 1.88 亿吨。牛、羊对其消化率为 50%左右。稻草的粗纤维含量较玉米秸高，约为 35%，粗蛋白质为 3%～5%，粗脂肪为 1%左右，粗灰分为 17%（其中硅酸盐所占比例大）；钙和磷含量低，分别约为 0.29%和 0.07%，不能满足家畜生长和繁殖需要，可将稻草与优质干草搭配使用。为了提高稻草的饲用价值，可添加矿物质和能量饲料，并对稻草进行氨化、碱化处理。

(3) 麦秸 麦秸的营养价值因品种、生长期不同而有所不同。常做饲料的有小麦秸、大麦秸和燕麦秸，其中小麦秸秆产量最多。小麦秸粗蛋白质含量为 3.1%～5.0%，粗纤维含量高，约为 43.6%，且含有硅酸盐和蜡质，适口性差，主要饲喂牛、羊。大麦秸的产量较小麦秸低很多，但其适口性和粗蛋白质含量均优于小麦秸。燕麦秸饲用价值高于小麦秸和大麦秸，但产量少。

(4) 粟秸 粟秸也叫谷草，与其他禾本科秸秆比较，粟秸柔软厚实，适口性好，营养价值是谷类秸秆中最好的，可作为草食性动物的优良粗饲料。谷草主要的用途是制备干草，供冬、春两季饲用。开始抽穗时收割的干草含粗蛋白质 9%～10%、粗脂肪 2%～3%。谷草是马的好饲料，但长期饲喂对马的肾脏有害。

(5) 豆秸 豆秸是大豆、豌豆、蚕豆等豆科作物成熟后的茎秆。豆秸含叶量少、豆茎木质化，坚硬，粗纤维含量高，但粗蛋白质含量和消化率均高于禾谷类秸秆。因豆秸含粗纤维较多，质地坚硬，因而对其利用时要进行加工调制，并搭配其他饲料混合粉碎饲喂。

2. 秕壳饲料

秕壳是指农作物收获脱粒时，分离出的籽实包被的颖壳、荚皮及外皮等物质，除花生壳、稻壳外，多数秕壳的营养价值略高于同一作物的秸秆。

(1) 豆荚类　豆荚类最具代表的是大豆荚，除此之外还有豌豆荚、蚕豆荚等。豆荚营养价值较高，粗蛋白质含量为 5%～10%，无氮浸出物 42%～50%，粗纤维为 33%～40%，是一种较好的粗饲料。

(2) 谷类皮壳　谷类皮壳营养价值仅次于豆荚，其来源广，数量大。主要有稻壳、小麦壳、大麦壳和高粱壳等，其中稻壳的营养价值很差，对牛的消化能最低，适口性也差，仅能勉强用作反刍家畜的饲料。若经过氨化、碱化、膨化或高压蒸煮处理可提高营养价值。

除此之外，还有花生壳、棉籽壳等经济作物副产品和玉米芯、玉米苞叶等，此类饲料经适当粉碎也可饲喂反刍家畜。需注意的是棉籽壳含有少量棉酚，喂时需注意用量，防止棉酚中毒。

四、粗饲料的加工调制技术

我国粗饲料资源丰富，但由于其木质素和粗纤维含量高，动物对其营养物质利用率低，因而未能大量用于畜牧业。目前通过合理的加工调制处理，可显著提高其营养价值，对于开发粗饲料资源具有重要意义。常用的加工调制技术主要有以下几种。

1. 物理法

(1) 切短　利用铡草机将秸秆切成 1～2cm 的短料，玉米秸较粗硬，长度以 1cm 左右为宜，若青贮应以长度 2cm 为宜。稻草茎细且柔软，可稍长些。秸秆饲料若喂牛还可长些，以 2～3cm 左右为宜。

(2) 粉碎　粉碎的细度应根据秸秆和喂饲家畜种类而定，一般以 7mm 左右为宜，饲喂反刍动物不宜过细。

(3) 揉碎　揉碎是利用揉碎机械将较粗硬的秸秆揉搓成细丝，可提高秸秆饲料的适口性和饲料的利用率。如将玉米秸揉碎喂饲反刍家畜效果很好，若将秸秆饲料与豆科鲜牧草分层平铺后碾压效果更好，牧草汁液被秸秆吸收，可较快制成干草，又可提高秸秆的营养价值。

(4) 压制颗粒　将粗饲料粉碎，压制成颗粒或块状，能提高能量利用效率，而且便于运输、保存和机械化饲养。

上述前三种方法处理后的秸秆饲料便于动物咀嚼，减少能耗，增加采食量，提高消化率。但应注意饲料颗粒不宜过细，以防引起反刍动物反刍减少或停滞。

除此之外机械处理还有蒸煮、膨化、高压蒸汽裂解等，但这些方法均因设备投资较高，生产上难以推广利用。

2. 化学处理

(1) 碱化处理　碱化处理是利用碱溶液中的氢氧根离子破坏木质素与半纤维素之间的酯键，使半纤维素和大部分木质素（60%～80%）溶于碱液中，把镶嵌在木质素-半纤维素复合物中的纤维素释放出来，便于反刍动物消化利用，提高秸秆饲料的消化率。碱化处理所用物质主要有氢氧化钠和石灰水。

① 氢氧化钠处理　传统碱处理秸秆的方法为“湿法碱化”。具体做法是：将秸秆放入盛有 1.5%氢氧化钠溶液的池中浸泡 12～24h，然后捞出，淋去余液，再用清水反复清洗至中性，湿喂或晾干后喂饲反刍家畜。此法可提高有机物消化率 25%。但反复冲洗也损失了很多可溶性营养物质，且用水量大，若不净化处理易污染环境。目前国外已对此作出改进，采

用半干处理和干处理。

半干处理是将用碱液浸泡后的秸秆，再用压榨机压成半干状态，烘干后即可使用。

干法处理与以上方法完全不同，它是用占秸秆风干重3%～5%的氢氧化钠，配制成30%的溶液，喷洒在粉碎的秸秆上，然后用压榨机压榨成块状，冷却后即可长期保存使用。这种方法的碱化效果与碱量有关，试验证明，秸秆的消化率随用碱量的增加而提高，一般认为5%的用量较好，动物试验有机物质的消化率可达66.7%。

② 石灰水处理　生石灰加水经熟化沉积后形成的石灰水（澄清液），主要成分是氢氧化钙弱碱液。具体做法是：用1%生石灰或3%熟石灰的石灰乳浸泡切短的秸秆。每100千克石灰乳可浸泡8～10kg秸秆，经12h或24h后捞出即可直接喂牛。

(2) 氨化处理　经过氨化处理的粗饲料叫氨化饲料。氨化处理的原理是：当氨与秸秆中的有机物相遇发生氨解反应，破坏木质素与纤维素、半纤维素链间的酯键结合，并形成铵盐。铵盐是一种非蛋白氮化合物，同时，氨水中解离出的氢氧根离子对秸秆又有碱化作用。秸秆氨化处理可使粗蛋白质由4%～5%提高到8%～10%，纤维素含量降低10%，有机物消化率提高20%以上。

目前多采用无水液氨、氨水、尿素、碳酸氢铵为氨源，其中尿素最为方便，且氨味淡，操作安全。氨化方法也有堆贮法、室贮法、窖贮法、塑料袋法等。使用尿素作为氮源的窖贮法具体做法为：先将秸秆称重，在20～27℃下氨化时，每100千克秸秆加尿素5.5kg。将尿素溶于水中，搅拌均匀，每100千克干秸秆加水量为60L。将溶解的尿素溶液喷洒在秸秆上，边喷洒，边搅拌，一层一层地喷洒和踩压，直到窖顶，再压实，用塑料膜覆盖，压紧后密封，四周压土。氨化4～8周后即可开窖，喂前将秸秆晾晒3～7天。稻草、小麦秸等经氨化后疏松柔软，气味糊香，颜色棕黄，提高了适口性和采食量，增加了营养价值和饲用价值。肉用青年母牛日饲喂量可达5～8kg。

3. 微生物处理

微生物处理是在粗饲料中加入微生物高效活性菌种，如乳酸菌、纤维素分解菌和酵母菌等，放入密封的容器中贮藏，在适宜条件下，分解秸秆中难以被家畜消化的木质素和纤维素，增加菌体蛋白质、维生素等有益物质，并软化秸秆，改善味道，增加适口性。

微生物发酵秸秆的具体做法为：将准备发酵的秸秆等粗饲料切成5～8cm的小段或粉碎。然后，每100千克粗饲料加入用水化开的1～2g菌种，搅拌均匀，边搅拌边加水（水温50℃），水量以手握紧饲料指缝见水珠而不滴落为宜。搅拌好的饲料，堆积或装缸，上面盖一层干草粉，当温度升至35～45℃时，翻动一次。散热后再堆积或装缸，压实封闭1～3天即可饲用。

第四节　青贮饲料

青贮饲料是将青绿饲料切短后压实、密封在青贮容器中，使乳酸菌利用青贮原料中的糖分等养料，迅速繁殖，通过发酵作用产生乳酸，抑制有害菌增殖，从而保存青绿饲料的营养价值，它是贮存和调制青绿饲料的好方法。

一、青贮饲料的营养特点

青贮原料在发酵过程中，经多种微生物和酶的作用，发生一系列生物化学变化，引起营养成分也发生改变。

1. 化学成分与能量

从化学成分看，青贮料与原料相比，粗蛋白质主要是由非蛋白氮所组成，而无氮浸出物中，糖分极少，乳酸与乙酸则相当多。

青贮料中各种有机物质的消化率与原料相比无显著的差别，代谢能也没有显著差别。

水溶性碳水化合物经植物细胞的呼吸作用和微生物发酵作用，形成二氧化碳、水、乳酸及其他物质，含量减少，纤维素含量不变，半纤维素有少部分水解。

2. 粗蛋白质

青贮料的粗蛋白质含量与原料非常接近，但生物学价值低于原料。其原因是由于青贮料的粗蛋白质中，大部分为非蛋白氮，而这些非蛋白氮在反刍动物瘤胃中往往产生大量的氨，这些氨吸收后，相当一部分以尿素的形式从尿中排出。因此，应采取保护方法以提高粗蛋白质的利用率。

3. 矿物质和维生素

青贮过程中植物汁液流出，使部分矿物质有所损失，尤其是高水分青贮的饲料损失较大，而低水分青贮损失较小。青贮初期维生素有一些损失，但是可保留大部分维生素，贮存较好的青贮饲料，维生素损失不超过 30%。

二、青贮饲料的调制技术

1. 青贮设备的选择

青贮场址应选择在地势高燥，土质坚硬，地下水位低，距畜舍较近而又远离水源和粪坑的地方。青贮设备要坚固耐用，不漏水，不透气。根据生产规模、生产条件、青贮原料种类不同可选择建造不同的青贮设备。

(1) 青贮塔　青贮塔是用砖和混凝土修建在地面上的圆筒形建筑，高度一般为 12～14m，直径为 3.5～6.0m，高度与直径要协调（高度不小于直径的 2 倍，不大于直径的 3.5 倍），在塔身一侧每隔 2m 留一窗口（0.6m×0.6m），装料时关闭，用完后敞开。

青贮塔的容积较大，长久耐用，青贮效果好，适于饲养规模较大、机械化作业水平高、经济条件较好的饲养场。近年来，国外采用镀锌钢板或钢筋混凝土修建的青贮塔，密封性能好，更能保证青贮质量。

(2) 青贮窖　适用于小规模养殖户，是应用较为普遍的青贮设备，不便于机械化操作。按窖的形状有圆形和长方形两种，根据地下水位的高低有地上式、地下式和半地下式三种类型。地上式和半地下式青贮窖适于地下水位较高或土质较差的地区，地下式青贮窖适于地下水位较低、土质坚硬的地区。圆形窖一般直径 2～4m，深 3～5m，上下垂直，直径与窖深之比以 1∶(1.5～2.0) 为宜。长方形窖一般宽 1.5～2m，深 2.5～4m，宽深之比以 1∶(1.5～2.0) 为宜，窖的长度可根据需要而定，窖底应有一定坡度，便于多余水分流出。

(3) 青贮壕　是指大型的壕沟式青贮设备，适用于大中型养殖场。此类建筑应选择在地势宽敞、高燥有斜坡的地方修建。青贮壕一般宽 4～6m，便于链轨拖拉机压实，深 6～9m。如是半地下式，地上部分一般为 2～3m，长度可根据饲养奶牛的头数和贮量而定，一般为 20～40m。青贮壕三面为墙，地势低的一端为开口，以便人工式机械化机具装填压紧操作。

(4) 青贮袋　选用质量好的较厚实的塑料膜制成圆筒形的塑料袋，作为青贮“容器”，进行青贮。塑料袋用两层塑料膜制成，小型袋一般宽 0.5m，长 0.8～1.2m，每袋可装 40～50kg，大型袋可根据需要而定。在美国等国家，常采用直径 3m、长 31m 的圆筒塑料袋，1 袋约装入 60 吨。也可将原料揉碎后用打捆机高密度压实打捆，再用裹包机把草捆用青贮塑料拉伸膜裹包进行青贮。

(5) 青贮设备容重的计算　青贮设备容积的计算公式为

$$\text{圆形窖(塔)的容积} = 3.14 \times \text{半径}^2 \times \text{深}$$

$$\text{长方形窖的容积} = \text{长} \times \text{宽} \times \text{深}$$

青贮设备的单位体积质量与原料的种类、含水量、切碎和压实程度有关。常见青贮原料单位体积质量见表4-7。

表4-7 青贮饲料单位体积质量 单位：kg/m^3

青贮原料种类	青贮饲料单位体积质量	青贮原料种类	青贮饲料单位体积质量
全株玉米、向日葵	500～550	萝卜叶、芜菁叶	600
玉米秸	450～500	叶菜类	800
甘薯藤	700～750	牧草、野草	600

2. 青贮方法

(1) 常规青贮 常规青贮的生产步骤可归纳为：适时刈割、原料切短、装紧压实和密封覆盖。

① 适时刈割 青贮原料的适时刈割，不但使水分和含糖量适当，而且可从单位面积上获得最大营养物质产量和最高的营养利用率。

一般情况下，根据青贮原料种类、品种及青贮饲料的品质要求等确定适宜的刈割期，禾本科牧草宜在孕穗至抽穗期刈割，豆科牧草在现蕾至开花初期刈割，整株玉米青贮应在蜡熟期刈割，果穗收获后的玉米秸青贮，宜在果穗成熟仅植株下部1～2片叶枯黄时收割，或果穗成熟时，在果穗上部保留1片叶削尖后青贮，谷类作物在孕穗期收割。

② 原料切短 原料刈割后应立即运送到青贮地点切短青贮。切短可使原料踩压紧实，排出空气，还可使原料汁液渗出，润湿表面，有利于乳酸发酵，提高青贮饲料的品质。

切短的程度由原料的粗细、软硬程度、含水量、饲喂家畜的种类等确定。饲喂牛、羊时，禾本科和豆科牧草宜切成2～3cm，玉米秸、向日葵等切成0.5～2cm，一些柔软的幼嫩牧草可不切而直接青贮。原料含水量越低，切割应越短。

豆科牧草不宜单独青贮，一般青贮时应与含糖量高的易青贮植物混匀，否则易腐烂变质。

③ 调节含水量 含水量按青贮温度要求进行。一般青贮原料含水量宜在65%～75%。刈割的青绿饲料含水量高（75%以上），可加入干草、秸秆、糠麸等，或稍加晾晒可降低水分含量。一些谷物秸秆含水量过低，可以和含水量较多的青绿原料混贮，也可根据实际情况加水，添加的水应与原料搅拌均匀。水分含量可用手挤压测定，用手用力挤压青贮原料，松手后仍呈球状，无水滴出，稍微潮湿，其水分含量适宜。

④ 装紧压实 切短的青贮原料应立即装窖压实，以防水分损失。原料入窖时要层层装填层层压实，尤其是要注意靠近青贮窖壁和角的地方。小型窖可用人力踩实，大型窖可用拖拉机压实，也可人力和机械结合，使原料装填达到要求。

当不易青贮原料、非青贮原料与易青贮原料混合青贮时，以及含水量多的原料与干饲料混合青贮时，必须保证原料搅拌均匀。装填结束时，装填料应高出青贮设施1m左右，以防发生下沉后，雨水进入青贮设施内，造成饲料腐烂。

一般来说，一个青贮设施，要在2～5天内装满压实，装填时间越短，青贮品质越好。青贮壕装填宜采用分段装填，从壕的一端开始，每天必须装满一段。

⑤ 密封覆盖 原料装填压实后，应立即密封和覆盖。先在原料上面盖一层切短的秸秆或软草（厚20～30cm），草上再铺塑料薄膜，然后再用土覆盖拍实（土厚30～50cm），窖顶呈馒头状以便排水，窖周围（距窖1m）再挖排水沟。密封后还要经常检查，发现裂缝及时补好。

(2) 特种青贮 为了提高青贮饲料的品质和青贮效果，在青贮时对青贮原料进行适当处理，或添加其他物质进行青贮，这种特殊的调制方法叫特种青贮。

① 低水分青贮 低水分青贮也叫半干青贮，此法具有干草和青贮料两者的特点，损失小。

低水分青贮饲料制作的原理是：原料含水少，造成对微生物的生理干燥。青绿饲料刈割后，经风干水分含量降至45%～50%时，植物细胞的渗透压达5.57×10^6～6.08×10^6Pa，这样的风干植物对腐败菌、酪酸菌及乳酸菌均可造成生理干燥状态，限制它们的生长繁殖。因此，半干青贮过程中微生物发酵微弱，蛋白质分解少，有机酸形成量少，碳水化合物损失不多。

半干青贮由于含水量低，干物质含量比一般青贮多一倍以上，有效能值、粗蛋白质、胡萝卜素的含量较高，具有果香味，适口性好，动物采食量高。

② 加酸青贮　难贮的原料，加一定量无机酸或缓冲液，可使pH迅速降至3.0～3.5，腐败菌和霉菌活动受抑制，从而达到长期保存的目的。

甲酸是青贮时常添加的有机酸。添加甲酸后青贮料的pH值迅速降低，蛋白质水解酶的活性受到抑制，使蛋白质的分解明显减少，同时还可抑制梭菌引起的腐败。加酸青贮对不易青贮的豆科牧草以及含水量高达80%～85%的青绿饲料均可取得理想效果。甲酸的一般用量为每吨青贮原料添加纯甲酸2.4～2.8kg，在装窖时均匀喷洒。

俄罗斯饲料研究所筛选出两种加酸青贮添加剂，一种是用于含糖量较高的青贮原料，组成为甲酸27%、乙酸27%、丙酸26%、水20%，另一种用于豆科作物的青贮，组成为甲酸80%、丙酸11%、乙酸9%。

加酸制成的青贮饲料颜色鲜绿，有香味，适口性好，蛋白质等营养物质损失少，提高了饲料品质。

③ 添加其他物质青贮

a. 添加尿素或矿物质青贮　尿素和矿物质添加后可改善青贮料的营养价值。通常对蛋白质含量低的禾本科牧草添加尿素，用量为2～5kg/吨。由于青绿饲料原料中矿物质含量不足，可适当补加碳酸钙、石灰石、磷酸钙、碳酸镁等，这类物质除了补充矿物质外，还可使青贮发酵持续，酸生成量增加。

b. 添加甲醛青贮　甲醛能抑制青贮过程中各种微生物的活动，在青贮料中添加0.15%～0.30%的福尔马林（40%的甲醛水溶液），可有效抑制腐败菌活动。甲醛还有减弱瘤胃微生物对食入蛋白质分解的作用，保护蛋白质较少损失地通过瘤胃，使大部分蛋白质为家畜吸收利用。

c. 添加乳酸菌青贮　青贮原料中添加乳酸菌培养物制成的发酵促进剂或由乳酸菌和酵母菌培养制成的混合发酵促进剂，可以促进乳酸菌的繁殖，抑制其他有害微生物的作用，提高青贮品质。生产中菌种应选择盛产乳酸而不产生乙酸和乙醇的同质型乳酸杆菌或球菌作为发酵促进剂（一般每吨青贮料中加乳酸菌培养物0.5L或乳酸菌制剂450g）。

d. 添加酶制剂青贮　青贮中添加的酶制剂以淀粉酶、糊精酶、纤维素酶、半纤维素酶为主。酶制剂可使饲料中部分多糖水解成单糖，有利于乳酸发酵。按青贮原料质量的0.01%～0.25%添加酶制剂，青贮效果良好。

三、青贮饲料的利用

1. 取用

青贮饲料一般在调制后30天左右即可开窖取用。一旦开窖，就得天天取用，要防雨淋和冻结。取用时要逐层或逐段，从上往下或从一端开始，按家畜的采食量取用，随取随用，保证用新鲜青贮料饲喂家畜，取后覆盖。不要全面打开或挖洞掏取，尽量减少与空气接触面，以防霉变。发霉的青贮饲料不能饲用，结冰的青贮饲料应慎喂，以免引起消化道疾病或母畜流产。

2. 喂法

青贮料适口性好，但多汁轻泻，应与干草、秸秆和精料搭配使用。开始饲喂时，要有一个适应过程，喂量由少到多逐渐增加。

青贮饲料具有轻泻作用，因此母畜妊娠后期不宜多喂，产前15天停喂，以防流产。对奶牛最好挤奶后使用，以免影响奶的气味。冻料要解冻后再喂。

3. 饲喂量

每头动物每日青贮饲料喂量大致如下：妊娠成年母牛50kg、产奶成年母牛25kg、断奶犊牛5～10kg、种公牛15kg、成年绵羊5.0kg，成年马10kg、成年兔0.2kg。

四、青贮饲料的品质鉴定

青贮饲料在饲用前，应进行质量鉴定，以判定青贮饲料品质的好坏。青贮饲料品质鉴定方法分为两种：感官评定和实验室鉴定。

1. 感官评定

青贮饲料开窖取用时，从饲料的色泽、气味和质地、结构等方面进行感官评定。这种方法简便、迅速。感官鉴定标准见表4-8。

表4-8 青贮饲料的感官鉴定标准

等级	颜色	气味	酸味	质地
优良	青绿或黄绿色，有光泽近于原色	芳香酸味	浓	茎叶结构良好，柔软湿润
中等	黄褐或暗绿色	刺鼻酸味，香味淡	中等	茎叶部分保持原样，水分稍多
劣等	褐色、黑色或暗墨绿色	刺鼻腐臭味或霉烂味	淡	腐烂，黏结成团

2. 实验室鉴定

用化学分析方法测定青贮饲料的酸度、氨态氮和有机酸含量，判定发酵情况。

(1) 酸度　青贮饲料的酸度（pH）可用酸度计测定，也可用pH试纸测定。优良的青贮饲料pH在4.2以下，中等的pH大约4.2～4.8，劣质的pH为5.5～6.0，甚至更高。

(2) 氨态氮　青贮饲料氨态氮与总氮的比值反映了蛋白质及氨基酸分解程度，比值越大，表明蛋白质分解越多，青贮饲料品质较差。

(3) 有机酸含量　这是评定青贮饲料品质优劣的可靠指标。青贮饲料中有机酸总量及其构成能反映青贮发酵程度，优良的青贮饲料含有较多的乳酸和少量乙酸（乳酸所占比例越大越好），不含丁酸。品质低劣的青贮饲料含丁酸多、乳酸少。表4-9所示为青贮饲料中有机酸含量的品质指标。

表4-9 品质指标　　单位：%

等级	pH	乳酸比例	乙酸比例		丁酸比例	
			游离	结合	游离	结合
良好	4.0～4.2	1.2～1.5	0.7～0.8	0.1～0.15	—	—
中等	4.6～4.8	0.5～0.6	0.4～0.5	0.2～0.3	—	0.1～0.2
低劣	5.5～6.0	0.1～0.2	0.1～0.15	0.05～0.1	0.2～0.3	0.8～1.0

第五节　能量饲料

一、谷实类饲料

1. 谷实类饲料的营养特点

谷实类饲料是指禾本科作物的籽实。谷实类饲料营养特点如下：富含无氮浸出物，一般都在70%以上；粗纤维含量少，多在5%以内，仅带颖壳的大麦、燕麦、水稻和粟可达

10%左右；粗蛋白含量一般不及10%，但也有一些谷实如大麦、小麦等达到甚至超过12%，但谷实类饲料蛋白质的品质较差，因其中的赖氨酸、蛋氨酸、色氨酸等含量较少；灰分中钙少磷多，但磷多以植酸盐形式存在，对单胃动物的有效性差；维生素E、维生素B_1较丰富，但维生素C、维生素D贫乏；谷实的适口性好、消化率高，因而有效能值也高。正是由于上述营养特点，谷实是动物的最主要的能量饲料。

2. 几种主要的谷实类饲料

(1) 玉米　玉米含能量高，每千克干物质提供的总能均值约为18.5MJ，且利用率高，故有"能量之王"的美誉。玉米还有纤维少（2.5%）、适口性好、产量高、价格便宜、黄玉米中含有胡萝卜素和叶黄素有利于改善禽产品着色等优点。玉米中蛋白质含量为7%～9%，但由于缺乏赖氨酸（0.21%）及色氨酸（0.08%）等必需氨基酸，故一般玉米并非优良的蛋白质来源。饲料用玉米以硬玉米及凹玉米为主。硬玉米叶黄素含量较高，着色能力较佳，而且硬度高，粉碎后细度均匀，鸡较喜食，所以硬玉米宜用于家禽，因其含粉质淀粉较多，味较甜，也用作猪饲料。

鸡饲料原料中以玉米最为重要，因为玉米热能高，最适合肉鸡肥育使用。玉米细度会影响鸡的采食量，以稍粗较为合适。家禽饲料中一般常用黄色玉米，其胚乳部所含色素以胡萝卜素、叶黄素、玉米黄素为主，对改善蛋黄颜色、脚色及肤色效果好。鸡日粮中的适当用量一般在10%～70%。

猪饲用玉米效果也很好，但不要过量，以免因热能太高而影响背膘厚度。由于玉米缺乏赖氨酸所以任何阶段猪料均应适量添加合成赖氨酸。

在反刍动物中使用时应注意与其他蓬松性原料并用，否则可能导致鼓胀。

近年来，包括我国在内的许多国家相继开发了一些新型玉米品种，如高油玉米，赖氨酸和色氨酸含量均较高的优质蛋白玉米甚至高植酸酶玉米。普通玉米的籽粒含油量一般在4%～5%，高油脂玉米脂肪含量比一般玉米高1%～4%，蛋白质也略提高0.3%左右，热能高于一般玉米，最适合于肉鸡和肉猪育肥。高氨基酸玉米的赖氨酸和色氨酸含量比一般玉米高50%，氨基酸组成优于一般玉米，粗蛋白质含量也较高，约为11.6%（普通玉米平均为8.6%），因此称为优质蛋白玉米。这些新型玉米资源的应用将为降低养殖成本，改善生产途径提供一个新的途径。

(2) 高粱　高粱因品种不同，有褐、黄、白色外皮，但内部淀粉质均呈白色，故粉碎后颜色较淡。

高粱因种类繁多，其蛋白质含量差异较大（其变异范围为8%～16%，平均约10%），稍高于玉米，缺乏赖氨酸（含0.21%）、组氨酸和色氨酸，而高粱的蛋氨酸比玉米更低。高粱的蛋白质不容易消化，这是因为蛋白质和淀粉粒之间有非常强的结合键，不易被蛋白酶打开。高粱的色素含量低，基本无着色功能，维生素A含量也较低，肉鸡后期配方中高粱的用量要比前期少，蛋鸡日粮因影响到蛋黄着色，所以也不宜多加。

高粱中所含的主要抗营养物质是单宁（一种不易被猪、家禽消化的抗营养物质），单宁具有收敛性和苦味。单宁除降低适口性外，其主要危害是降低蛋白质和氨基酸的利用率，可引起雏鸡脚无力，降低饲料转化率、产蛋率和种鸡受精率。

一般畜禽日粮中单宁含量在0.2%以下时对生产性能无影响，所以高单宁的褐高粱用量应在10%～20%以下，低单宁的黄高粱用量可控制在40%～50%以下，鸡日粮中高粱用量高时，应补充维生素A，并注意氨基酸与能量之间的平衡，并考虑色素的来源及必需脂肪酸是否足够。一般情况下，高粱可以取代日粮中糠麸类饲料的1/3～2/3。

(3) 大麦　大麦是重要的谷物之一，大麦颗粒呈黄褐色，有光泽，呈卵形或长椭圆形，具有新鲜带甜的大麦味。

大麦的蛋白质含量为9.0%～13.0%，其赖氨酸、色氨酸、含硫氨基酸的含量较玉米高，但因其粗纤维含量高（可达5.0%，约为玉米的3倍），淀粉及糖类比玉米少，热能低，饲养价值不如玉米，其代谢能（10MJ/kg）也只有玉米的75%。饲喂肉猪可增加屠体的瘦肉率，并减少不饱和脂肪酸含量，脂肪硬度增加。猪肉风味亦可因采食大麦而改善，但增重及饲料转化率下降，所以取代玉米的量以50%以下为宜，饲料中用量以不超过25%较适当。

大麦中含有一些涩味物质，这是酚类成分所致，由数种单宁组成。这些酚类化合物60%存在于外皮中，10%在胚芽内，可与蛋白质结合形成不溶性复合物，降低动物对蛋白质的消化率。

适宜用量为：雏鸡5%～20%，成年鸡：10%～30%。以大麦代替玉米饲养鸡时，会使鸡的嘴、脚、皮肤、蛋黄的颜色变淡，必须添加含有胡萝卜素的着色剂或合成色素。

(4) 小麦　与玉米相比，小麦中蛋白质含量较高，B族维生素和维生素E含量也较丰富，维生素A、D、K极少，氨基酸组成中缺乏赖氨酸及苏氨酸，矿物质组成中钙少磷多，但有70%的磷属于利用率低的植酸磷。小麦的粗纤维含量稍高于玉米，低于豆饼，所以能量略低于玉米而高于豆饼。

麦类所含淀粉较软，适合于鱼类，小麦及其副产品更适合于鱼类。到目前所知，小麦是所用谷物中最适合于杂食畜及草食鱼的淀粉类原料，而且能改善粒状饲料的功能。

小麦也可作育肥猪的主要饲料原料。近些年来，由于小麦单位面积产量大幅度增加，已远远超出人食用量，且在某些地区或某一时期，小麦价格接近或低于玉米价格。用小麦代替部分玉米和豆饼饲喂肥猪，可节省价格较昂贵的蛋白质原料如豆饼（粕）等，还可增加猪的脂肪硬度。

小麦也是反刍动物很好的能量来源，但整粒小麦可能引起消化不良，粉的太细在嘴里容易形成糊状，反刍动物不易采食，所以一般是粗粉碎或压片后再用。

(5) 燕麦　燕麦是一种很有价值的饲料作物，可用作能量饲料青干草和青刈饲料。其籽实中含有较丰富的蛋白质，在10%左右，粗脂肪含量超过4.5%。燕麦壳占谷料总重的25%～35%，粗纤维含量高，能量少，营养价值低于玉米。适于饲喂牛、马等大牲畜。

一般饲用燕麦主要成分为淀粉，因种皮（壳）多，其粗纤维含量在10%以上，可消化总养分比其他麦类低。燕麦蛋白质品质优于玉米，含钙量较少，含磷量较多。其他无机物与一般麦类相近。维生素D和烟酸的含量比其他麦类少。

燕麦粗纤维含量高，不宜作猪、鸡的主要饲料，仅作其配合饲料的组成部分。当大量使用时，其饲用效果显著低于玉米和大麦。饲喂肉猪的用量应低于日粮的1/4～1/3。母猪产仔前用量可占日粮的1/2，产仔猪3周内只能占日粮的1/4～1/3以下。

燕麦是乳牛、肉牛的极好饲料，喂前适当粉碎可提高其消化率。

(6) 荞麦　荞麦属于蓼科植物，与其他谷实类不同科。荞麦不仅籽实可以作为能量饲料，绿色植体也是优良的青绿饲料。它的籽实也有一层粗糙的外壳，约占质量的30%。粗纤维含量较高，12%左右。但其他方面的营养特性均符合谷实类饲料的通性，故其能量价值仍然较高。消化能的含量对牛为14.6MJ/kg，猪为14.31MJ/kg。但是，荞麦籽实含有一种物质——感光咔啉，当动物采食以后白色皮肤部分受到日光照射即发生过敏，并出现红斑点，严重时能影响生长及肥育效果，这种感光物质在外壳中含量特别多。荞麦的蛋白质品质较好，含赖氨酸0.73%、蛋氨酸0.25%。

二、糠麸类饲料

1. 糠麸类饲料的营养特点

谷实经加工后形成的一些副产品即为糠麸类，包括米糠、小麦麸、大麦麸、玉米糠、高粱糠、谷糠等。糠麸主要由果种皮、外胚乳、糊粉层、胚芽等组成，糠麸成分不仅受原粮种类影响，而且还受原粮加工方法和精度影响。与原粮相比，糠麸中粗蛋白质、粗纤维、B族维生素、矿物质等含量较高，但无氮浸出物含量低，故属于一类有效能较低的饲料。另外，糠麸结构疏松、体积大、容重小、吸水膨胀性强，大多对动物有一定的轻泻作用。

2. 几种常用的糠麸类饲料

(1) 小麦麸　小麦麸是小麦制粉过程中，所分离出来的粗外皮，为淡褐色至红褐色，依小麦品种、等级、品质而异。具有特有的香甜味，形状为粗细不等的碎屑状。

小麦麸粗纤维含量因产品而异，变异范围为1.5%～9.5%，粗蛋白含量为13%～17%，钙含量很低（0.14%），磷含量高（1.2%，但是利用率低），钙、磷比例几乎是1∶8，不适合单独作任何动物的饲料，实际中需要通过其他饲料或矿物饲料配合使用。但是因其价格低廉，蛋白质、锰和B族维生素含量较多，所以也是畜禽常用的饲料的添加物。

小麦麸因能量（代谢能约5.1MJ/kg）低、纤维含量高、容积大，在单胃动物不宜用量过大，肉鸡饲粮中使用也很少，一般雏鸡和成鸡可占日粮的5%～15%，育成鸡可占10%～20%。小麦麸还具有轻泻作用，产后的母牛、母马及母猪喂给适量的麸皮粥可起到调节消化道机能的作用。

小麦麸为片状，通气性能差，不易长期保管，水分超过14%时，在高温高湿下易变质。采购时，注意其气味，是否酸败、发酵或有其他异味，已结块的麦麸要看是否已变质。小麦麸易生虫，也应注意。

(2) 次粉　次粉分为普通次粉和高筋次粉。普通次粉是面粉厂生产特别粉过程中，糊粉层、胚乳及少量细麸的混合物，粉色低，纤维和灰分含量较高，是介于小麦麸及面粉之间的产品。次粉颜色为淡白色直至淡褐色，受小麦品种、处理方法及其他因素的影响，具有香甜味及面粉味、粉末状。

次粉一般水分应限制在13%以下，粗蛋白含量在10%～12%之间，粗纤维含量比麸皮低。因其含有一定量的淀粉，可用作黏着剂或载体。

次粉比麸皮能量高，在鸡、猪饲料中均可取代部分谷物原料。对鸡来说，如在粉状饲料中使用，因为次粉粒度太细而容易造成粘嘴现象，影响适口性，所以适合在颗粒饲料中使用，一般用量为10%～20%。在猪饲料中多用于哺乳期仔猪颗粒料，外观好、细度佳，可提高饲料的商品价值。对反刍动物适口性差，易与蓬松性原料并用。

(3) 米糠　糙米精制过程中脱除的果皮层、种皮层及胚芽等混合物称作全脂米糠。全脂米糠为淡黄或淡褐色，具米糠特有的风味，为粉状，略呈油感，含有微量碎米、粗糠。全脂米糠经溶剂或压榨提油后残留的米糠即为脱脂米糠，其营养成分除脂肪含量减少外，类似全脂米糠，但是米糠脱脂后，较容易保存和运输。脱脂米糠为黄色或褐色，烧烤过度时颜色深，有米味和特殊烤香，粉状，含有微量碎米、粗糠。脱脂米糠粗蛋白含量在14%以上，粗纤维含量14%以下，其在日粮中的用量可为全脂米糠的2倍。

全脂米糠所含糖类约占30%～35%，新鲜时约含粗蛋白质13%，粗纤维含量在13%以下，精氨酸含量特别高，赖氨酸和蛋氨酸含量少。米糠含粗脂肪高达10%～18%，大多属不饱和脂肪酸，油酸和亚油酸占79.2%，油中亦含有2%～5%天然维生素E，因其含大量脂肪，所以全脂米糠易酸败。全脂米糠也含有丰富的B族维生素，但维生素A、D、C含量则少。米糠中植酸盐含量特别高，约9.5%～14.5%，所以磷的利用率不佳，其他矿物质中以锰、钾、镁、硒较多。全脂米糠中含胰蛋白酶抑制因子，加热可除去。米糠的营养价值视白米加工程度不同而异，加工的米越白则胚乳中的物质进入米糠的就越多，米糠的营养价值就越高。

米糠的最大缺点与麦麸一样，即钙、磷比例不平衡，两者的含量分别为0.08%和

1.77%，其比例为1∶20，因此在大量使用米糠时，应注意补充钙原料。

全脂米糠可补充鸡所需的B族维生素、锰和必需脂肪酸，但因含有胰蛋白酶抑制因子，故不能全部代替玉米。鸡饲料中以使用5%以下为宜，颗粒料可增至10%～20%。基本不含稻壳的细米糠是猪的好饲料，一般每100千克糙米可分出细米糠6～8kg，猪饲料中添加量应在20%以下，用量过多易导致猪下痢。经加热处理破坏胰蛋白酶抑制因子者可增加用量，但对屠体脂肪软化的影响无法改善。全脂米糠在饲养牛时无不良反应，也是水产动物的重要原料。

三、淀粉质块根块茎瓜果类饲料

1. 淀粉质块根块茎瓜果类饲料营养特点

这类饲料主要包括薯类（甘薯、马铃薯、木薯）、糖蜜、甜菜渣及南瓜等。这类饲料干物质中主要是无氮浸出物，而蛋白质、脂肪、粗纤维、粗灰分等含量较少或贫乏。

2. 常用淀粉质块根块茎瓜果类饲料

(1) 马铃薯　马铃薯又名土豆、洋芋、洋山芋、山药蛋，是一种生育期较短、产量较高、饲用价值很高的根茎饲料。马铃薯含干物质约25%，主要成分是淀粉，占干物质的80%以上。粗蛋白质约占干物质的9.0%，主要是球蛋白，生物学价值相当高。鲜马铃薯中维生素C含量丰富，但其他维生素缺乏。马铃薯对反刍动物可生喂，对猪熟喂效果较好。马铃薯植株中含有一种配糖体称茄素（龙葵精）的有毒物质，以浆果含量最高，占鲜重的0.56%～1.08%，正常成熟马铃薯块仅含2～10mg/100g，含量达20mg/100g以上才有中毒危险，所以马铃薯作饲料，一般无中毒情况发生。马铃薯耐贮藏，当贮藏温度较高时也会发芽而产生有毒的龙葵素，马铃薯表皮见到光而变成绿色以后，龙葵素含量剧增。因此，已发芽的马铃薯，喂前必须将芽除掉，并且加以蒸煮才能饲喂。

(2) 木薯　木薯是热带地区生长的一种灌木的块根，成分以淀粉为主（约占80%）。蛋白质含量不仅很低，且半数不能被猪、家禽类消化和利用。木薯中钙多磷少，与其他块根类一样钾含量高，微量元素及维生素几乎含量为零，脂肪含量也相当低。所以如果日粮中木薯含量高，必须注意添加必需脂肪酸、维生素及矿物质。木薯含有生氰糖苷，在动物体内经酶作用后生成剧毒的氢氰酸，以皮中含量最多，可通过加热、干燥、水煮等处理后消除。

木薯在家禽中使用量不应超过10%，蛋鸡可适当增至20%，除使蛋黄颜色变浅外无其他不良影响。粉碎太细是木薯适口性不好的原因之一，可通过制成颗粒饲料得到改善。氢氰酸对猪的生长性能影响较大，尤其是小猪，在育肥猪饲料中，品质好且经过制粒加工的木薯可添加到30%～50%；在反刍动物中，随木薯用量的增加，泌乳量减少，所以应适当限制用量；肉牛的用量可适当提高，使用30%也无明显不良影响。

(3) 甘薯　甘薯也是块根类植物，其成分特性与玉米类似，但不含能生成氢氰酸的物质，所以适用性更广。甘薯含生长抑制因子，经过加热可除去。甘薯有红心、黄心和白心之分，其差别主要是β-胡萝卜素的含量。

甘薯易造成饱感使动物无法得到足够的营养，所以不宜用于雏鸡、肉鸡，其他家禽也应少用。对猪的适口性较好。

(4) 南瓜　南瓜干物质中无氮浸出物占60%～70%，粗蛋白12.90%，粗脂肪6.45%，粗纤维11.83%。以干物质基础比较，南瓜的有效能值与薯类基本一致，肉质南瓜富含胡萝卜素。南瓜可粉碎后饲喂家畜；南瓜藤叶切短后直接饲喂牛、羊，也可打浆后喂猪。南瓜及其藤叶，适宜与豆科牧草、青玉米秸、各种野青草和叶菜等混合、切碎后青贮。

四、油脂类饲料

油脂是高能饲料，主要来源于动植物，是家畜重要的营养物质之一。油脂除供能外，可改善适口性，增加饲料在肠道的停留时间，有利于其他营养成分的消化吸收和利用，即具有“增能效应”，高温季节可降低动物的应激反应。天然存在的油脂种类繁多，按照产品来源及状态可分为植物性油脂、动物性油脂和海产动物油脂。

饲料中添加油脂能够显著提高生产性能并降低饲养成本，尤其对于生长发育快、生产周期短或生产性能高的动物，效果更为明显。油脂建议添加量为：奶牛 3%～5%；蛋鸡 3%；育肥猪 4%～6%，仔猪 3%～5%。添加植物油优于动物油，而椰子油、玉米油、大豆油为仔猪的最佳添加油脂。由于油脂价格高，混合工艺存在问题，目前国内的油脂实际添加量远低于上述建议量。

加工生产预混料时，为减少粉尘，避免产品吸湿结块，常在原料中加一定量油脂。

以家禽为例，饲粮中添加油脂时，应注意以下事项：①添加油脂后，饲粮的消化能、代谢能水平不能变化太大。因为过量添加油脂可能会降低采食量。②满足含硫氨基酸的供应，有建议肉鸡饲粮中含硫氨基酸供给量可提高到 0.9%～1%，蛋鸡 0.7%～0.8%。③常量元素、微量元素及维生素 B_2、维生素 B_6、维生素 B_{12} 和胆碱等的供给量应增加 10%～20%。④控制粗纤维水平，肉鸡控制在最低量，蛋鸡尤其是笼养鸡应比标准高出 1%～1.5%。⑤长期添加油脂时，每千克饲粮中应添加硒 0.05～0.1mg。⑥为防止油脂氧化，保证油脂品质，添加油脂的饲粮中应添加抗氧化剂。⑦应将油脂均匀混拌在饲粮中，并在短期内喂完。

第六节　蛋白质饲料

蛋白质饲料是指干物质中粗纤维含量小于 18%、粗蛋白质含量大于或等于 20%的饲料。蛋白质饲料可分为植物性蛋白质饲料、动物性蛋白质饲料、单细胞蛋白质饲料和非蛋白氮饲料。

一、动物性蛋白质饲料

1. 动物性蛋白质饲料的营养特点

动物性蛋白质饲料类主要是指水产、畜禽加工、缫丝及乳品业等加工副产品。该类饲料的主要营养特点是：蛋白质含量高（40%～85%），氨基酸组成比较平衡，并含有促进动物生长的动物性蛋白因子；碳水化合物含量低，不含粗纤维；粗灰分含量高，钙、磷含量丰富，比例适宜；维生素含量丰富（特别是维生素 B_2 和维生素 B_{12}）；脂肪含量较高，虽然能值含量高，但脂肪易氧化酸败，不宜长时间贮藏。

2. 常用动物性蛋白质饲料

(1) 鱼粉　鱼粉是用一种或多种鱼类为原料，经去油、脱水、粉碎加工后的高蛋白质饲料。全世界的鱼粉生产国主要有秘鲁、智利、日本、丹麦、美国、前苏联、挪威等。20 世纪末期，我国每年大约进口 70 万吨鱼粉，约 80%来自秘鲁，从智利进口量不足 10%，此外从美国、日本、东南亚国家也有少量进口。

鱼粉的分类方法主要有 3 种。

a. 根据来源将鱼粉分为 2 种：一般将国内生产的鱼粉称国产鱼粉，进口的鱼粉统称进口鱼粉。显然，这种方类方法比较粗略，反映不出鱼粉的品质。

b. 按原料性质、色泽分类，将鱼粉分为 6 种：普通鱼粉（橙白或褐色）；白鱼粉（灰白或黄灰白色，以鳕鱼为主)；褐鱼粉（橙褐或褐色)；混合鱼粉（浅黑褐或浓黑色)；鲸鱼粉（浅黑色)；鱼粕（鱼类加工残渣)。

c. 按原料部位与组成把鱼粉分为6种：全鱼粉（以全鱼为原料制得的鱼粉)；强化鱼粉（全鱼粉+鱼溶浆)；粗鱼粉（鱼粕，以鱼类加工残渣为原料)；调整鱼粉（全鱼粉+粗鱼粉)；混合鱼粉（调整鱼粉+肉骨粉或羽毛粉)；鱼精粉（鱼溶浆+吸附剂)。

上述分类方法因国家不同而异，我国饲料行业目前还没有标准，三种方法都采用。

鱼粉的主要营养特点是蛋白质含量高，一般脱脂全鱼粉的粗蛋白质含量高达60%以上；氨基酸组成齐全、而且平衡，尤其是主要氨基酸，与猪、鸡体组织氨基酸组成基本一致；钙、磷含量高，比例适宜；微量元素中碘、硒含量高；富含维生素 B_{12}、脂溶性维生素A、维生素D、维生素E和未知生长因子。所以，鱼粉不仅是一种优质蛋白源，而且是一种不易被其他蛋白质饲料完全取代的动物性蛋白质饲料。但其营养成分因原料质量不同，变异较大。

因鱼粉中不饱和脂肪酸含量较高并具有鱼腥味，故在畜禽饲粮中使用量不可过多，否则易导致畜产品异味。

(2) 肉骨粉、肉粉

① 感官特征　肉骨粉是哺乳动物废弃组织（躯体、骨头、胚胎、内脏及其他废弃物）经干式熬油后的干燥产品。肉粉定义与肉骨粉相同，唯一区别在于磷含量，含磷在4.4%及以上者称肉骨粉，含磷在4.4%以下者称为肉粉。肉粉、肉骨粉正常情况下为粉状，肉骨粉内一般含有粗骨粒，金黄色至淡褐色或深褐色，含脂肪高时，颜色较深，加热处理时颜色也会加深，一般用猪肉骨制成者颜色较浅。肉粉、肉骨粉具有新鲜的肉味，并具有烤肉香及牛油或猪油味。

② 营养特性　肉粉与肉骨粉的粗蛋白质含量在45%～60%之间，氨基酸组成较差。肉粉含有丰富的赖氨酸，但是蛋氨酸和色氨酸含量较低。B族维生素含量较多，而维生素A、维生素D和维生素 B_{12} 的含量都低于鱼粉。肉骨粉含有大量的钙、磷和锰，钙、磷比例较为合适，磷为可利用磷。

③ 适宜用量　肉粉、肉骨粉品质差异较大，易变质腐败，一般用量低于7.5%～10%。幼禽用量不宜超过5%；成禽低于5%～10%；猪用量以5%以下为宜，一般多用于肉猪与种猪饲料，仔猪避免使用；反刍动物一般不用。

(3) 虾粉、虾壳粉、蟹粉　虾粉、虾壳粉是指利用新鲜小虾或虾头、虾壳，经干燥、粉碎而制成的一种色泽新鲜、无腐败异臭的一类粉末状产品。蟹粉是指用蟹壳、蟹内脏及部分蟹肉加工生产的一种产品。这类产品的共同特点是含有一种被称为几丁质（又名甲壳素、甲壳质、壳聚糖等）的物质，这种物质的化学组成类似纤维素，很难被动物消化，长期以来其饲用价值并未引起人们的重视。几丁质在昆虫、甲壳类（虾、蟹）等动物的骨骼中与碳酸钙相伴存在，可占甲壳有机物质的50%～80%，酵母、霉菌等微生物中也有发现。近年来，随着科学技术的发展，人们发现几丁质是由 β-1,4键连接的氨基葡萄糖多聚体，分解产物为2-氨基葡萄糖，并证实对于虾、蟹壳的形成具有重要作用，还可供作蛋白质的凝聚剂和鱼生长促进剂。

营养特性及饲用价值：这类产品中的成分随品种、处理方法、肉和壳的组成比例不同而异。一般虾粉蛋白质含量约40%，虾壳、蟹壳粉粗蛋白质约达30%，其中1/2为几丁质，粗灰分30%左右，并含大量不饱和脂肪酸、胆碱、磷脂、固醇和具着色效果的虾红素。虾、蟹壳粉不仅可为畜禽提供蛋白质，而且还有一些其他特殊作用。鸡饲料中添加3%，有助肉鸡脚趾和蛋黄着色；猪料中添加3%～5%，是肠道中双歧乳酸杆菌的生长因子，可提高仔猪的抗病力，改善猪肉色泽；虾料中添加10%～15%，可取得良好的促生长效果。

二、植物性蛋白质饲料

植物性蛋白质饲料包括豆类籽实、饼粕类和其他植物性蛋白质饲料，这类蛋白质饲料是动物生产中使用量最多、最常用的蛋白质饲料。该类饲料具有以下共同特点：

① 蛋白质含量高，且蛋白质质量较好，一般植物性蛋白质饲料粗蛋白质含量在20%～50%之间，因种类不同差异较大。它的蛋白质主要由球蛋白和清蛋白组成，其必需氨基酸含量和平衡明显优于谷蛋白和醇溶蛋白（表4-10），因此蛋白质品质高于谷物类蛋白，蛋白质利用率是谷类的1～3倍。但植物性蛋白质的消化率一般仅有80%左右。

表4-10 不同蛋白质中的必需氨基酸含量① 单位：%

氨基酸	球蛋白	清蛋白	醇溶蛋白	谷蛋白
赖氨酸	8.73	10.63	0.57	1.25
蛋氨酸	0	0.36	1.25	1.38
胱氨酸	6.52	13.40	3.32	2.22
色氨酸	—	—	0.43	0.64
苏氨酸	2.79	4.83	2.44	2.75
亮氨酸	9.52	9.01	6.93	6.97
异亮氨酸	3.67	1.37	4.35	4.04
苯丙氨酸	3.55	2.45	4.29	4.03
酪氨酸	2.16	1.63	1.83	2.60
缬氨酸	8.09	2.36	4.76	4.67
组氨酸	3.21	1.77	1.86	1.80
精氨酸	5.01	10.65	1.99	2.22
合计	53.25	58.46	34.02	34.39

① 以蛋白质含量计。

② 粗脂肪含量变化大，油料籽实含量在15%～30%以上，非油料籽实只有1%左右。饼粕类脂肪含量因加工工艺不同差异较大，高的可达10%，低的仅1%左右。

③ 粗纤维含量一般不高，基本上与谷类籽实近似，饼粕类稍高些。

④ 矿物质中钙少磷多，且主要是植酸磷。

⑤ 维生素含量与谷实相似，B族维生素较丰富，而维生素A、维生素D较缺乏。

⑥ 大多数含有一些抗营养因子，影响其饲喂价值。

1. 豆类籽实

豆类籽实包括大豆、豌豆、蚕豆等，曾作为我国主要役畜的蛋白质饲料。现在一般以食用为主，全脂大豆经加热或膨化用在高热能饲料和颗粒料中。

（1）大豆 大豆按种皮颜色分为黄色大豆、黑色大豆、青色大豆、其他大豆和饲用豆（秣食豆）5类，其中黄豆最多，其次为黑豆。

营养特性：大豆蛋白质含量为32%～40%。生大豆中蛋白质多属水溶性蛋白质（约90%），加热后即溶于水。氨基酸组成良好，赖氨酸含量较高，如黄豆和黑豆中含量分别为2.30%和2.18%，但含硫氨酸含量不足。大豆脂肪含量高，达17%～20%，其中不饱和脂肪酸较多，亚油酸和亚麻酸可占55%。脂肪的代谢能约比牛油高出29%，油脂中存在磷脂质，约占1.8%～3.2%。大豆碳水化合物含量不高。无氮浸出物仅占26%左右，其中蔗糖占无氮浸出物总量的27%，淀粉在大豆中含量甚微，仅0.4%～0.9%；纤维素占18%，阿拉伯木聚糖、半乳聚糖及半乳糖酸结合而成黏性的半纤维素，存在于大豆细胞膜中，有碍消化。矿物质中钾、磷、钠较多，但60%磷为不能利用的植酸磷，铁含量较高。维生素含量与谷实类相似，含量略高于谷实类，B族维生素含量多而维生素A、维生素D少。大豆营养成分见表 4-11。

表 4-11　大豆的饲料成分及营养价值表

名　称	含　量	名　称	含　量
干物质/%	87.0	消化能(羊)/(MJ/kg)	16.36
粗蛋白质/%	35.5	赖氨酸/%	2.20
粗脂肪/%	17.3	蛋氨酸/%	0.56
粗纤维/%	4.3	胱氨酸/%	0.70
无氮浸出物/%	25.7	苏氨酸/%	1.41
粗灰分/%	4.2	异亮氨酸/%	1.28
钙/%	0.27	亮氨酸/%	2.72
磷/%	0.48	精氨酸/%	2.57
非植酸磷/%	0.30	缬氨酸/%	1.50
消化能(猪)/(MJ/kg)	16.61	组氨酸/%	0.59
代谢能(猪)/(MJ/kg)	14.77	酪氨酸/%	1.64
代谢能(鸡)/(MJ/kg)	13.56	苯丙氨酸/%	1.42
消化能(肉牛)/(MJ/kg)	15.15	色氨酸/%	0.45
产奶净能(奶牛)/(MJ/kg)	7.95		

生大豆中存在多种抗营养因子，其中加热可被破坏者包括胰蛋白酶抑制因子、血细胞凝集素、抗维生素因子、植酸十二钠、脲酶等。加热无法被破坏者包括皂苷、雌激素、胃肠胀气因子等。此外大豆还含有大豆抗原蛋白，该物质能够引起仔猪肠道过敏，损伤，进而腹泻。

(2) 豌豆　又名毕豆、小寒豆、准豆、麦豆。豌豆适应性强，喜冷凉而湿润的气候。我国豌豆种植面积约 2×10^6 hm^2，总产量 150 万吨，以四川种植最多。豌豆除作食用外，也供作饲料。

① 营养特性　豌豆风干物中粗蛋白质含量 24%，蛋白质中含有丰富的赖氨酸，而其他必需氨基酸含量都较低，特别是含硫氨基酸与色氨酸。豌豆中粗纤维含量约 7%，粗脂肪约 2%，各种矿物质微量元素含量都偏低。豌豆中也含有胰蛋白酶抑制因子、外源植物凝集素、致胃肠胀气因子，不宜生喂。

② 原料标准　中华人民共和国农业行业《饲料用豌豆》标准中规定，以粗蛋白质、粗纤维、粗灰分为质量控制指标，按含量可分为三级，标准见表 4-12。

表 4-12　饲料用豌豆质量标准①

质量指标 \ 等级	一级	二级	三级
粗蛋白质/%	≥24.0	≥22.0	≥20.0
粗纤维/%	<7.0	<7.5	<8.0
粗灰分/%	<3.5	<3.5	<4.0

① 标准来源 NY/T 136—89。

③ 饲用价值　豌豆在鸡料中可使用 10%～20%。粉碎后肉猪可添加至 12%，但需补充蛋氨酸，对生长及屠体品质无不良影响，种猪亦可用之，煮熟后可添加至 20%～30%。乳牛精料可添加 20%以下，肉牛 12%以下，肉羊 25%以下。

2. 饼粕类

(1) 大豆饼粕　大豆饼粕是以大豆为原料制油后的副产物。由于制油工艺不同，通常将压榨法制油后的产品称为大豆饼，而将浸出法制油后的产品称为大豆粕。大豆饼粕是我国最常用的一种植物性蛋白质饲料，其蛋白质含量为 40%～50%，蛋白质消化率达 80%以上，代谢能值达 10.5MJ/kg，富含赖氨酸达 2.5%～2.9%，缺乏蛋氨酸。在我国，过去大豆饼粕作为大豆加工的副产品，随着饲料工业的发展，大多数情况下是为了得到大豆饼粕而制油，目前大豆饼粕实际上是主要产品。我国大豆总产量中约有 40%用于制油，年产约 500 万吨，主要用作饲料原料。大豆饼粕是目前使用最广泛、用量最多的植物性蛋白质原料，世界各国普遍使用，一般其他饼粕类的使用与否以及使用量都以与大豆饼粕的比价来决定。

(2) 菜籽饼粕 油菜是我国的主要油料作物之一，我国油菜籽总产量约为 1000 万吨，主产区在四川、湖北、湖南、江苏、浙江、安徽等省，四川菜籽产量最高。除作种用外，95%用作生产食用油，菜籽饼和菜籽粕是油菜籽榨油后的副产品，估计菜籽饼的总产量为 600 多万吨。

菜籽饼粕是一种良好的蛋白质饲料，但因含有毒物质，使其应用受到限制，实际用于饲料的仅占 2/3，其余用作肥料，极大地浪费了蛋白质饲料资源。菜籽粕的合理利用，是解决我国蛋白质饲料资源不足的重要途径之一。

菜籽饼粕因含有多种抗营养因子，饲喂价值明显低于大豆粕，并可引起甲状腺肿大、采食量下降、生产性能下降等问题。近年来，国内外培育的“双低”（低芥酸和低硫葡萄糖苷）品种已在我国部分地区推广，并获得较好效果。

在鸡配合饲料中，菜籽饼粕应限量使用。品质优良的菜籽饼粕，肉鸡后期可用至 10%～15%，但为防止鸡肉风味变劣，用量宜低于 10%。蛋鸡、种鸡可用至 8%，超过 12%即引起蛋重和孵化率下降。褐壳蛋鸡采食多时，鸡蛋有鱼腥味，应谨慎使用。一般雏鸡应避免使用。

在猪饲料中过量使用菜籽饼粕会引起不良反应，如甲状腺肿大、肝肾肿大等，生长率下降 30%以上，显著影响母猪繁殖性能。肉猪用量应限制在 5%以下，母猪则应低于 3%，经处理后的菜籽饼粕或“双低”品种的菜籽饼粕，肉猪可用至 15%，但为防止软脂现象，用量应低于 10%，种猪用至 12%对繁殖性能并无不良影响，也应限量使用。

菜籽饼粕对牛适口性差，长期大量使用可引起甲状腺肿大，但影响程度小于单胃动物。肉牛精料中使用 5%～10%对胴体品质无不良影响，奶牛精料中使用 10%以下，产奶量及乳脂率正常。低毒品种菜籽饼粕饲养效果明显优于普通品种，可提高使用量，奶牛最高可用至 25%。

(3) 棉籽饼粕 棉籽饼粕是棉籽经脱壳制油后的副产品，因脱壳程度不同，通常又将去壳的叫作棉仁饼粕。

棉籽饼粕对鸡的饲用价值主要取决于游离棉酚和粗纤维的含量。含壳多的棉籽饼粕，粗纤维含量高，热能低，应避免在肉鸡中使用。棉仁饼粕用量以游离棉酚含量而定，通常游离棉酚含量在 0.05%以下的棉籽饼粕，在肉鸡中可添加至饲粮的 10%～20%，产蛋鸡可添加至饲粮的 5%～15%，未经脱毒处理的饼粕，饲粮中用量不得超过 5%。蛋鸡饲粮中棉酚含量在 200mg/kg 以下，不影响产蛋率，若要防止“桃红蛋”，应限制在 50mg/kg 以下。

品质好的棉籽饼粕是猪良好的蛋白质饲料原料，代替猪饲料中 50%大豆饼粕无副效应，但需补充赖氨酸、钙、磷和胡萝卜素等。品质差的棉籽饼粕或使用量过大会影响适口性，并有中毒可能。棉籽饼粕是猪良好的色氨酸来源，但其蛋氨酸含量低，一般乳猪、仔猪不用。游离棉酚含量低于 0.05%的棉籽饼粕，在肉猪饲粮中可添加至 10%～20%，母猪可添加至 3%～5%，若游离棉酚高于 0.05%，应谨慎使用。

(4) 花生（仁）饼粕 花生（仁）饼粕是花生脱壳后，经机械压榨或溶剂浸提油后的副产品。我国年加工花生饼粕约 150 万吨，主产区为山东省，产量约近全国的 1/4，其次为河南、河北、江苏、广东、四川等地，是当地畜禽的重要蛋白质来源。

花生（仁）饼蛋白质含量约 44%，花生（仁）粕蛋白含量约 47%，蛋白质含量高，但不溶于水的球蛋白占63%。氨基酸组成不平衡，赖氨酸、蛋氨酸含量偏低，精氨酸含量在所有植物性饲料中最高，赖氨酸与精氨酸之比在100：80以上，饲喂家畜时适于和精氨酸含量低的菜籽饼粕、血粉等配合使用。在无鱼粉的玉米-豆粕型饲粮中，产蛋鸡的第一、二、三、四限制性氨基酸依次是蛋氨酸、亮氨酸（肉仔鸡为赖氨酸）、精氨酸、色氨酸。蛋氨酸、赖氨酸有合成品可直接添加补充，精氨酸和色氨酸无合成品可用花生（仁）饼粕补其不足。花生（仁）饼粕的有效能值在饼粕类饲料中最高，约12.26MJ/kg，无氮浸出物中大多为淀粉、糖分和戊聚糖。残余脂肪中脂肪酸以油酸为主，不饱和脂肪酸约占53%～78%。钙磷含量低，磷多为植酸磷，铁含量略高，其他矿物元素较少。胡萝卜素、维生素D、维生素C含量低，B族维生素较丰富，尤其烟酸含量高，约174mg/kg，核黄素含量低，胆碱约1500～2000mg/kg。

花生（仁）饼粕中含有少量胰蛋白酶抑制因子，也极易感染黄曲霉，产生黄曲霉毒素，引起动物黄曲霉毒素中毒。我国饲料卫生标准中规定，其黄曲霉毒素B_1含量不得大于0.05mg/kg。

（5）向日葵仁饼粕　向日葵仁饼粕是向日葵籽生产食用油后的副产品，可制成脱壳或不脱壳2种，是一种较好的蛋白质饲料。我国的主产区在东北、西北和华北，年产量25万吨左右，以内蒙和吉林省产量最多。

未脱壳的向日葵仁饼粕粗纤维含量高，有效能值低，肥育效果差，不宜做肉鸡饲料，但脱壳者可以少量使用，但因赖氨酸、亮氨酸等缺乏，需和大豆饼粕搭配使用。未脱壳饼粕蛋鸡用量应低于10%，脱壳后用量可增加至20%，用量过多会造成蛋壳斑点，火鸡采食过多会引起赖氨酸缺乏和羽毛变白。

向日葵仁饼粕适口性不如豆粕和花生粕，肥育猪可适量使用，但不能作为唯一蛋白质补充料，同时需补充维生素和赖氨酸。脱壳后可取代50%的豆粕，用量过多易导致软脂现象，影响胴体品质。

反刍动物对向日葵饼粕适口性好，饲用价值与豆粕相当，是良好的蛋白质原料。对奶牛饲用价值高，但含脂肪高的压榨饼采食过多，易造成乳脂和体脂变软。牛羊采食向日葵饼后，瘤胃内容物pH下降，可提高瘤胃内容物溶解度。向日葵壳含粗蛋白质4%，粗纤维50%，粗脂肪2%，粗灰分2.5%，可以作为粗饲料喂牛。

（6）其他植物饼粕

① 棕榈仁饼　棕榈仁饼为棕榈果实提油后的副产品。粗蛋白质含量低，仅14%～19%，属于粗饲料。赖氨酸、蛋氨酸及色氨酸均缺乏，脂肪酸属于饱和脂肪酸。肉鸡和仔猪不宜使用，生长育肥猪可添加至15%以下，奶牛使用可提高奶酪质量，但大量使用影响适口性。

② 苏子饼　苏子饼为苏子种子榨油后的产品，粗蛋白质含量35%～38%，赖氨酸含量高，粗纤维含量高，有效能值低，含有抗营养因子——单宁和植酸。机榨法制油后因含有苏子特有的臭味，适口性不好，对猪、鸡应注意限量饲喂。

三、微生物蛋白质饲料

微生物蛋白质饲料是由各种微生物体制成的饲用品，包括酵母、细菌、真菌和一些单细胞藻类，通常也叫作单细胞蛋白质饲料（SCP）。微生物蛋白质饲料具有一般常规饲料所没有的优越性。它生产周期短，酵母和细菌繁殖增量比动物生长要快千倍以上，它可以实现工业化生产，不与农业争地，也不受气候条件限制；原料来源广，可充分利用工农业废物。因此，微生物蛋白质饲料的前景是非常诱人，应及早规划开发这一前途广阔的饲料资源。微生物蛋白质饲料粗蛋白质含量可高达50%以上，在氨基酸组成上，不缺乏赖氨酸，但缺少蛋氨酸。B族维生素含量较丰富。

1. 酵母粉

酵母粉的种类繁多，包括酿造酵母和饲料酵母，前者是酿造啤酒的副产品，后者是以培养基繁殖植物性非发酵性酵母后的产品。

啤酒酵母为黄褐色或灰色，干燥过度者则呈灰黑色，有令人愉快的酵母味，尝后有苦味。圆筒干燥者呈细片状或细颗粒，喷雾干燥者为棉絮状的粉末。本品吸湿性强，要控制水分，一般水分不超过11%。加热不应过度，否则利用率降低。本产品量少，价格高，掺杂机会大，掺的原料有豆粕、淀粉等物，需进行掺假检查。

饲料酵母色泽均匀，浅黄色，有扑鼻的酵母香味，粉状。饲料酵母是水溶性的，如掺有杂质可轻易分辨出。

营养特性：酵母粉含有丰富的B族维生素，是优良的各B族维生素的补充物。

2. 真菌蛋白质饲料

真菌蛋白质饲料是真菌类的培养产物，从分类角度看酵母亦属本类。另有白地霉既可供人食用又可用作饲料。

营养特性：这类产品粗纤维含量较高，粗蛋白质含量较低，有时因培养基原料关系，粗蛋白质含量甚至低于20%。

3. 藻类

藻类中的小球藻、螺旋藻、蓝藻等是繁殖速度快、营养价值高的微生物蛋白质饲料。藻类培养可借光合作用利用简单的培养基生成营养价值高的碳水化合物、蛋白质和脂肪。

营养特性：粗蛋白质可占干物质的50%以上，氨基酸组成也较为平衡。目前，研究性试验生产已解决，但因成本较高，尚不能为饲料和畜牧行业所接受。

四、非蛋白氮饲料

凡含氮的非蛋白可饲物质均可称为非蛋白氮饲料（NPN）。NPN包括饲料级的尿素、双缩脲、氨、铵盐及其他合成的简单含氮化合物。作为简单的纯化合物质，NPN对动物不能提供能量，其作用只是供给瘤胃微生物合成蛋白质所需的氮源，以节省饲料蛋白质。目前世界各国大都用NPN做为反刍动物蛋白质营养的补充来源，效果显著。在人多地少的我国和其他发展中国家，开发应用NPN以节约常规蛋白质饲料具有重要意义。

1. 尿素

尿素为白色，无臭，结晶状，味微咸苦，易溶于水，吸湿性强。纯尿素含氮量为46%，一般商品尿素的含氮量为45%。每千克尿素相当于2.8kg粗蛋白质，或相当于7kg豆饼的粗蛋白质含量。试验证明，用适量的尿素取代牛、羊饲粮中的蛋白质饲料，不仅可降低生产成本，而且还能提高生产力。

尿素不宜单一饲喂，应与其他精料合理搭配。但豆粕、大豆、南瓜等饲料含有大量脲酶，切不可与尿素一起饲喂，以免引起中毒。浸泡粗饲料投喂或调制成尿素青贮料（0.3%～0.5%）饲喂，与糖浆制成液体尿素精料投喂或做成尿素颗粒料、尿素精料舔砖等也是有效的利用方式。

2. 其他类

为降低尿素在瘤胃中的水解速度和延缓氨的生成速度，目前比较有效的方法和产品有以下八种。

（1）缩二脲　当尿素被加热到很高的温度时，由2分子尿素可缩合成1分子的缩二脲。缩二脲在瘤胃中水解成氨的速度要比尿素慢，氨随时释放随时被微生物利用，所以提高了氮的利用率。因为尿素具有苦味而缩二脲无味，所以缩二脲的适口性比尿素好。缩二脲在瘤胃里被微生物产生的缩脲酶作用水解成氨，但是，只有当瘤胃中含有一定量的缩二脲和保持一段时间后，瘤胃微生物才能产生这种缩脲酶，因此，有效地利用缩二脲，需要大约一个月的适应期；如果连续几天不在饲粮中添加缩二脲，就需要一个新的适应期。

(2) 脂肪酸尿素　脂肪酸尿素又称脂肪脲，是以脂肪膜包被尿素。目的是提高能量、改善适口性和降低尿素分解速率。含氮量一般大于30%，呈浅黄色颗粒。

(3) 腐脲（硝基腐脲）　是尿素和腐殖酸按4∶1在100～150℃条件下生产的一种黑褐色粉末，含氮24%～27%。

(4) 羧甲基纤维素尿素　按1∶9用羧甲基纤维素钠盐包被尿素，再以20%水拌成糊状，制粒（直径12.5mm），经24℃干燥2h即成。用量可占牛日粮2%～5%。另外也可将尿素添加到苜蓿粉中制粒。

(5) 氨基浓缩物　用20%尿素、75%谷实和5%膨润土混匀，在高温、高湿和高压下制成。

(6) 磷酸脲（尿素磷酸盐）　为70年代国外开发的一种含磷非蛋白氮饲料添加物。含氮10%～30%，含磷8%～19%。毒性低于尿素，对牛、羊增重效果明显。

(7) 铵盐　铵盐包括无机铵盐（如碳酸氢铵、硫酸铵、多磷酸铵、氯化铵）和有机铵盐（如醋酸铵、丙酸铵、乳酸铵、丁酸铵）两类。

① 硫酸铵　呈无色结晶，易溶于水。工业级一般呈白色或微黄色结晶，少数呈微青或暗褐色。含氮20%～21%，蛋白质当量为125%。硫酸铵既可作氮源也可作硫源。生产中多将其与尿素以(2～3)∶1混合饲用。

② 碳酸氢铵　白色结晶，易溶于水。当温度升高或温度变化时可分解成氨、二氧化碳和水。味极咸，有气味，含氨约20%～21%，含氮17%，蛋白质当量106%。

③ 多磷酸铵　属一种高浓度氮磷复合肥料，由氨和磷酸制得。一般含氮22%、含P_2O_5 34.4%，易溶于水。蛋白质当量为137%，可供作反刍动物的氮、磷源。

(8) 液氨和氨水　液氨又称无水氨，一般由气态氨液化而成，含氮82%。氨水系氨的水溶液，含氮15%～17%，具刺鼻气味，可以用来处理秸秆、青贮饲料及糟渣等饲料。

第七节　矿物质饲料

矿物质饲料在饲料分类中属于第六大类，是补充动物矿物质营养的饲料，它包括人工合成的、天然单一的和多种混合的矿物质饲料，以及配合有载体或稀释剂的微量元素、常量元素补充料。矿物质元素在各种动植物饲料中都有一定含量，虽多少有差别，但由于动物采食饲料的多样性，往往可以相互补充而满足动物对矿物质的需要，但在舍饲条件下或高产动物对矿物质的需要量增多，这时就必须在动物的日粮中另行添加所需的矿物质。

一、常用的矿物质饲料

1. 含钙的饲料

通常天然植物性饲料中的含钙量与各种动物的需要量相比均感不足，特别是产蛋家禽、泌乳牛和生长幼畜，因此，动物日粮中应注意钙的补充。常用的含钙矿物质饲料有石灰石粉、白云石粉、贝壳粉、蛋壳粉及石膏等。

(1) 石粉　石粉主要指石灰石粉，为天然的碳酸钙，一般含纯钙35%以上，是补充钙的最廉价、最方便的矿物质原料。石灰石粉的成分与含量见表4-13。

天然的石灰石，只要铅、汞、砷、氟的含量不超过安全系数，都可用于饲料。石粉的用量如下：仔猪1%～1.5%，育肥猪2%，种猪2%～3%，雏鸡2%，蛋鸡和种鸡5%～7%，肉鸡2%～3%。饲喂石粉过量，会降低日粮有机养分的消化率，还对青年鸡的肾脏有害，使

表 4-13 石灰石粉的成分与含量 单位：%

成分	干物质	灰分	钙	氯	铁	锰	镁	磷	钾	钠	硫
含量	99.0	96.8	35.84	0.02	0.349	0.027	2.06	0.01	0.11	0.06	0.04
	100.0	96.9	35.89	0.03	0.350	0.027	2.06	0.01	0.12	0.06	0.04

泌尿系统尿酸盐过多沉积而发生炎症，甚至形成结石。蛋鸡摄入过多石粉，蛋壳上会附着一层薄薄的细粒，影响蛋的合格率，最好与有机态含钙饲料如贝壳粉按 1：1 比例配合使用。

石粉作为钙的来源，其粒度以中等为好，一般猪为 26～36 目，禽为 26～28 目。对蛋鸡来讲，较粗的粒度有助于保持血液中钙的浓度，满足形成蛋壳的需要，从而增加蛋壳强度，减少蛋的破损率，但粗粒影响饲料的混合均匀度。

将石灰石锻烧成氧化钙，加水调制成石灰乳，再经二氧化碳作用生成碳酸钙，称为沉淀碳酸钙。我国国家标准适用于沉淀法制得的饲料级轻质碳酸钙，见表 4-14。

表 4-14 饲料级轻质碳酸钙质量标准

指标名称	指 标	指标名称	指 标
碳酸钙(以干物质计)/%	≥98.0	钡盐(以 Ba 计)/%	≤0.005
碳酸钙(以 Ca 计)/%	≥39.2	重金属(以 Pb 计)/%	≤0.003
盐酸不溶物/%	≤0.2	砷(As)/%	≤0.0002
水分/%	≤1.0		

(2) 贝壳粉 贝壳粉是各种贝类外壳（蚌壳、牡蛎壳、蛤蜊壳、螺蛳壳等）经加工粉碎而成的粉状或粒状产品，主要成分为碳酸钙，含钙量不低于 33%，磷 0.07%，镁 0.30%。品质好的贝壳粉杂质少，含钙高，呈白色粉状或片状，用于蛋鸡或种鸡的饲料中，蛋壳的强度较高，破蛋、软壳蛋减少。

贝壳粉内常掺杂砂石和泥土等杂质，使用时应注意检查。另外若贝肉未除尽，加之贮存不当，堆积日久易出现发霉、腐臭等情况，这会使其饲料价值显著降低，选购及应用时要特别注意。

(3) 蛋壳粉 禽蛋加工厂或孵化厂收集的蛋壳，经干燥、灭菌、粉碎后即得到蛋壳粉。无论蛋品加工后的蛋壳或孵化出雏后的蛋壳，都残留有壳膜和一些蛋白，因此除了含有 34%左右钙外，还含有 7%的蛋白质及 0.09%的磷。蛋壳粉是理想的钙源饲料，利用率高，用于蛋鸡、种鸡饲料中，与贝壳粉同样具有增加蛋壳硬度的效果。应注意蛋壳干燥的温度应超过 82℃，以消除传染病源。

(4) 石膏 石膏为硫酸钙晶体，有天然石膏粉碎后的产品，也有化学工业产品。若是来自磷酸工业的副产品，则因其含有高量的氟、砷、铝等而品质较差，使用时应加以处理。石膏含钙量为 20%～30%，含硫 16%～17%，既可提供钙，又是硫的良好来源，生物利用率高。石膏有预防鸡啄羽、啄肛的作用，一般在饲料中的用量为 1%～2%。

此外，大理石、白云石、白垩石、方解石、熟石灰、石灰水等均可作为补钙饲料。其他还有甜菜制糖的副产品——滤泥也属于碳酸钙产品，滤泥钙源在饲料中尚未很好地开发利用，如果以加工甜菜量的 4%计，全国每年可生产 40 万～50 万吨此类钙源饲料。

钙源饲料很便宜，但用量不能过多，否则会影响钙磷平衡，使钙和磷的消化、吸收和代谢都受到影响。微量元素预混料常常使用石粉或贝壳粉作为稀释剂或载体，使用量占配比较大，配料时应注意把其含钙量计算在内。

2. 含钙、磷的饲料

富含磷的矿物质饲料有磷酸钙类、磷酸钠类、骨粉及磷矿石等。在利用这一类原料时，除了注意不同磷源有着不同的利用率外，还要考虑原料中有害物质如氟、铝、砷等是否超标。

(1) 磷酸钙类　磷酸钙类包括磷酸一钙、磷酸二钙和磷酸三钙等。

① 磷酸一钙　又称磷酸二氢钙或过磷酸钙，纯品为白色结晶粉末，多为一水盐[$Ca(H_2PO_4)_2 \cdot H_2O$]。市售品是以湿式法磷酸液（脱氟精制处理后再使用）或干式法磷酸液作用于磷酸二钙或磷酸三钙所制成的。因此，常含有少量未反应的碳酸钙及游离磷酸，吸湿性强且呈酸性。本品含磷 22%左右，含钙 15%左右，利用率比磷酸二钙或磷酸三钙好，尤其在水产动物饲料中更为显著。

② 磷酸二钙　也叫磷酸氢钙，为白色或灰白色的粉末或粒状产品，又分为无水盐($CaHPO_4$)和二水盐($CaHPO_4 \cdot 2H_2O$)两种，后者的钙、磷利用率较高。磷酸二钙一般是在干式法磷酸液或精制湿式法磷酸液中加入石灰乳或磷酸钙而制成的。市售品中除含有无水磷酸二钙外，还含少量的磷酸一钙及未反应的磷酸钙。含磷 18%以上，含钙 21%以上，饲料级磷酸氢钙应注意脱氟处理，含氟量不得超过标准（表 4-15)。

表 4-15　饲料级磷酸氢钙质量标准

项　目	指　标	项　目	指　标
磷含量(P)/%	≥16.0	重金属含量(以 Pb 计)/%	≤0.002
钙含量(Ca)/%	≥21.0	氟化物含量(以 F 计)/%	≤0.18
砷含量(As)/%	≤0.003	细度通过 W=40μm 试验筛/%	≥95

③ 磷酸三钙　又称磷酸钙，纯品为白色无臭粉末。饲料用常由磷酸废液制造，为灰色或褐色，并有臭味，分为一水盐[$Ca_3(PO_4)_2 \cdot H_2O$]和无水盐[$Ca_3(PO_4)_2$]两种，以后者居多。经脱氟处理后，称作脱氟磷酸钙，为灰白色或茶褐色粉末。含钙 29%以上，含磷 15%～18%以上，含氟 0.12%以下。

(2) 磷酸钠类

① 磷酸一钠　又称磷酸二氢钠，有无水物(NaH_2PO_4)及二水物($NaH_2PO_4 \cdot 2H_2O$)两种，均为白色结晶性粉末，因其有潮解性，宜保存于干燥处。含磷约 25%，含钠约 19%。因其不含钙，在钙要求低的饲料中可充当磷源，在调整高钙、低磷配方时使用不会改变钙的比例。

② 磷酸二钠　也称磷酸氢二钠，呈白色无味的细粒状，一般含磷 18%～22%，含钠 27%～32.5%，应用同磷酸一钠。

(3) 骨粉　骨粉是以家畜骨骼为原料加工而成的，由于加工方法的不同，成分含量及名称各不相同。骨粉含氟量低，且钙多磷少，是补充家畜钙、磷需要的良好来源。

骨粉一般为黄褐乃至灰白色的粉末，有肉骨蒸煮过的味道。骨粉只要杀菌消毒彻底，便可安全使用。但由于成分变化大，来源不稳定，而且常有异臭，在国外饲料工业上的用量逐渐减少。骨粉按加工方法可分为煮骨粉、蒸制骨粉、脱胶骨粉和焙烧骨粉等，其成分含量见表 4-16。

表 4-16　各种骨粉的一般成分　单位：%

类别	干物质	粗蛋白质	粗纤维	粗灰分	粗脂肪	无氮浸出物	钙	磷
煮骨粉	75.0	36.0	3.0	49.0	4.0	8.0	22.0	10.0
蒸制骨粉	93.0	10.0	2.0	78.0	3.0	7.0	32.0	15.0
脱胶骨粉	92.0	6.0	0	92.0	1.0	1.0	32.0	15.0
焙烧骨粉	94.0	0	0	98.0	1.0	1.0	34.0	16.0

① 煮骨粉　将原料骨经开放式锅炉煮沸，直至附着组织脱落，再经粉碎而制成。这种方法制得的骨粉色泽发黄，骨胶溶出少，蛋白质和脂肪含量较高，易吸湿腐败，适口性差，

不易久存。

② 蒸制骨粉　是将原料骨在高压（2个大气压）蒸汽条件下加热，除去大部分蛋白质及脂肪，使骨骼变脆，加以压榨、干燥粉碎而制成。

③ 脱胶骨粉　也称特级蒸制骨粉，制法与蒸制骨粉基本相同。用4×10^4Pa压力蒸制处理或利用抽出骨胶的骨骼经蒸制处理而得到，由于骨髓和脂肪几乎全部除去，故无异臭，色泽洁白，可长期贮存。

④ 焙烧骨粉（骨灰）　是将骨骼堆放在金属容器中经烧制而成，这是利用可疑废弃骨骼的可靠方法，充分烧透既可灭菌又易粉碎。

骨粉是我国配合饲料中常用的磷源饲料，优质骨粉含磷量可以达到12%以上，钙、磷比例为2∶1左右，符合动物机体的需要，同时还富含多种微量元素。但简易方法生产的骨粉，不经脱脂、脱胶和热压灭菌而直接粉碎制成的生骨粉，因含有较多的脂肪和蛋白质，易腐败变质。尤其是品质低劣、有异臭、呈灰泥色的骨粉，常携带大量病菌，用于饲料易引发疾病传播。有的兽骨收购场地，为避免蝇蛆繁殖，喷洒敌敌畏等药剂，而使骨粉带毒，这种骨粉绝对不能用作饲料。

（4）其他磷酸盐

① 磷酸铵　本品为饲料级磷酸或湿式处理的脱氟磷酸中和后的产品，含氮9%以上，含磷23%以上，含氟量不可超过含磷量的1%，含砷量不可超过25mg/kg，铅等重金属应在30mg/kg以下。对于反刍动物，本品可用来补充磷和氮，但氮量换算成粗蛋白质量后，不可超过日粮的2%。对非反刍动物，本品仅能当磷源使用，且要求其所提供的氮换算成粗蛋白质量，不可超过日粮的1.25%。

② 磷酸液　为磷酸的水溶液，一般以H_3PO_4表示，应保证最低含磷量，含氟量不可超过含磷量的1%。本品具有强酸性，使用不方便，可在青贮时喷加，也可以与尿素、糖蜜及微量元素混合制成牛用液体饲料。

③ 磷矿石粉　磷矿石粉碎后的产品，常含有超过允许量的氟，并有其他如砷、铅、汞等杂质。用作饲料时，必须脱氟处理使其合乎允许量标准。

此外，磷酸盐类还有磷酸氢二铵、磷酸氢二钾及磷酸二氢钾等，但一般在饲料中应用较少。以上几种含磷饲料的成分见表4-17。

表4-17　几种含磷饲料的成分

含磷矿物质饲料	磷/%	钙/%	钠/%	氟/(mg/kg)
磷酸二氢钠(NaH_2PO_4)	25.8		19.15	
磷酸氢二钠(Na_2HPO_4)	21.81		32.38	
磷酸氢钙($CaHPO_4\cdot2H_2O$)	18.97	24.32		816.67
磷酸氢钙($CaHPO_4$)(化学纯)	22.79	29.46		
过磷酸钙[$Ca(H_2PO_4)_2\cdot H_2O$]	26.45	17.12		
磷酸钙[$Ca_3(PO_4)_2$]	20.00	38.70		
脱氟磷灰石	14	28		

3. 含钠、氯的饲料

（1）氯化钠　通常使用的是食盐，精制食盐含氯化钠99%以上，粗盐含氯化钠为95%。纯净的食盐含氯60%，含钠39%，此外尚有少量的钙、镁、硫等杂质。食用盐为白色细粒，工业用盐为粗粒结晶。相对湿度达75%以上时食盐开始潮解。

一般食盐在风干日粮中的用量为：牛、羊、马等草食家畜约占1%；猪和家禽一般以0.3%～0.5%为宜。在缺碘地区，为了人类的健康现已供给碘化食盐，在这些地区的家畜同样也缺碘，故给饲食盐时也应采用碘化食盐。如无出售，可以自配，在食盐中混入碘化钾，用量要使其中碘的含量达到0.007%为宜。配合时，要注意使碘分布均匀，如配合不均，可引起碘中毒，再者碘易挥发，应注意密封保存。

补饲食盐时，除了直接拌在饲料中外，也可以以食盐为载体，制成微量元素预混料的食盐砖，供放牧家畜舔食。在缺硒、铜、锌等地区，也可分别制成含亚硒酸钠、硫酸铜、硫酸锌或氧化锌的食盐砖、食盐块使用。

(2) 碳酸氢钠　俗称小苏打。由于食盐中氯化钠多，畜禽对钠的需要量一般比氯高，因此碳酸氢钠除用于补充钠的不足外，还是一种缓冲剂，可缓解动物的热应激，改善蛋壳的强度，保证瘤胃的正常 pH 值。在畜禽的日粮中使用量为0.2%～0.4%。

(3) 无水硫酸钠　俗称元明粉或芒硝，具有轻泻的性质，除补充钠离子外，对鸡的互啄还有预防作用。

4. 含镁饲料

饲料中含镁丰富，一般都在0.1%以上，因此不必另外添加。但早春牧草中镁的利用率很低，有时会使放牧家畜因缺镁而出现“青草痉挛”，故对放牧的牛羊以及用玉米作为主要饲料并补加非蛋白氮饲喂的牛，常需要补加镁。饲料工业中使用的氧化镁，一般为菱镁矿在800～1000℃煅烧的产物。此外还可选用硫酸镁、碳酸镁和磷酸镁等。

5. 含硫饲料

动物所需的硫一般认为是有机硫，如蛋白质中的含硫氨基酸等，因此蛋白质饲料是动物的主要硫源。但近年来认为无机硫对动物也具有一定的营养意义。

硫的来源有蛋氨酸、胱氨酸、硫酸钠、硫酸钾、硫酸钙、硫酸镁等。就反刍动物而言，蛋氨酸的硫利用率为100%，硫酸钠中硫的利用率为54%，硫的补充量不宜超过日粮干物质的0.05%。对幼雏而言，硫酸钠、硫酸钾、硫酸镁均可充分利用，而硫酸钙利用率较差。硫酸盐不能作为猪、成年家禽硫的来源，需以有机态硫如含硫氨基酸等补给。

二、其他天然矿石及稀释剂与载体

1. 沸石

沸石是一种天然矿石，已知的天然沸石有40余种，其中最有使用价值的是斜发沸石和丝光沸石。沸石属铝硅酸盐类，含有25种矿物元素，其物理结构独特，大都呈格架结构，晶体内部具有许多孔径均匀一致的孔道和内表面积很大的孔穴（500～1000m^2/g），孔道和孔穴两者的体积占沸石总体积的50%以上，它具有较强的吸附作用。沸石经常用作添加剂的载体和稀释剂，日粮中使用沸石还可以降低畜禽舍的臭味，减少消化道的疾病。沸石用作饲料时，粒度一般为0.216～1.21mm。

另外，在沸石晶体孔道和孔穴中含有金属阳离子和水分子，且与格架结构结合的比较弱，故可被其他极性分子所置换，析出营养元素供机体利用。在消化道，天然沸石除可选择性地吸附 NH_3、CO_2 等物质外，还能吸附某些细菌毒素，对机体有良好的保健作用。

在畜牧生产中沸石常用作某些微量元素添加剂的载体和稀释剂，还用作畜禽无毒无污染的净化剂和改良池塘水质，还是良好的饲料防结块剂。

2. 麦饭石

麦饭石因其外观似麦饭团而得名，是一种经过蚀变、风化或半风化，具有斑状或似斑状结构的中酸性岩浆岩矿物质。麦饭石的主要化学成分是二氧化硅和三氧化二铝，二者约占麦饭石的80%。麦饭石在我国中医上曾被作为一种“药石”，它有多孔性，具有很强的吸附性，能吸附像氨气、硫化氢等有害、有臭味的气体和大肠杆菌、痢疾杆菌等肠道病原微生物。

不同地区的麦饭石其矿物质元素含量差异不大，均含有 K、Na、Ca、Mg、Cu、Zn、Fe、Se 等对动物有益的常量、微量元素，且这些元素的溶出性好，有利于体内物质代谢。

在畜牧生产中，麦饭石一般用作饲料添加剂，以降低饲料成本；也用作微量元素及其他添加剂的载体和稀释剂；麦饭石可降低饲料中棉籽饼毒性。在水产养殖上，麦饭石可用来改良鱼塘水质，使水的化学耗氧量和生物耗氧量下降，溶解氧提高，提高鱼虾的成活率和生长速度。

3. 膨润土

膨润土是以蒙脱石为主要组分的黏土，是蒙脱石类黏土岩组成的一种含水的层状结构铝硅酸盐矿物。具有阳离子交换、膨胀和吸附性，能吸附大量的水和有机质。膨润土含硅约30%，还含磷、钾、锰、钴、钼、镍等动物所需要的元素。膨润土可用作微量元素的载体和稀释剂，也可用作颗粒饲料的黏合剂。

膨润土含有动物生长发育所必需的多种常量和微量元素，并且这些元素是以可交换的离子和可溶性盐的形式存在，易被畜禽吸收利用，可提高动物的抗病能力。

4. 海泡石

属特种稀有非金属矿石，呈灰白色，有滑感，具有特殊的层链状晶体结构，对热稳定，有很好的吸附和流变性能。可吸附氨，消除畜禽舍的臭味。常用作微量元素的载体、稀释剂及颗粒饲料的黏合剂。海泡石可吸附自身重200%～250%的水分。海泡石的阳离子交换能力较低，而且有较高的化学稳定性，在用作预混合料载体时不会与被载的活性物质发生反应，故它是较佳的预混合料载体。在颗粒饲料加工中，添加2%～4%的海泡石可以增加各种成分间的黏合力，促进其凝聚成团。当加压时海泡石显示出较强的吸附性能和胶凝作用，有助于提高颗粒的硬度及耐久性。特别是饲料中的脂类物质含量较高时，用海泡石作黏合剂最合适。

5. 凹凸棒石

凹凸棒石是一种镁铝硅酸盐，呈三维立体全链结构及特殊的纤维状晶体结构，具有离子交换、胶体、吸附、催化等化学特性。凹凸棒石的主要成分除二氧化硅（60%左右）外，尚含多种畜禽必需的微量元素，这些元素的含量分别是（mg/kg）：铜21，铁1310，锌21，锰1382，钴11，钼0.9，硒2，氟361，铬13。

凹凸棒石用作微量元素载体、稀释剂和畜禽舍净化剂等。在畜禽饲料中应用凹凸棒石，可提高畜禽抗病力。

6. 泥炭

泥炭又称草炭或草煤，它是沼泽中特有的有机矿床资源。泥炭是植物残体在腐水和缺氧环境下腐解堆积保存而形成的天然有机沉积物，它含有极为丰富的有机质（94%～98%），其中木质素30%～40%，多糖类30%～33%，粗蛋白质4%～5%，腐殖酸10%～40%。我国泥炭资源储量丰富，主要分布在我国西部，占全国资源总量的79%。泥炭一般不直接用作饲料，需先进行分离与转化，才成为牲畜可食的饲料。对泥炭加工处理后，用泥炭腐殖酸作饲料添加剂，或利用泥炭中的水解物质作培养基制取饲料酵母和生产泥炭发酵饲料、泥炭糖化饲料等。

7. 稀土元素

稀土元素是15种镧系元素和与其化学性质相似的钪、钇17种元素的总称。化学组成一般为铈48%，镧25%，钕16%，钐2%，镨5%，此外钜、铕、钆、铽、镝、钬、铒、铥、镱、镥、钪、钇约占4%。

目前，使用的稀土饲料添加剂有无机稀土和有机稀土两种类型。无机稀土主要有碳酸稀土、氯化稀土和硝酸稀土，目前常用的是硝酸稀土。有机稀土主要有氨基酸稀土螯合剂、有机酸稀土（如柠檬酸稀土添加剂）和维生素C稀土。此外，根据添加剂中所含稀土元素的种类还可以分为单一稀土饲料添加剂和复合稀土添加剂。但迄今还没有试验证明，稀土化合物在动物体内究竟起什么作用。

第八节　饲料添加剂

饲料添加剂是指在饲料加工、制作、使用过程中添加的少量或微量物质。在饲料中用量很少，但作用显著，添加过量时一般会出现不良效应甚至中毒，在使用时应予以注意。饲料添加剂的种类很多，一般分为两大类：一类是给畜禽提供营养成分的物质，称为营养性添加剂，包括氨基酸、微量矿物元素、维生素等；另一类是促进动物生长、保健及保护饲料营养成分的物质，称为非营养性添加剂或一般添加剂，主要有抗生素、酶制剂、抗氧化剂等。

一、饲料添加剂概述

1. 允许使用的饲料添加剂品种

饲料添加剂的作用主要是完善饲料的营养、提高饲料的利用效率、促进畜禽生长、预防疾病、减少饲料在贮存过程中的损失，改进畜禽、鱼等产品的品质等，可产生巨大的社会效益和经济效益。因而，世界各国都在研制、开发及应用此类物质。我国饲料添加剂的研究是在20世纪80年代初才开始提上日程，随着饲料工业的蓬勃发展，取得了很大的进展，但同发达国家相比较仍属薄弱环节。农业部2008年规定的《饲料添加剂品种目录》（第1126号公告）见表4-18。

2. 饲料添加剂的基本条件

(1) 长期使用不应对畜禽产生急、慢性的毒害作用和不良影响。

(2) 必须具有确实的生产效果和经济效益。

(3) 在饲料和畜禽体内具有较好的稳定性。

(4) 不影响饲料的适口性。

(5) 在畜禽产品中的残留量不超过标准，不影响畜禽产品的质量和人体健康。

(6) 所用化工原料，其中所含有毒金属量不得超过允许限度。

(7) 不影响种畜生殖生理及胎儿。

(8) 不得超过有效期或失效。

(9) 不污染环境，有利于畜牧业可持续发展。

3. 饲料添加剂的分类

目前在国内已批准使用的饲料添加剂，从品种上和数量上与发达国家的差距都较大。随着饲料工业的发展和养殖业的需求，饲料添加剂的开发研制工作得到了重视而逐渐成为饲料工业和养殖业研究的热点，一些绿色饲料添加剂如酶制剂、益生素、中草药添加剂及营养调控剂也相继问世。我国传统将饲料添加剂分为营养性饲料添加剂和非营养性饲料添加剂两大类，见图4-1。

本书中饲料添加剂分类方法主要依照《饲料和饲料添加剂管理条例》的规定来讲述。

二、营养性饲料添加剂

按《饲料和饲料添加剂管理条例》的规定，营养性饲料添加剂是指用于补充饲料营养成分的少量或者微量物质，包括饲料级氨基酸、维生素、矿物元素和非蛋白氮等。

1. 氨基酸类添加剂

天然饲料中氨基酸的平衡性很差，因此需要添加氨基酸来平衡或补充某种特定生产目的之所需。主要产品有赖氨酸、蛋氨酸、色氨酸、苏氨酸饲料添加剂等。饲料中添加人工合成的氨基酸可以达到四个目的：①节约饲料蛋白质；②改善畜禽产品的品质；③改善和提高动物消化机能，防止消化系统疾病；④减轻动物的应激症。

表 4-18 饲料添加剂品种目录（2008）

类别	通 用 名 称	适用范围
氨基酸	L-赖氨酸、L-赖氨酸盐酸盐、L-赖氨酸硫酸盐及其发酵副产物(产自谷氨酸棒杆菌,L-赖氨酸含量不低于 51%)、DL-蛋氨酸、L-苏氨酸、L-色氨酸、L-精氨酸、甘氨酸、L-酪氨酸、L-丙氨酸、天(门)冬氨酸、L-亮氨酸、异亮氨酸、L-脯氨酸、苯丙氨酸、丝氨酸、L-半胱氨酸、L-组氨酸、缬氨酸、胱氨酸、牛磺酸	养殖动物
	蛋氨酸羟基类似物、蛋氨酸羟基类似物钙盐	猪、鸡和牛
	N-羟甲基蛋氨酸钙	反刍动物
维生素	维生素 A、维生素 A 乙酸酯、维生素 A 棕榈酸酯、β-胡萝卜素、盐酸硫胺(维生素 B_1)、硝酸硫胺(维生素 B_1)、核黄素(维生素 B_2)、盐酸吡哆醇(维生素 B_6)、氰钴胺(维生素 B_{12})、L-抗坏血酸(维生素 C)、L-抗坏血酸钙、L-抗坏血酸钠、L-抗坏血酸-2-磷酸酯、L-抗坏血酸-6-棕榈酸酯、维生素 D_2、维生素 D_3、α-生育酚(维生素 E)、α-生育酚乙酸酯、亚硫酸氢钠甲萘醌(维生素 K_3)、二甲基嘧啶醇亚硫酸甲萘醌、亚硫酸氢烟酰胺甲萘醌、烟酸、烟酰胺、D-泛醇、D-泛酸钙、DL-泛酸钙、叶酸、D-生物素、氯化胆碱、肌醇、L-肉碱、L-肉碱盐酸盐	养殖动物
矿物元素及其络(螯)合物①	氯化钠、硫酸钠、磷酸二氢钠、磷酸氢二钠、磷酸二氢钾、磷酸氢二钾、轻质碳酸钙、氯化钙、磷酸氢钙、磷酸二氢钙、磷酸三钙、乳酸钙、硫酸镁、氧化镁、氯化镁、柠檬酸亚铁、富马酸亚铁、乳酸亚铁、硫酸亚铁、氯化亚铁、氯化铁、碳酸亚铁、氯化铜、硫酸铜、氧化锌、氯化锌、碳酸锌、硫酸锌、乙酸锌、氯化锰、氧化锰、硫酸锰、碳酸锰、磷酸氢锰、碘化钾、碘化钠、碘酸钾、碘酸钙、氯化钴、乙酸钴、硫酸钴、亚硒酸钠、钼酸钠、蛋氨酸铜络(螯)合物、蛋氨酸铁络(螯)合物、蛋氨酸锰络(螯)合物、蛋氨酸锌络(螯)合物、赖氨酸铜络(螯)合物、赖氨酸锌络(螯)合物、甘氨酸铜络(螯)合物、甘氨酸铁络(螯)合物、酵母铜*、酵母铁*、酵母锰*、酵母硒*、蛋白铜*、蛋白铁*、蛋白锌*	养殖动物
	烟酸铬、酵母铬*、蛋氨酸铬*、吡啶甲酸铬	生长肥育猪
	丙酸铬*	猪
	丙酸锌*	猪、牛和家禽
	硫酸钾、三氧化二铁、碳酸钴、氧化铜	反刍动物
	稀土(铈和镧)壳糖胺螯合盐	畜禽、鱼和虾
酶制剂②	淀粉酶(产自黑曲霉、解淀粉芽孢杆菌、地衣芽孢杆菌、枯草芽孢杆菌、长柄木霉*、米曲霉*)	青贮玉米、蛋白粉、豆粕、小麦、次粉、大麦、高粱、燕麦、豌豆、木薯、小米、大米
	支链淀粉酶(产自酸解支链淀粉芽孢杆菌)	
	α-半乳糖苷酶(产自黑曲霉)	豆粕
	纤维素酶(产自长柄木霉)	玉米、大麦、小麦、麦麸、黑麦、高粱
	β-葡聚糖酶(产自黑曲霉、枯草芽孢杆菌、长柄木霉、绳状青霉*)	小麦、大麦、菜籽粕、小麦副产物、去壳燕麦、黑麦、黑小麦、高粱
	葡萄糖氧化酶(产自特异青霉)	葡萄糖
	脂肪酶(产自黑曲霉)	动物或植物源性油脂或脂肪
	麦芽糖酶(产自枯草芽孢杆菌)	麦芽糖
	甘露聚糖酶(产自迟缓芽孢杆菌)	玉米、豆粕、椰子粕
	果胶酶(产自黑曲霉)	玉米、小麦
	植酸酶(产自黑曲霉、米曲霉)	玉米、豆粕、葵花籽粕、玉米糁渣、木薯、植物副产物
	蛋白酶(产自黑曲霉、米曲霉、枯草芽孢杆菌、长柄木霉*)	植物和动物蛋白
	木聚糖酶(产自米曲霉、孤独腐质霉、长柄木霉、枯草芽孢杆菌、绳状青霉*)	玉米、大麦、黑麦、小麦、高粱、黑小麦、燕麦

续表

类别	通用名称	适用范围
微生物	地衣芽孢杆菌*、枯草芽孢杆菌、两歧双歧杆菌*、粪肠球菌、屎肠球菌、乳酸肠球菌、嗜酸乳杆菌、干酪乳杆菌、乳酸乳杆菌*、植物乳杆菌、乳酸片球菌、戊糖片球菌*、产朊假丝酵母、酿酒酵母、沼泽红假单胞菌	养殖动物
	保加利亚乳杆菌	猪、鸡和青贮饲料
非蛋白氮	尿素、碳酸氢铵、硫酸铵、液氨、磷酸二氢铵、磷酸氢二铵、缩二脲、异丁叉二脲、磷酸脲	反刍动物
抗氧化剂	乙氧基喹啉、丁基羟基茴香醚(BHA)、二丁基羟基甲苯(BHT)、没食子酸丙酯	养殖动物
防腐剂、防霉剂和酸度调节剂	甲酸、甲酸铵、甲酸钙、乙酸、双乙酸钠、丙酸、丙酸铵、丙酸钠、丙酸钙、丁酸、丁酸钠、乳酸、苯甲酸、苯甲酸钠、山梨酸、山梨酸钠、山梨酸钾、富马酸、柠檬酸、柠檬酸钾、柠檬酸钠、柠檬酸钙、酒石酸、苹果酸、磷酸、氢氧化钠、碳酸氢钠、氯化钾、碳酸钠	养殖动物
着色剂	β-胡萝卜素、辣椒红、β-阿朴-8′-胡萝卜素醛、β-阿朴-8′-胡萝卜素酸乙酯、β,β-胡萝卜素-4,4-二酮(斑蝥黄)、叶黄素、天然叶黄素(源自万寿菊)	家禽
	虾青素	水产动物
调味剂和香料	糖精钠、谷氨酸钠、5′-肌苷酸二钠、5′-鸟苷酸二钠、食品用香料③	养殖动物
黏结剂、抗结块剂和稳定剂	α-淀粉、三氧化二铝、可食脂肪酸钙盐、可食用脂肪酸单/双甘油酯、硅酸钙、硅铝酸钠、硫酸钙、硬脂酸钙、甘油脂肪酸酯、聚丙烯酸树脂Ⅱ、山梨醇酐单硬脂酸酯、聚氧乙烯20山梨醇酐单油酸酯、丙二醇、二氧化硅、卵磷脂、海藻酸钠、海藻酸钾、海藻酸铵、琼脂、瓜尔胶、阿拉伯树胶、黄原胶、甘露糖醇、木质素磺酸盐、羧甲基纤维素钠、聚丙烯酸钠*、山梨醇酐脂肪酸酯、蔗糖脂肪酸酯、焦磷酸二钠、单硬脂酸甘油酯	养殖动物
	丙三醇	猪、鸡和鱼
	硬脂酸*	猪、牛和家禽
多糖和寡糖	低聚木糖(木寡糖)	蛋鸡和水产养殖动物
	低聚壳聚糖	猪、鸡和水产养殖动物
	半乳甘露寡糖	猪、肉鸡、兔和水产养殖动物
	果寡糖、甘露寡糖	养殖动物
其他	甜菜碱、甜菜碱盐酸盐、大蒜素、山梨糖醇、大豆磷脂、天然类固醇萨洒皂角苷(源自丝兰)、二十二碳六烯酸(DHA)、啤酒酵母培养物*、啤酒酵母提取物*、啤酒酵母细胞壁*	养殖动物
	糖萜素(源自山茶籽饼)、牛至香酚*	猪和家禽
	乙酰氧肟酸	反刍动物
	半胱胺盐酸盐(仅限于包被颗粒,包被主体材料为环状糊精,半胱胺盐酸盐含量27%)	畜禽
	α-环丙氨酸	鸡

为已获得进口登记证的饲料添加剂，进口或在中国境内生产带“”的饲料添加剂时，农业部需要对其安全性、有效性和稳定性进行技术评审。

① 所列物质包括无水和结晶水形态。

② 酶制剂的适用范围为典型底物，仅作为推荐，并不包括所有可用底物。

③ 食品用香料见《食品添加剂使用卫生标准》(GB 2760—2007) 中食品用香料名单。

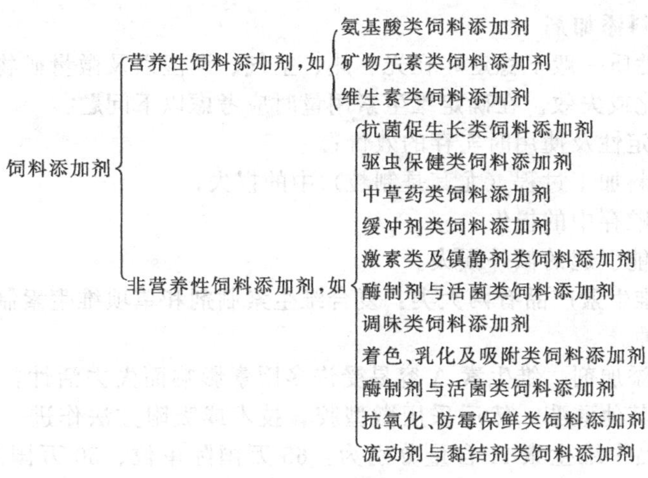

图 4-1　我国传统的饲料添加剂分类方法

(1) 赖氨酸饲料添加剂　动物只能利用 L 型赖氨酸，不能利用 D 型赖氨酸。生产中常用的商品为 98.5% 的 L-赖氨酸盐酸盐，其生物活性只有 L-赖氨酸的 78.8%。在猪、鸡的配合日粮中常添加赖氨酸添加剂。

(2) 蛋氨酸类饲料添加剂　在饲料工业中广泛使用的蛋氨酸添加剂有两类，一类是 DL-蛋氨酸；另一类是 DL-蛋氨酸羟基类似物（液体）及其钙盐（固体）。目前国内使用最广泛的是粉状 DL-蛋氨酸，纯度为 99%。蛋氨酸添加剂添加在各种畜禽，尤其是禽的配合日粮中。蛋氨酸及其同类产品在饲料中的添加量，一般按配方计算后，补差定量供给。

(3) 色氨酸饲料添加剂　L-色氨酸的活性为 100%，而 DL-色氨酸的活性只有 L-色氨酸的 50%～80%。动物体内色氨酸可转化为烟酸，其需要量与饲料中烟酸水平有关。添加色氨酸除用于平衡氨基酸外，还具有抗应激的作用。

(4) 苏氨酸饲料添加剂　苏氨酸作为饲料用氨基酸，广泛添加用于仔猪饲料、种猪饲料、肉鸡饲料、对虾饲料和鳗鱼饲料等。L-苏氨酸为白色结晶性粉末。无臭，味微甜。易溶于水，25℃时溶解度为 20.5g/100mL，不溶于乙醇、乙醚和氯仿。

(5) 甘氨酸与谷氨酸饲料添加剂　甘氨酸具有甜味，谷氨酸及其钠盐（味精）具有鲜味，因此这两类常作调味剂使用，另外甘氨酸还是雏鸡的必需氨基酸。

在生产中，氨基酸添加剂的添加量较大，且以平衡饲粮中氨基酸为根本目的，所以通常将氨基酸直接添加于全价饲粮之中，用量在 1% 及其以下的高浓度预混料中一般不含氨基酸。

2. 矿物元素类饲料添加剂

矿物元素类饲料添加剂的原料基本上使用饲料级微量元素盐，不采用化工级或试剂级产品。常用微量矿物元素添加剂见表 4-19。

表 4-19　微量矿物元素添加剂的种类

矿物元素	矿物元素类饲料添加剂	含量/%
铁	七水硫酸亚铁	20.1
铜	五水硫酸铜	25.5
锰	五水硫酸锰	22.8
锌	七水硫酸锌	22.75
硒	亚硒酸钠	45.6
碘	碘化钾	76.45
钴	七水硫酸钴	21

3. 维生素类饲料添加剂

维生素的化学性质一般不稳定，在光、热、空气、潮湿以及微量矿物元素和酸败脂肪存在的条件下容易氧化或失效。在确定维生素用量时应考虑以下问题：

① 维生素的稳定性及使用时实存的效价；

② 在预混合饲料加工过程（尤其是制粒）中的损失；

③ 成品饲料在贮存中的损失；

④ 炎热环境可能引起的额外损失。

市场上销售的维生素产品有两大类：复合维生素制剂和单项维生素制剂。主要的单项维生素制剂有以下几种。

(1) 维生素A添加剂　维生素A容易受许多因素影响而失去活性，所以其商品形式为维生素A醋酸酯或其他酸酯，然后采用微型胶囊技术或吸附方法作进一步处理。常见的商品为粉剂，每克产品中维生素A含量分别为：65万国际单位、50万国际单位、25万国际单位。

(2) 维生素 D_3 添加剂　常见的商品为粉剂，每克产品中维生素 D_3 的含量为50万国际单位或20万国际单位。商品添加剂中，也有把维生素A和维生素 D_3 混在一起的添加剂，该产品中每克含50万国际单位的维生素A和10万国际单位的维生素 D_3。

(3) 维生素E添加剂　商品维生素E添加剂一般是以 α-生育酚醋酸酯原料制成，含量一般为50%。

(4) 维生素 K_3 添加剂　商品维生素 K_3 添加剂主要有三种：一是活性成分占50%的亚硫酸氢钠甲萘醌（MSB），二是活性成分占25%的亚硫酸氢钠甲萘醌复合物（MSBC），三是活性成分占22.5%的亚硫酸嘧啶甲萘醌（MPB）。

(5) 维生素 B_1 添加剂　维生素 B_1 添加剂商品形式有盐酸硫胺素和硝酸硫胺素两种，活性成分一般为96%，也有经过稀释，活性成分只有5%的维生素 B_1，使用时应注意。

(6) 维生素 B_2 添加剂　维生素 B_2 添加剂通常是含96%或98%的核黄素（维生素 B_2），因具有静电作用和附着性，故需进行抗静电处理，以保证混合均匀度。

(7) 维生素 B_6 添加剂　维生素 B_6 添加剂的商品形式为盐酸吡多醇制剂，活性成分为98%，也有稀释为其他浓度的。

(8) 维生素 B_{12} 添加剂　维生素 B_{12} 添加剂的商品形式常稀释为0.1%、1%和2%等不同活性浓度的制品。

(9) 泛酸添加剂　泛酸添加剂的形式有两种：一是D-泛酸钙，二为DL-泛酸钙，只有D-泛酸钙才具有活性。商品添加剂中，活性成分一般为98%，也有稀释后只含有66%或50%的制剂。

(10) 烟酸添加剂　烟酸添加剂的形式有两种：一是烟酸（尼克酸），二为烟酰胺，两者的营养效用相同，但在动物体内被吸收的形式为烟酰胺。商品添加剂的活性成分含量为98%～99.5%。

(11) 胆碱添加剂　胆碱添加剂的商品形式是氯化胆碱，氯化胆碱添加剂有两种形式：液态氯化胆碱（含活性成分70%）和固态粉粒型氯化胆碱（含活性成分50%）。

(12) 维生素C添加剂　常用的维生素C添加剂有：抗坏血酸钠、抗坏血酸钙以及被包被的抗坏血酸等。在生产中为使用方便，预先按各类动物对维生素的需要，拟制出实用型配方，按配方将各种维生素与抗氧化剂和疏松剂加到一起，再加入载体和稀释剂，经充分混合均匀，即成为多种（复合）维生素预混料，使用十分方便。此类产品一般用铝箔塑料覆膜袋封装，大包装还要外罩纸板筒或塑料筒。为了满足不同种类、不同年龄及不同生产力水平的畜禽对维生素的营养需要，复合维生素预混料生产厂家有针对性的生产出系列化的复合维生素产品，用户可根据自己的生产需要选用。

三、非营养性饲料添加剂

按照《饲料和饲料添加剂管理条例》中的解释，非营养性饲料添加剂是指为保证或者改善饲料品质、提高饲料利用率而掺入饲料中的少量或者微量物质。

1. 药物饲料添加剂

指为预防、治疗动物疾病而掺入载体或者稀释剂的兽药的预混物，包括抗球虫药物、驱虫剂类、抗菌促生长剂等。

(1) 抗生素类饲料添加剂　添加在饲料中能抑制有害微生物的繁殖，促进营养物质的吸收，使动物保持健康、提高动物的生产性能。在卫生条件差和日粮营养不完善的情况下，抗生素的作用更加明显。

由于抗生素在动物体内和动物产品中残留，使人类疾病的治疗产生了危机，因此在使用抗生素添加剂时要注意以下问题：

① 尽量选用动物专用的、吸收和残留少的、安全范围大的、无毒副作用的、不产生抗药性的品种，尽量不用广谱抗生素；

② 严格控制使用对象和使用剂量，保证使用效果；

③ 对抗生素的使用期限作出严格的规定，避免长期使用同一抗生素。

抗生素添加剂的种类很多，常用的抗生素有：土霉素、金霉素、泰乐霉素、红霉素、杆菌肽、黏杆菌肽、维吉尼亚霉素、莫能霉素、盐霉素、拉沙里霉素、林肯霉素等。从抗生素的发展趋势看，今后将向专用饲料添加剂比如多肽类、聚醚类和磷酸化多糖类的方向发展。

(2) 人工合成的抑菌药物　人工合成的抑菌药物主要有：磺胺二甲基嘧啶（SM）、磺胺咪（SG）、磺胺嘧啶（SD）、磺胺喹噁啉（SQ）、呋喃唑酮、喹乙醇等，其作用类似抗生素。但同样存在药物残留和耐药性问题。

(3) 驱虫保健类饲料添加剂　驱虫剂的种类很多，一般毒性较大，只能短期使用，不宜在饲料中作为添加剂长期使用。否则，这些药物残留在畜产品中，会危害人类的健康。主要有以下两种。

① 抗蠕虫剂　主要有吩噻类、咪唑类、有机磷化合物（敌敌畏、敌百虫）及抗生素类（越霉素 A、潮霉素 B）等，用以防治畜禽遭受寄生虫感染与侵袭，达到促进动物生长、提高饲料效率的目的。我国批准使用的这类添加剂只有越霉素 A。

② 抗球虫剂　在球虫病易发生阶段，应连续或经常投药，但多数药物长期使用易引起球虫产生抗药性，降低药效，所以应穿梭或轮流用药，以改善药物的使用效果。常用的药物有：氨丙啉、马杜拉霉素、地克珠利等。

(4) 中草药类饲料添加剂　中药是天然的动植物或矿物质，本身含有丰富的维生素、矿物质、蛋白质及未知活性因子，在饲料中可以补充营养，另外还具有促生长、增强动物体质、提高抗病力的作用。中草药饲料添加剂来源广泛、种类很多，不产生药物残留和抗药性，应用前景广阔。可用作饲料添加剂的中草药主要有以下几种。

① 理气健脾助消化　由麦芽、贯众、何首乌等配制。

② 补气壮阳、增强体质　如用刺五加浸剂饲喂母鸡，可提高产蛋量和蛋重；用山药、当归、淫羊藿添加在蛋鸡饲料中，可提高产蛋率。

③ 扶正驱邪、驱虫消积、防制病毒　使用老鹳草全草、使君子、南瓜子等配制成复合制剂。

(5) 其他促生长剂　主要有铜制剂和砷制剂等。日粮中加入过量的铜时具有与抗生素相似的作用，高铜用于生长猪饲料中效果较好，其日粮用量为 150～250mg/kg。常用的砷制剂有阿散酸和洛克沙胂，砷制剂可促进动物生长，提高饲料转化率，能抑制球虫，改善动物的皮毛生长，其日粮中用量为20～90mg/kg。高铜和砷制剂都有毒，在使用和贮存过程中都必须严格管理，高铜和砷制剂的使用也都存在环境污染的问题。

2. 微生态制剂

又称生菌剂、益生素、竞生素，是将动物肠道细菌进行分离和培养所制成的活菌制剂。常用的有乳酸杆菌制剂、枯草杆菌制剂、双歧杆菌制剂、链球菌属、酵母菌等。使用有效的微生态制剂可在动物消化道内定植并大量繁殖，排除或抑制有害菌，促使乳酸菌等有益菌的繁殖，保持肠道内正常微生物区系的平衡。

微生态制剂不会使动物产生耐药性，不会产生残留，也不会产生交叉污染，因此，是一种可望替代抗生素的绿色添加剂。

3. 着色剂

着色剂常用于家禽、水产动物和观赏动物日粮中，可改善蛋黄、肉鸡屠体和观赏动物的色泽。用作饲料添加剂的着色剂有两种：一种是天然色素，主要是植物中的类胡萝卜素和叶黄素类；另一种是人工合成的色素，如胡萝卜素醇。当日粮中添加着色剂时，要调整维生素A的用量。另外，有机铬（如烟酸铬、吡啶甲酸铬、氨基酸螯合铬等）也能提高动物胴体品质和瘦肉率。

4. 酶制剂

酶是生物体内代谢的催化剂，种类很多，主要有蛋白酶类、淀粉酶类、纤维素分解酶类、脂肪酶类、糖分解酶类等单一酶制剂和复合酶制剂。酶制剂的主要作用是补充内源酶不足，促进饲料的消化和吸收。主要用于消化机能尚未发育健全的幼畜，比如早期断奶的仔猪、雏鸡、肉鸡和犊牛。添加酶制剂可降低饲料中抗营养因子，消除其不利影响，提高饲料利用率和动物健康水平。酶制剂目前多从发酵培养物中提取，制成饲料添加剂，也有连同培养物直接制成添加剂的，还有的是将酵母菌的菌体和培养基混合而成。目前生产中复合酶和植酸酶应用较多，后者是催化植酸（肌醇六磷酸）及植酸盐水解为肌醇与磷酸（或磷酸盐）的一类酶的总称。植酸酶能提高饲料中总磷被单胃动物及家禽的利用率，还能提高动物对钙、锌、铜、铁、镁等矿物质及蛋白质和淀粉的消化率，因而具有一定的经济效益。植酸酶还能降低动物排泄物中磷对环境的污染，具有环保意义。

5. 饲料加工保存添加剂

为了保证饲料的质量，防止饲料品质的下降或提高饲料调制的效果，有必要在饲料中添加各种饲料保存剂，如抗氧化剂、防霉防腐剂、青贮饲料添加剂和粗饲料调制剂等。

(1) 抗氧化剂　在配合饲料或某些原料中添加抗氧化剂可防止饲料中的脂肪和某些维生素被氧化变质，从而达到阻止或延迟饲料氧化、提高饲料稳定性和延长贮存期的目的。常用的抗氧化剂有乙氧基喹啉（山道喹）、丁基化羟基甲苯（BHT），添加量0.01%～0.05%。

(2) 防腐剂　在饲料保存过程中可防止发霉变质，还可防止青贮饲料霉变。常用的防腐剂成分为丙酸及其钠（钙）盐和苯甲酸钠。

(3) 青贮饲料添加剂　使用青贮饲料添加剂的主要目的，是为了保证乳酸菌在发酵中占有优势，防止青贮饲料的霉烂，以提高青贮饲料的营养价值。青贮饲料添加剂可分为三类。

① 青贮抑制剂　主要目的是抑制饲料中有害微生物的活动，防止饲料腐败和霉变，减少其中营养成分的消耗和流失，如防腐剂（甲醛、亚硫酸与焦亚硫酸钠等）、有机酸（甲酸、乙酸等）和无机酸（硫酸、盐酸与磷酸等）。

② 发酵促进剂　其作用是促进乳酸发酵，通过乳酸菌的活动及其发酵产物抑制有害菌的活动，从而达到保鲜贮存的目的，如接种菌体、添加糖蜜与酶制剂等。

③ 营养改进剂　其作用是提高饲料的营养价值或改善饲料的风味，如微量元素、尿素、

氨水、食盐、磷酸铵等。

6. 粗饲料调节剂

粗饲料（如秸秆）中富含粗纤维和无氮浸出物，这两类物质占秸秆总量的60%～70%，碱化或氨化处理可将木质素和纤维素分离，从而使消化液和细菌酶类能与纤维素起作用，将不易溶解的木质素改变为易于溶解的羟基木质素。常用的粗饲料调节剂有氢氧化钠、氢氧化钙（石灰水）、无水氨、盐酸、尿素等。

7. 食欲增进剂

食欲增进剂包括香料、调味剂及诱食剂三种。添加食欲增进剂可增强动物食欲，提高饲料的消化吸收及利用率。采食量不足是限制高产动物生产潜力发挥的主要因素之一，加之现代配合饲料中使用微量元素、非常规饲料等适口性较差的原料，使动物采食量降低，因此，目前添加食欲增进剂已相当普遍。饲料香料添加剂有两种来源：一是天然香料，如葱油、大蒜油、橄榄油、茴香油、橙皮油等；另一类是化学合成的可用于配制香料的物质，如酯类、醚类、酮类、芳香族醇类、内酯类、酚类等。调味剂包括鲜味剂、甜味剂、酸味剂、辣味剂等；可根据不同动物所喜欢的香型不同，生产中有针对不同动物的调味剂产品。诱食剂主要针对水产动物使用，常含有甜菜碱、某些氨基酸和其他挥发性物质。

8. 黏结剂

也叫黏合剂或制粒添加剂，目的是减少粉尘损失，提高颗粒饲料的牢固程度，减少制粒过程中压模受损，是加工工艺上常用的添加剂。常用的黏结剂有木质素磺酸盐、羟甲基纤维素及其钠盐、陶土、藻酸钠等。某些天然的饲料原料也具有黏结性，如膨润土、α-淀粉、玉米面、动物胶、鱼浆、糖蜜等。

9. 流动剂

也叫流散剂或抗结块剂。它的主要目的是使饲料和饲料添加剂具有较好的流动性，以防止饲料在加工及贮存过程中结块。如食盐和尿素最易吸湿结块，使用流散剂可以调整这些性状，使它们容易流动、散开、不黏着。当配合饲料中含有吸湿性较强的乳清粉、干酒糟或动物胶原时均宜加入流散剂。流散剂多系无水硅酸盐，难以消化吸收，用量不宜过高，一般在0.5%～2%。常用的流散剂有天然的和人工合成的硅酸化合物和硬脂酸盐类，如硬脂酸钙、硬脂酸钾、硬脂酸钠、硅藻土、脱水硅酸、硅酸钙等。

10. 其他类饲料添加剂

（1）乳化剂　是一种分子中具有亲水基和亲油基的物质，它的性状介于油和水之间，能使一方均匀地分布于另一方中间，从而形成稳定的乳浊液。利用这一特性可以改善或稳定饲料的物理性质。常用的乳化剂有动植物胶类、脂肪酸、大豆磷脂、丙二醇、木质素磺酸盐、单硬脂酸甘油酯等。

（2）缓冲剂　最常用的是碳酸氢钠，俗称小苏打，还有石灰石、氢氧化铝、氧化镁、磷酸氢钙等。这类物质可增加机体的碱贮备，防治代谢性酸中毒，饲服后可中和胃酸，溶解黏液，促进消化，应用于反刍动物可调整瘤胃pH值，平衡电解质，增加产乳量和提高乳脂率，也可防止产蛋鸡因热应激引起蛋壳质量下降。一般用量为0.1%～1%。

（3）未知生长因子添加剂　未知生长因子添加剂是从深海鱼产品、苜蓿或酒糟中提取某些未知活性物质，利用这些活性物质的促生长作用来提高饲料转化率。

（4）吸水剂（或吸湿剂）　在添加剂预混料的生产过程中，特别是维生素、微量元素等添加剂预混料，常常用蛭石作为吸湿剂使用。蛭石可吸附相当于本身体积50%的液体，利用此特性也可吸附预混料中的水分，以保证各种活性成分的有效性。

（5）除臭剂　为防止畜禽排泄物的臭味污染环境，国外有名为F-Nick的产品，此种添加剂的主要成分为硫酸亚铁，在饲料中添加0.5%～1%即可防臭。另外从一些植物，如薄荷或沙漠中生长的一种丝兰属植物体中提取某些物质，添加到饲料中也可除粪臭。我国近年来研究证明，腐殖酸钙及沸石亦具有除臭作用。

(6) 疏水、防尘及抗静电剂 为了降低饲料粉尘和消除静电，常加入油脂类、液体石蜡或矿物质油，一般微量元素添加剂加入1.5%～2%，预混料和浓缩料加入0.5%～1%即可。湿度较高的条件下还可以作为疏水剂，防止饲料产品吸湿。

非营养性饲料添加剂还包括：酸化剂、激素制剂等。

四、饲料添加剂的发展趋势

饲料添加剂的雏形是20世纪初由英国科学家提出的饲料补充物，当时的动物营养理论是饲料补充物的基础和根据。在饲料中添加微量的维生素和无机盐等营养成分，可补充饲料中某些营养物质的不足，平衡饲料的营养，并获得良好的饲养效果。随着科技的进步以及养殖业向集约化、规模化、专业化和工厂化方向发展，饲料补充物的种类和功能不断增加，其功能和作用机理已超出动物营养理论范畴，因而饲料补充物的概念并不全面。于是，美国科学家在20世纪40年代首先提出了饲料添加剂这一概念，并很快得到了国际公认并应用至今。

随着动物营养学、生理学、饲养学、生物化学、生物工程学、药物学、微生物学以及计算机等多门学科的进一步发展，现在的饲料添加剂已融合了多门学科和多种新技术，其资源、种类、功能和应用范围得到了进一步的拓展。资源已包括植物产品、动物产品、化工产品、矿物产品和生物制品等；其功能也由营养成分的补充逐步发展到防治疾病、提高饲料利用率、改善饲料内外在品质、改善动物产品品质以及某些特殊需求等；应用范围也已涵盖各类畜禽、水生动物以及特种经济动物养殖业。因此，综观当前及今后一段时间的开发及生产，饲料添加剂将呈现以下发展趋势。

1. 有机化微量矿物元素将得到较大发展

人们已经认识到微量矿物元素的有机化可以提高微量矿物元素的生物效力，提高动物的免疫力，提高维生素在预混料中的稳定性，所以一旦其所需要的有机物价格下降到较低水平，有机化微量矿物元素的生产应用必将得以很大的发展。

2. 酶制剂及生态制剂将得到普遍应用

20世纪70年代，酶制剂和生态制剂开始引入饲料工业领域，但一直发展缓慢，直到20世纪90年代，才在生产上得到一定应用。随着人们对无公害产品、绿色食品呼声的高涨，随着各种包装技术的发展，如果酶制剂和生态制剂的耐温性能有很大的提升，在21世纪，酶制剂和生态制剂产品将得到普遍应用。

3. 药物饲料添加剂的控制将更加严格

药物饲料添加剂对防治动物疾病，提高现代畜禽生产力发挥了重要作用，但由于生产使用太过泛滥，导致耐药性细菌产生和药物在食品中残留，故严格控制药物饲料添加剂的使用已成共识，与此同时，开发安全性高的天然替代品已成为必然。

4. 更加重视高科技产品的开发

随着科技的进一步发展，特别是生物工程、动物营养学、动物生理学、制药工程学等学科的进一步完善和进步，饲料添加剂的科技含量不断提高，科技化将成为饲料添加剂的一个重要标志，饲料添加剂行业也进入高技术领域的行列。随着饲料添加剂行业科技化进程不断加快，将出现一批高科技含量的饲料添加剂品种，功能化和高效化进一步加强，从而带动饲料工业向科技化方向发展，提高配合饲料的整体技术水平，促进饲料工业、畜牧业向更高方向发展。

5. 专业化程度逐步提高，向系列化方向发展

目前饲料添加剂行业还附属于饲料工业以及制药业等相关行业，专业化程度不高。但随着规模养殖业的不断发展，对配合饲料的需求还会大幅增加，质量要求也不断提高，因此对饲料添加剂也提出了新的要求，从而将有力地推动饲料添加剂行业向前发展，使之逐渐从饲料工业及其他相关行业分离，成为一个独立的行业。

随着饲料添加剂行业向科技化和专业化方向发展，饲料添加剂的品种和种类将进一步系列化和细分化。根据动物的不同种类、不同生长阶段、不同地域、不同饲养环境以及不同季节天气而系列化、细分化的饲料添加剂，将有利于提高其作用效果，进而提高经济效益。

6. 环保意识不断增强，产品开发逐步绿色化

随着人们环保意识的提高和保持可持续发展的需要，饲料添加剂的环保绿色化将是开发的重中之重。特别是像抗生素等一些副作用较大的饲料添加剂逐步淘汰后，随着新一代产品的研制和开发，绿色环保将成为明显的特征。未来开发的饲料添加剂，应该能合理地利用资源，不污染环境、对人类健康不构成威胁、不存在药物残留等毒副作用。

第九节　配合饲料

一、配合饲料的概念与种类

1. 配合饲料的概念

配合饲料是根据动物在不同生理阶段、不同生产目的以及不同生产形式下对营养的需要，以饲料营养价值评定的实验和研究为基础，按照科学的比例，经一定的工艺流程，将不同来源的多种饲料原料加工成的新产品。习惯上是指能直接饲喂畜禽的具有全面营养价值的全价配合饲料，但作为工业化生产的系列产品之一，全价配合饲料只是其中的一种。

2. 配合饲料的种类

(1) 按营养成分分类　配合饲料按所含的营养成分可分为添加剂预混合饲料、全价配合饲料、浓缩饲料、精料补充料。

① 添加剂预混合饲料　指由一种或多种的添加剂原料（如各种维生素、微量元素、合成氨基酸等营养性添加剂以及药物等非营养性添加剂）与载体或稀释剂按一定比例混合均匀而成的产品，简称预混料。其目的是有利于微量的原料均匀分散于大量的配合饲料中，方便用户使用。预混合饲料是半成品，不能直接饲喂动物。在配合饲料中所占的比例很小，通常占0.01%～5%，一般按最终配合饲料产品的总需求为依据设计，因其含有的微量活性组分是配合饲料饲用效果的决定因素，预混合饲料可视为配合饲料的核心。

预混合饲料又可分为单项预混合饲料和复合预混合饲料两种。

单项预混合饲料是指由单一种类的多种饲料添加剂与载体或稀释剂配制而成的均匀混合物，生产中常将单一的维生素、单一的微量元素（硒、碘、钴等）、多种维生素、多种微量元素各自进行初级预混合分别制成单项预混料。

复合预混合饲料是指按配方和实际要求将各种不同种类的饲料添加剂与载体或稀释剂混合制成的匀质混合物。如将微量元素、维生素及其他成分混合在一起。

② 浓缩饲料　浓缩饲料又称平衡用配合料，或者蛋白质补充料。浓缩饲料主要由蛋白质饲料（如豆粕、鱼粉等）、常量矿物质饲料（钙、磷、食盐）和添加剂预混合饲料配制而成的。通常为全价饲料中除去能量饲料的剩余部分。浓缩饲料不能直接饲喂动物，须加入一定比例的能量饲料后组成全价饲料方可饲喂动物，它一般占全价配合饲料的20%～40%。市场上将使用量在10%～20%之间的产品称为超级浓缩料或料精，其成分为在添加剂预混

料的基础上加入部分蛋白质饲料及具有特殊功能的物质。

③ 全价配合饲料　亦称为完全配合饲料、全日粮配合饲料。全价配合饲料由能量饲料和浓缩饲料按一定比例配合而成。此类饲料中除水以外无需添加和饲喂任何数量和种类的其他物质便能够满足动物生活和生产所需要的各种营养成分，可用来直接饲喂动物。

④ 精料补充料　精料补充料由能量饲料、蛋白质饲料、矿物质饲料及添加剂预混料组成，是为反刍动物（牛、羊等）配制生产的反刍动物配合饲料，通常与青粗饲料一起使用的一种饲料产品，目的在于补充青粗饲料所缺乏的营养物质，增进整个饲料的营养平衡。

以上四种配合饲料虽然独立存在，但各自又有着密切的关系，见图4-2。

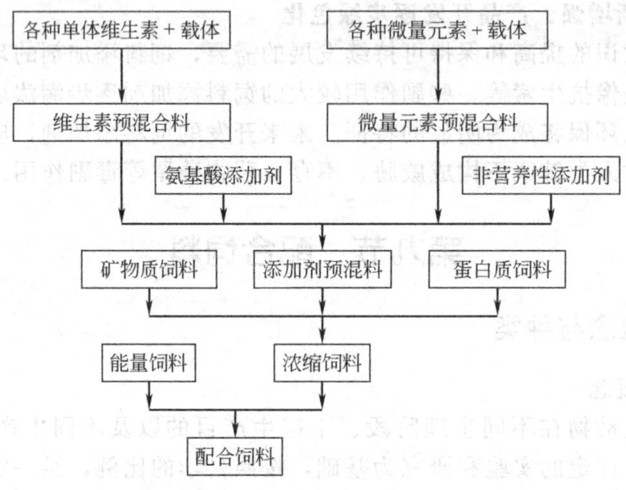

图4-2　配合饲料的组成

(2) 按成品形态分类　为了适应动物生产的需要及各种动物的采食习性。配合饲料往往可加工成不同的外形和质地。概括起来可分为以下几类。

① 粉状饲料　粉料是目前饲料厂生产的主要形式。粉料的优点是养分含量均匀，易与其他饲料搭配，饲喂方便，生产工艺相对简单，耗电少，加工成本低。但易造成动物挑食，浪费饲料，且生产粉料时粉尘较大，加工、贮藏和运输过程中养分易受外界干扰而损失，此外，利用粉料饲喂动物，对青贮饲料或糟渣饲料不能充分利用。

② 颗粒饲料　以粉料为基础的经过蒸汽调质、加压处理、冷却处理后制成的具有一定大小的颗粒状饲料，其形态多为圆柱状，颗粒饲料的直径依动物种类和年龄而异。这种饲料容重大，改善了畜禽适口性，因而可增加畜禽的采食量，避免挑食，保证了饲料的营养全价性，饲料报酬高，主要用作幼龄动物、肉用型动物的饲料和鱼的饵料。但加热加压处理可使部分维生素、抗生素和酶等受到影响，且耗能大，成本高。

③ 破碎料　指将生产好的颗粒饲料经过破碎机加工成细度为2～4mm的颗粒状配合饲料。碎粒料是颗粒饲料的一种特殊形式，具有颗粒饲料的各种优点。这类饲料主要是为了解决生产小动物颗粒饲料时费工、费时、费电、产量低等问题。适用于饲喂各种周龄的雏鸡及其他小动物。

④ 膨化饲料　是把粉状的配合饲料加水、加温，使之糊化，在通过挤压机喷嘴时的10～20s时间内突然加热至120～180℃挤出，使之膨胀发泡成饼干状，再根据需要切成适当大小的饲料。膨化饲料的适口性好，容易消化吸收，是幼龄动物的良好开食料；同时，膨化饲料密度小，多孔，保水性好，是水产养殖的最佳浮饵。膨化饲料密度比水轻，可在水上漂浮一段时间，故又称漂浮饲料。

⑤ 压扁饲料　指籽实饲料（玉米、大麦、高粱）去皮（反刍动物可不去皮），加入16%

的水，通过蒸汽加热到120℃左右，用压扁机压制成扁片状，然后冷却干燥处理，即制成压扁饲料。压扁饲料的优点是，由于加热时压扁饲料中一部分淀粉糊化，动物能很好地消化吸收，压扁后饲料表面积增大，消化液可充分浸透且消化酶充分作用，因此，能提高饲料的消化率和能量利用率。

⑥ 液体饲料　液体配合饲料是将多种饲料按比例混合、并用液体搅拌机搅拌均匀的流质饲料成品。主要是指幼畜的代乳料，又叫人工乳。液体饲料一般以糖蜜作载体，加入尿素（反刍动物用）、脂肪、维生素、微量元素以及其他天然原料精制而成，可以针对不同动物需要或集中补充一般饲料所缺乏的养分，其产品主要有高蛋白、高脂肪等不同类型，适用于饲喂各种动物。

目前，国内液体饲料生产尚属空白，我国有丰富的糖蜜资源，加之用糖蜜作饲料比用其他工业原料（酒精、酵母等）效率更高，且能减少环境污染。在大力发展草食动物的情况下研究开发液体饲料有着广阔的前景。

⑦ 饲料砖、饲料饼和饲料块　主要是为反刍动物补充尿素等非蛋白氮物质、食盐、常量和微量元素而生产的一种供动物舔食的饲料形式，即舔砖。

(3) 按饲喂对象分类　主要根据动物消化系统特点不同分类。

① 单胃动物配合饲料（如猪、鸡、鸭用配合饲料等）。

② 反刍动物配合饲料（如牛、羊用配合饲料等）。

③ 草食动物配合饲料（如马属动物、家兔用配合饲料等）。

④ 水产动物配合饲料（如鱼、虾、蟹用配合饲料）。

但每种动物根据年龄、生长阶段、不同生理时期及生产用途不同，又可具体分为阶段配合饲料。如产蛋鸡的配合饲料，按日产蛋率可分为产蛋率大于80%、产蛋率65%～80%以及产蛋率小于65%的三种配合饲料。

二、配合饲料的优越性

在近代畜牧业生产发达的国家，配合饲料已在猪、鸡、牛的饲养业中广泛的应用，美国、德国、日本等发达国家的养猪、养禽业饲料的80%或更多都采用配合饲料形式。与20世纪上半叶相比，采用配合饲料饲喂家畜，效率几乎提高了一倍，这是因为配合饲料具有其他饲料所不具备的优越性。

1. 科学配方，营养全面

配合饲料是根据动物的营养需要、畜禽消化生理特点以及饲料的营养特点，应用动物营养学、饲料学等最新现代科技研究成果，运用科学配方设计技术制定饲料配方，并采用先进加工工艺生产。它避免了单一饲料营养物质不平衡而造成的饲料浪费，使饲料中各种营养物质比例适当，同时科学合理地选用各种饲料添加剂。因此，能够充分满足动物的营养需要。

2. 合理利用资源，提高经济效益

配合饲料是根据动物营养需要和饲料资源状况调制加工而成，充分利用了营养物质间的互补作用，可使用一些营养价值低劣或不宜单独用作饲料的原料。因而扩大了饲料来源，可以合理开发利用各种饲料资源。配合饲料由专门的生产企业集中生产，节省了养殖企业或养殖户的大量设备和劳动支出，从而提高经济效益 。

3. 保证质量，饲用安全

配合饲料是在专门的饲料加工厂，采用特定的计量器具和加工设备，经过清理、粉碎、混合、制粒等加工工艺生产出来的产品，混合均匀，粒度适宜，能够保证饲料的均匀一致性，质量标准化。颗粒饲料制作过程中的高温高压，还可消除饲料中的抗营养因子，此外，在配合饲料中添加了抗氧化剂、抗黏结剂等各种饲料保藏添加剂，延长了饲料保存期，提高了配合饲料质量。同时世界各国都制订了相关的饲料法规来规范配合饲料的生产，从而保证了饲用的安全性，具有预防疾病、保健助长的作用。

4. 减轻劳动强度，提高劳动生产率

配合饲料集中生产，可以节约大量设备开支和劳动力；同时，配合饲料使用简便，按照说明书即可使用，有利于大中型养殖场或专业养殖户采用半机械化、机械化或自动化的饲养方式，减轻劳动强度，提高劳动生产率。

第十节 配合饲料的生产

一、饲料原料的接收与处理

1. 原料的接收

原料进厂接收是饲料厂饲料生产的第一道工序，也是保证生产连续性和产品质量的重要工序。原料接收任务是将饲料厂所需的各种原料用一定的运输设备运送到厂，并经质量检验、称重计量、初清入库存放或直接投入使用。

原料接收能力必须满足饲料厂的生产需要，接收设备的接收能力一般为饲料厂生产能力的 3～5 倍，并采用适用、先进的工艺和设备，以便及时接收原料，减轻工人的劳动强度，节约能耗，降低生产成本，保护环境。

（1）散装原料的接收　以散装汽车、火车运输的，用自卸汽车经地磅称量后将原料卸到卸料坑。

（2）包装原料的接收　分为人工搬运和机械接收两种。

（3）液体原料的接收　瓶装、桶装可直接由人工搬运入库。

2. 原料的贮存

饲料厂不同于其他粮食工厂的显著特点之一，是原料的种类繁多，并且各品种所占的比例差异较大。所以原料贮存对于饲料厂来说是一个十分重要的问题，它直接影响到生产的正常进行及工厂的经济效益。要根据贮存物料的特性及地区特点选择仓型，做到经济合理；根据产量、原料及成品的品种、数量计算仓容量和仓的个数；合理配置料仓位置，以便于管理，防止混杂、污染等。

饲料厂的原料品种繁多、特性各异，所以对于大中型饲料厂一般都选择筒仓和房式仓相结合的贮存方式，效果较好。房式仓造价低，容易建造，适合于粉料、油料饼粕及包装的成品。价格昂贵的小品种添加剂原料还需用特定的小型房式仓由专人管理。房式仓的缺点是装卸工作机械化程度低、劳动强度大，操作管理较困难。立筒库的优点是个体仓容量大、占地面积小，便于进出仓机械化，操作管理方便，劳动强度小，但造价高，施工技术要求高，适合于存放谷物等粒状原料。

主原料如玉米、高粱等谷物类原料，流动性好，不易结块，多采用筒仓贮存；而副料如麸皮、豆粕等粉状原料，散落性差，存放一段时间后易结块不易出料，采用房式仓贮存。

3. 原料的清理

在进入饲料厂的原料中，可分为植物性原料、动物性原料、矿物性原料和其他小品种的添加剂。其中动物性原料（如鱼粉、肉骨粉）、矿物性原料（如石粉、磷酸氢钙）以及维生素、药物等的清理已在原料生产过程中完成，一般不再清理。饲料厂需清理的主要是谷物性原料及其加工副产品。糖蜜、油脂等液体原料的清理则在管道上放置过滤器等进行清理。

饲料谷物中常夹杂着一些砂土、皮屑、秸秆等杂质。这些杂质不仅影响到饲料产品质量而且直接关系到饲料加工设备及人身安全，严重时可致整台设备遭到破坏，影响饲料生产的顺利进行，故应及时清除。

饲料加工厂常用的清理方法有两种：

(1) 筛选法　以筛除大于及小于饲料的泥砂、秸秆、麻袋片等大杂质和小杂质。

(2) 磁选法　主要去除铁质杂质。

此外，在筛选以及其他加工过程中常辅以吸风除尘，以改善车间的环境卫生。

原料的清理一般要经过三道清理设备。第一道是带吸风装置的进料地坑栅筛，主要用来清理原料中麻袋绳等杂质；第二道为筛选设备，用以筛除大杂；第三道为磁选设备，去除原料中的磁性杂质。清理工段中设备的产量，依所处工艺中位置而定，一般主、副原料清理设备的生产能力与所在进料线的产量相同，可取车间生产能力的 2～3 倍。

二、配合饲料的加工工艺

配合饲料加工工艺见图 4-3。

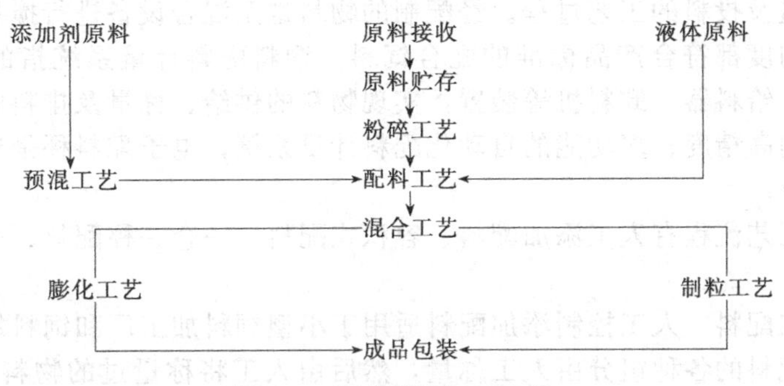

图 4-3　配合饲料加工工艺

1. 原料的粉碎工艺

粉碎是用机械的方法克服固体物料内聚力而使之破碎的一种操作。饲料原料的粉碎是饲料加工过程中最主要的工序之一。它是影响饲料质量、产量、电耗和加工成本的重要因素。

粉碎可增加饲料的表面积，有利于动物的消化和吸收；可改善和提高物料的加工性能，通过粉碎可使物料的粒度基本一致，减少混合均匀后的物料分级。对于不同的饲养对象、不同的饲养阶段，有不同的粒度要求，而这种要求差异较大，在饲料加工过程中，首先要满足动物对粒度的基本要求，此外再考虑其他指标。

按原料粉碎次数，可分为一次粉碎工艺和循环粉碎工艺或二次粉碎工艺。按与配料工序的组合形式可分为先配料后粉碎工艺与先粉碎后配料工艺。

一次粉碎工艺的优点是工艺设备简单、操作方便、投资少，但缺点是粉碎粒度的均匀性差、电耗高。二次粉碎工艺的优点是单产电耗低、粉碎粒度均匀。在实际工艺设计中，一般而言对于 10 吨/h 以下的饲料厂宜采用一次粉碎工艺，10 吨/h 以上的饲料厂适用二次粉碎工艺。

(1) 一次粉碎工艺　是最简单、最常用、最原始的一种粉碎工艺，无论是单一原料还是混合原料，均经一次粉碎后即可。按使用粉碎机的台数可分为单机粉碎和并列粉碎，小型饲料加工厂大多采用单机粉碎，中型饲料加工厂有用两台或两台以上粉碎机并列使用，缺点是粒度不均匀，电耗较高。

(2) 二次粉碎工艺　有三种工艺形式，即单一循环粉碎工艺、阶段粉碎工艺和组合粉碎工艺。

① 单一循环粉碎工艺　用一台粉碎机将物料粉碎后进行筛分，筛上物再回流到原来的

粉碎机再次进行粉碎。

② 阶段粉碎工艺　该工艺的基本设置是采用两台筛片不同的粉碎机，两粉碎机上各设一道分级筛，将物料先经第一道筛筛理，符合粒度要求的筛下物直接进入混合机，筛上物进入第一台粉碎机，粉碎的物料再进入分级筛进行筛理。符合粒度要求的物料进入混合机，其余的筛上物进入第二台粉碎机粉碎，粉碎后进入混合机。

③ 组合粉碎工艺　该工艺是在两次粉碎中采用不同类型的粉碎机，第一次采用对辊式粉碎机，经分级筛筛理后，筛下物进入混合机，筛上物进入锤片式粉碎机进行第二次粉碎。

(3) 先配料后粉碎工艺　按饲料配方的设计先进行配料并进行混合，然后进入粉碎机进行粉碎。

(4) 先粉碎后配料工艺　该工艺先将待粉料进行粉碎，分别进入配料仓，然后再进行配料和混合。

2. 配料工艺

饲料的配料计量是按照预设的饲料配方要求，采用特定的配料计量系统，对不同品种的饲用原料进行称量及投料的工艺过程。经配制的物料送至混合设备进行搅拌混合，生产出营养成分和混合均匀度都符合产品标准的配合饲料。饲料配料计量系统指的是以配料秤为中心，包括配料仓、给料器、卸料机等装置，实现物料的供给、称量及排料的循环系统。现代饲料生产要求使用高精度、多功能的自动化配料计量系统，电子配料秤是现代饲料企业中最典型的配料计量秤。

目前常用的工艺流程有人工添加配料、容积式配料、一仓一秤配料、多仓数秤配料、多仓一秤配料等。

(1) 人工添加配料　人工控制添加配料适用于小型饲料加工厂和饲料加工车间。这种配料工艺是将参加配料的各种组分由人工称量，然后由人工将称量过的物料倾倒入混合机中，因为全部采用人工计量、人工配料，工艺极为简单，设备投资少、产品成本低、计量灵活、精确，但人工的操作环境差、劳动强度大、劳动生产率很低，尤其是操作工人在劳动较长的时间后，容易出差错。

(2) 容积式配料　容积式配料装置是按照物料的容积比例大小进行连续或分批配料，工作过程易受物料特性（容重、颗粒大小、水分、流动性等）、料仓结构形式、物料充满程度的变化等因素影响，导致配料精度不高、工作不够稳定。所以，这类配料装置已不适宜在饲料生产中应用，在此不再介绍容积式配料装置。

(3) 一仓一秤配料　一仓一秤配料工艺是在每一个配料仓下各设一台相应的配料秤，配料秤的形式及称量范围可根据物料的特性差异、配比要求和生产规模大小而定。称量过程中，各机械秤独自完成给料、称量、卸料等动作，因而该工艺流程具有速度快、精度高的配料效果。但其设备占地面积大，投资较高。

(4) 多仓一秤配料　多仓一秤配料工艺是中小型饲料厂普遍采用的一种形式，其工艺组成简单、配料计量设备少，设备维修方便，易于实现自动化控制。其缺点是配料周期比一仓一秤要长，累计称量过程中对各种物料产生的称量误差不易控制，从而导致配料精度不稳定。

(5) 多仓数秤配料　多仓数秤配料工艺流程应用日趋广泛，特别适用于大型饲料厂和预混料生产。该工艺是将各种被称量物料按照它们的特性差异或称量配比进行分组，每一组配置相应的称量设备，最后集中进入混合机。该配料工艺较好地解决了一仓一秤和多仓一秤工艺形式存在的问题，是一种较为合理的配料工艺流程。

3. 混合工艺

混合工艺是指将饲料配方中各组分原料经称重配料后，进入混合机进行均匀混合加工的工艺方法和过程。所谓混合，就是各种饲料原料经计量配料后，在外力作用下各种物料组分互相掺和，使其均匀分布的一种操作。在饲料生产中，主混合机的工作状况不仅决定着产品的质量，而且对生产线的生产能力也起着决定性的作用，因此被誉为饲料厂的"心脏"。

混合机的主要技术指标有：每批混合量、混合均匀度、混合速度和机内物料残留率。对混合机主要有以下要求。

（1）混合均匀度要求较高　饲料标准中规定，配合饲料的混合均匀度变异系数≤10%，预混合饲料的混合均匀度变异系数≤5%。

（2）混合时间要短　混合时间决定了混合周期，混合时间的长短，可影响到生产线的生产率；

（3）机内残留率要低　为避免交叉污染，保证每批的产品质量，配合饲料混合机内残留率 R≤1%，预混合饲料混合机 R 机内残留率≤0.8%。目前先进的机型的机内残留率可达到 0.01%以下。

（4）混合机要满足设计要求　结构合理、简单、不漏料，便于检视、取样和清理等机械性能要求。

混合机的生产能力决定了饲料厂的生产规模，所以按生产规模来选择混合机容量大小，当采用单台卧式螺带混合机为生产线主机时，它们之间的关系如下：

混合机的批量（kg/批）	500	1000	2000	3000	4000
混合周期（min）	6	6	6	6	6
饲料厂规模（年单班产/万吨）	1	2	4	6	8

对混合工段的要求是混合周期短、混合质量高、出料快、残留率低以及密闭性好，无外溢粉尘。

混合工艺流程可分为分批混合和连续混合两种。

（1）分批混合　是将各种混合组分根据配方的比例混合在一起，并将它们送入周期性工作的"批量混合机"分批地进行混合。这种混合方式改换配方比较方便，每批之间的相互混杂较少，是目前普遍应用的一种混合工艺，启闭操作比较频繁，因此大多采用自动程序控制。

（2）连续混合工艺　是将各种饲料组分同时分别地连续计量，并按比例配合成一股含有各种组分的料流，当这股料流进入连续混合机后，则连续混合而成一股均匀的料流。这种工艺的优点是可以连续地进行，容易与粉碎及制粒等连续操作的工序相衔接，生产时不需要频繁地操作，但是在换配方时，流量的调节比较麻烦，而且在连续输送和连续混合设备中的物料残留较多，所以两批饲料之间的互混问题比较严重。

4. 制粒工艺

（1）调质　调质是制粒过程中最重要的环节，调质的好坏直接决定着颗粒饲料的质量。调质目的即将配合好的干粉料调质成为具有一定水分、一定湿度，利于制粒的粉状饲料，目前我国饲料厂都是通过加入蒸汽来完成调质过程。

（2）制粒

① 环模制粒　调质均匀的物料先通过保安磁铁去杂，然后被均匀地分布在压辊和压模之间，这样物料由供料区压紧区进入挤压区，被压辊钳入模孔连续挤压开分，形成柱状的饲料，随着压模回转，被固定在压模外面的切刀切成颗粒状饲料。

② 平模制粒　混合后的物料进入制粒系统，位于压粒系统上部的旋转分料器均匀地把物料撒布于压模表面，然后由旋转的压辊将物料压入模孔并从底部压出，经模孔出来的棒状饲料由切辊切成需求的长度。

（3）冷却　在制粒过程中由于通入高温、高湿的蒸汽同时物料被挤压产生大量的热，使得颗粒饲料刚从制粒机出来时，含水量达16%～18%，温度高达75～85℃，在这种条件下，颗粒饲料容易变形破碎，贮藏时也会产生黏结和霉变现象，必须使其水分降至14%以下，温度降低至比气温高8℃以下，这就需要冷却。

(4) 破碎　在颗粒料的生产过程中，为了节省电力、增加产量、提高质量，往往是将物料先制成一定大小的颗粒，然后再根据畜禽饲用时的粒度用破碎机破碎成合格的产品。

(5) 筛分

颗粒饲料经粉碎工艺处理后，会产生一部分粉末、凝块等不符合要求的物料，因此破碎后的颗粒饲料需要筛分成颗粒整齐、大小均匀的产品。

5. 成品包装

一般采用自动包装系统，当成品仓下的电动闸门开启时，颗粒饲料或粉料流入缓冲斗中，再由自动打包秤完成称重、装袋、缝包等工序。

6. 通风除尘设备与冷却风网

一般配合饲料加工工艺中设有独立式风网或组合风网及冷却风网。粒料的下料坑、副料下料坑、粉碎机的负压吸风及混合机上的人工添加口常用单点吸风除尘风网，其他除尘风网为多点吸风联合除尘风网。除尘风网一般选用自带风机的脉冲除尘器。冷却风网由于吸出的空气温度、湿度均较高，所以该风网常采用风机沙克龙组合方式，风机放在沙克龙的后面。

7. 供汽（气）系统

制粒所需的蒸汽由锅炉产生并由蒸汽供给系统供给制粒机的调质器。所有脉冲除尘器及自动打包机所需的压缩空气则由空气压缩机提供。

【复习思考题】

1. 什么是饲料？国际饲料分类方法将饲料分为哪几大类？
2. 什么叫粗饲料？粗饲料的加工调制方法有哪几种？
3. 简要说明秸秆的氨化处理方法。
4. 使用青绿饲料时应注意哪些问题？
5. 什么是青贮饲料？青贮饲料有哪些特点？青贮饲料的品质鉴定方法？
6. 能量饲料的种类有哪些？各具有哪些主要的饲用特性？
7. 简述饲料添加剂的概念和种类。如何正确使用饲料添加剂？
8. 简述配合饲料的概念和分类。配合饲料有哪些优越性？
9. 配合饲料加工前需要进行哪些准备和处理？
10. 简述配合饲料加工工艺流程。

第五章　饲料配方设计

【知识目标】

- 掌握全价配合饲料配方设计的原则与方法。
- 了解单胃动物与反刍动物全价配合饲料的特点。
- 了解浓缩饲料和预混合饲料的配方设计原则和方法。

【技能目标】

- 能够为不同的动物设计合理的全价饲料配方。
- 会根据情况设计合理的浓缩饲料和预混合饲料配方。

第一节　全价配合饲料的配方设计

一、配合饲料配方设计的原则

配方设计是科学饲养在饲养实践中具体运用的首要环节，既要发挥营养物质的作用和动物的生产潜力，又要符合经济生产的原则。饲料配方的设计涉及许多制约因素，为了对各种资源进行最佳分配，配方设计应遵循以下原则。

1. 科学先进原则

饲养标准是对动物实行科学饲养的依据。科学合理的饲料配方必须选择与畜禽种类、品种、性别、年龄、体重、生产用途及生产水平等相适应的饲养标准，确定出营养需要指标，然后根据短期饲养实践中动物的生长、生产性能以及动物的膘情或季节等条件的变化情况，做适当的调整。

2. 营养平衡原则

在设计配合饲料时，一般把营养成分作为优先条件考虑，即首先保证能量、蛋白质及限制性氨基酸、钙、有效磷、地区性缺乏的微量元素与重要维生素的供给量，并注意能量与蛋白质的比例、能量与氨基酸的比例等应符合饲养标准的要求，尤其是各种营养指标间比例的平衡，使全价饲粮真正具备营养全价性、完全性的特点。

为了保证饲料配方的营养平衡性，在选择原料时，要考虑畜、禽的消化生理特点，注意粗纤维的给量。其次，配合饲料的体积要与畜禽消化道的容积相适应，既要让动物吃得下，又可有饱腹感，还能满足动物的营养需要。

3. 经济效益原则

经济性即考虑合理的经济效益。不断提高产品设计质量、降低成本是配方设计人员的责任，长期的目标自然是为企业追求最大的经济收益。饲料原料的成本在饲料企业中及畜牧业生产中均占很大比重（约70%），在追求高质量的同时，往往会付出成本上的代价。营养参数的确定要结合实际，饲料原料的选用应注意因地制宜和因时制宜，合理安排饲料工艺流程和节省劳动力消耗，以降低成本。

4. 实际可行原则

即生产上的可行性。配方在原料选用的种类、质量稳定程度、价格及数量上都应与市场情况及企业条件相配套。产品的种类与阶段划分应符合养殖业的生产要求，还应考虑加工工艺的可行性。

5. 安全合法原则

饲料的安全性是指畜禽饲用后无中毒和疾病的发生，市场出售的配合饲料必须符合有关饲料的安全法规。选用饲料时，必须安全当先，慎重从事，这种安全有两层基本含义：一是这种配合饲料对动物本身是安全的；二是这种配合饲料产品对人体必须是安全的。对于含有有毒成分的饲料原料如菜籽饼、棉籽饼等要注意限量使用；发霉变质、受微生物污染的、未经科学实验验证的非常规饲料原料也不能使用；被病畜禽以及农药、工业废水等污染的饲料均不能使用。

实际上，安全性是第一位的，没有安全性为前提，就谈不上营养性。目前我国政府已把饲料安全质量问题提高到了一个新的高度。无论是在饲料立法还是饲料市场整治力度上都是空前的，因此，在配方设计时必须考虑饲料的安全性与合法性。

二、全价日粮配方设计基本步骤

1. 确定营养水平

(1) 参照标准，但不完全照搬标准　确定营养水平最简单的方法是照搬饲养标准，但由于饲养标准很多，而且标准制定的条件与具体的生产实际尚有一定的差距，因而有一定的局限性，必须因地、因时制宜。世界上一些先进国家的饲养标准，例如美国国家研究委员会（NRC）标准，有很多科学实验作依据，而且几经修订比较成熟，但它比较适合美国的生产实际。我国的标准大多经过我国生产实践的验证，比较符合国情，因此，一般情况下可以以我国的标准为基础，参考国外标准来确定配方的营养水平；同时，饲养标准又是“营养需要量”，很多指标是最低应达到的营养要求，实际应用时常需增加一定的保险系数；对于种畜、种禽，如果有关公司有自己的标准，可作为确定营养水平的基础；缺乏国家饲养标准的动物，可以参考一些专家或生产单位的建议标准，或有关的典型饲粮来确定营养水平；环境温度将会影响动物采食量，能量等养分需要量也有一定变化，则饲料配方的营养水平也应做相应的调整。

(2) 确定营养指标　饲养标准中指标很多，我国商品配合饲料国家标准中对于常量营养物质的含量，目前只规定了粗蛋白质、粗纤维、粗脂肪、粗灰分和钙、磷等几个指标。实际设计配方时，必须考虑氨基酸含量，至少应确定赖氨酸和含硫氨基酸的水平，维生素、微量元素一般由添加剂预混料提供。

(3) 考虑产品的定位　能达到最高产量的饲粮，并不一定能获得最高效益，因为效益还受饲料原料和畜产品价格的影响。有时中等营养水平的饲粮反而能获得较高的效益。另外，有些用户喜欢高档的饲料，对价格承受能力较大，但有些用户对价格的承受能力较低。商品饲料的营养水平和价格定位是否恰当，对产品在市场上的竞争力至关重要。

2. 选择原料，并确定某些原料的限用量

(1) 选择原料　为了满足动物的营养需要，单胃动物日粮饲料原料至少应包括能量饲料、蛋白质饲料、矿物质饲料、维生素及微量元素添加剂，为了平衡饲粮中的氨基酸，还要有合成氨基酸。根据我国大部分地区饲料资源情况，下列一组饲料原料可作为选料的基础：玉米，麸皮，豆粕，鱼粉，赖氨酸盐酸盐，DL-蛋氨酸，磷酸氢钙或骨粉，石粉或贝壳粉，食盐，以维生素、微量元素为主的添加剂预混料。用这一组原料可以为绝大多数动物设计出全价的饲料配方；设计能量水平很高的配方时，还要选用油脂；设计含粗纤维较高的配方时，最好能有优质草粉或叶粉。在这一组原料的基础上，各地可根据资源情况，选择质量有保证、能长期充足供应而价格又相对较低的原料代替或补充基础组合中的同类原料。例如，小麦、大麦、燕麦、高粱和次粉等都是很好的能量饲料，米糠可取代麸皮，且能量高于麸皮，但容易变质，菜籽粕、棉籽粕、花生粕等都是价格比较低廉的蛋白质饲料，只要应用得当，就能降低成本。

反刍动物日粮组成常包括青、粗饲料及精料补充料。青、粗饲料具体选用的种类应根据各地区资源情况具体确定。精料补充料原料通常也包括能量原料、蛋白质原料、矿物质原料、饲料添加剂。具体原料选用时需注意与单胃动物的区别，应主要选用单胃动物不能有效利用的饲料原料，如能量饲料可选用麸皮、米糠和糖蜜等加工副产品或大麦等麦类原料，蛋白质饲料主要用菜籽粕、棉籽粕等杂饼粕原料以及酒精厂、啤酒厂和味精厂的发酵废液、废渣等。

(2) 了解各类原料用量　设计一般猪、禽配合料时，各类饲料原料的用量比例，可参考下列数值。

① 能量饲料　一般占饲料总量的50%～70%（以谷实为主)。其能量要求低的用量为50%左右，高的用量为70%左右，大多为60%左右。

② 植物蛋白质　一般占饲料总量的10%～30%（以饼粕为主)。其蛋白质要求低的占10%左右，高的可达30%左右，多数为15%～20%。

③ 动物蛋白质　一般占饲料总量的0～8%。对高产、快速生长肉用动物适当添加，一般为2%～5%。以不超过8%为宜，但鹌鹑、野禽、鱼类和食肉动物等不受此限制，常超过8%。

④ 糠麸类　一般占饲料总量的0～20%。能量、蛋白质要求很低时，可用到20%左右，一般为10%左右，对高产动物少用或不用。

⑤ 矿物质饲料　一般占饲料总量的2%～10%（包括补充钙、磷和食盐的原料，也可将添加剂预混料的用量包含在内)。产蛋禽可达到8%～10%；一般动物约2%～4%，其中食盐约占0.25%～0.4%，预混料约占0.2%～1%。

⑥ 合成氨基酸　一般占饲料总量的0～0.2%。氨基酸要求高时，适量增加。生长动物一般以赖氨酸为主，产蛋、产毛动物多用蛋氨酸。

设计反刍动物日粮时，应注意反刍动物日粮应以青、粗料为主，精料补充料为辅。青、粗料一般占采食干物质总量的40%～90%，对于育成期肉牛和奶牛、空怀奶牛和非繁殖期成年种牛（羊）等生产力较低的动物，可以只供给青、粗料。具体原料用量的确定可参照生产中的一些经验。表5-1列出肉牛几种常规饲料日供给量的最大值。

表5-1　肉牛几种常规饲料日供给量的最大值　　单位：%

饲料种类	日消耗占体重的比例	饲料种类	日消耗占体重的比例	饲料种类	日消耗占体重的比例
优质干草	3	低质干草、燕麦及大麦秸秆	1.5	燕麦	3.0
好干草	2.5	小麦秸秆	1.0	大麦	2.5
中等质量草	2.0	青贮料(风干样)	2.0～3.0	小麦麸	1.5～2.0

注：引自：肉牛饲料自家调配100问，李青旺，昝林森等，1999。

(3) 确定限量使用原料的用量　某些原料由于含有抗营养因子或其他原因，需要限量使用，应确定其限用数量。例如，麦类饲料所含非淀粉多糖能使肠道内容物黏度增加，如果没有相应的酶制剂，用量最好不超过20%～30%。次粉在调制颗粒时有促进黏结的作用，但用量太大会使颗粒过硬，没有特殊需要以不超过10%～15%为宜。棉籽饼（粕）和菜籽饼(粕)，若未经脱毒处理，在猪、禽料中的比例最好不超过4%～8%，种畜、种禽用量应更少或不用。

另外还需注意某些原料的使用或用量过多可能会影响畜产品的品质。如鱼粉、蚕蛹、米糠等会影响肉和蛋的气味或品质，设计配方时对它们的用量都要加以限制。

3. 通过计算设计出原始配方

当营养水平和饲料原料确定以后，就可以利用各种计算方法设计出能满足营养要求的原始配方。但在计算之前尽量确定各种原料养分含量的实测值，如果不按饲料实际所含养分、水分量进行设计，往往造成养分不足或过多，则不能达到预期的生产效果。

4. 试验验证，最终确定配方

一个可供应用的配方，都应经过试验验证。若能达到预期效果，便可正式应用。在应用时，若发现畜禽生长不快，蛋壳质量不好，动物不爱吃或腹泻多病等情况，便应立即分析原因，若确由饲料配方的缺陷引起，则应针对问题及时加以修正，并再行试验，直到满意为止。

三、全价配合饲料配方设计的方法

1. 交叉法

交叉法也称方块法、对角线法或四角法。此种方法的特点是简便而快速，适用于饲料原料种类及营养指标少的情况，生产中最适用于能量饲料与浓缩饲料比例的计算。

应用此法的特点是：所需配制的营养指标必须处在所提供的最低营养含量的原料与最高营养含量的原料之间。

【例】 用玉米（CP，8%）、浓缩饲料（CP，40%），欲配制哺乳母猪饲料。

步骤如下：

① 查哺乳母猪饲养标准，得知哺乳母猪要求饲料粗蛋白质水平为 14%。

② 作交叉图。把所需要混合饲料达到的粗蛋白质含量 14%放在交叉处，玉米和浓缩饲料粗蛋白质含量分别放在左上角和左下角，然后以左方上、下角为出发点，各向对角通过中心作交叉，大数减小数，所得的数值记在右上角和右下角。即：

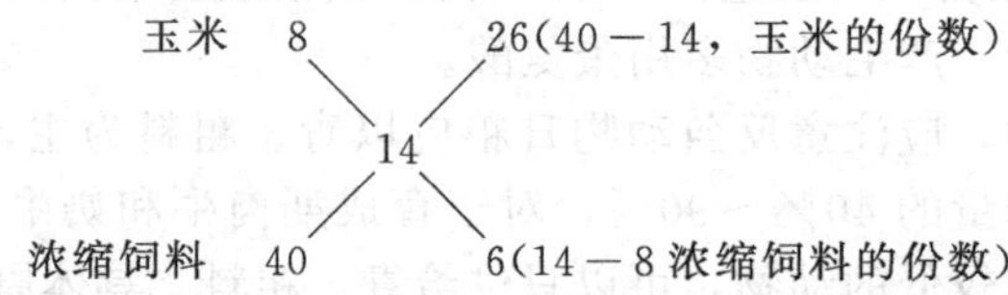

③ 计算各自比例。上面所计算的各差数，分别除以这两差数之和，就得到两种饲料混合的百分比。

$$玉米应占比例(\%)=\frac{26}{26+6}\times 100\%=81.25\%$$

$$浓缩饲料应占比例(\%)=\frac{6}{26+6}\times 100\%=18.75\%$$

因此，哺乳母猪混合饲料应由 81.25%玉米与 18.75%浓缩饲料混合而成。

2. 试差法

试差法也称为凑数法，是最基本和应用最普及的计算方法。可适用于采用多种原料、多种指标时，手工计算各种畜禽饲料配方。其缺点是计算量大，耗时较多，不易筛选最佳配方，相对成本可能较高。因此，应用此法时经验非常重要。

(1) 试差法配制饲料配方的基本步骤

① 确定饲养标准；

② 选定所用饲料原料，并查出各种原料的营养成分；

③ 按能量和粗蛋白水平初拟配方，确定各类饲料原料的配比；

④ 计算初拟配方的能量和粗蛋白水平，并作配比调整；
⑤ 计算并调整日粮中磷、钙、赖氨酸和蛋氨酸＋胱氨酸的含量；
⑥ 进行综合调整；
⑦ 列出最终日粮配方。

(2) 配方实例

【例】 用GB2级玉米、麸皮、豆粕、菜籽粕、棉籽饼、磷酸氢钙、石粉、食盐、1%预混料，及赖氨酸、蛋氨酸等原料，用试差法配制一体重60～90kg阶段生长肥育猪的日粮。

用试差法进行配方的具体步骤如下：

① 查瘦肉型、肉脂型生长肥育猪的饲养标准（中国），从表中查得60～90kg阶段生长肥育猪的营养需要量如表5-2所示。

表5-2 60～90kg阶段生长肥育猪的营养需要量标准

营养指标	消化能/(MJ/kg)	粗蛋白质/%	钙/%	总磷/%	赖氨酸/%	蛋氨酸＋胱氨酸/%
标准	12.98	14.0	0.5	0.4	0.63	0.32

② 选定饲料原料，查出各原料的营养成分（表5-3）。

表5-3 原料的营养成分表

原　料	消化能/(MJ/kg)	粗蛋白质/%	钙/%	总磷/%	赖氨酸/%	蛋氨酸＋胱氨酸/%
玉米	14.18	7.8	0.02	0.27	0.23	0.30
麸皮	9.37	15.7	0.11	0.92	0.58	0.39
豆粕	13.18	43	0.32	0.61	2.45	1.30
菜籽粕	10.59	38.6	0.65	1.02	1.30	1.50
棉籽饼	9.92	36.3	0.21	0.83	1.40	1.11
磷酸氢钙	—	—	26	18	—	—
石粉	—	—	38	—	—	—
食盐	—	—	—	—	—	—
1%预混料	—	—	—	—	—	—

注：来源于中国饲料成分及营养价值表（2004年修订版）。

③ 按能量和粗蛋白质的需要量初拟配方。根据实践经验，初步拟定日粮中各种原料的比例。肥育猪饲料中，能量饲料一般占65%～75%，蛋白质饲料15%～25%，矿物质与预混料2%～4%（本例按3%）。

④ 计算初拟配方中能量和粗蛋白质水平，并作配比调整，见表5-4。

表5-4 能量和粗蛋白质计算表

原　料	配比	消化能/(MJ/kg)	粗蛋白质/%
玉米	69	14.18×0.69=9.7842	7.8×0.69=5.382
麸皮	5	9.37×0.05=0.469	15.7×0.05=0.785
豆粕	18	13.18×0.18=2.372	43×0.18=7.74
菜籽粕	3	10.59×0.03=0.3177	38.6×0.03=1.158
棉籽饼	2	9.92×0.02=0.198	36.3×0.02=0.726
合计	97	13.141	15.791
标准	—	12.98	14
差距	—	+0.161	+1.791

从表5-4情况来看，能量和蛋白质水平偏高，可进行如下调整：可用麸皮替代相应豆粕，采用替代的原料代谢能与粗蛋白质含量均应低于被替代的原料，替代量可采用下式计算：替代量(%)＝配方中粗蛋白质含量与标准的差值/被替代的原料与替代原料的粗蛋白质值之差值。本例为：替代量（%）＝1.791/(0.43－0.157）≈6.6即麸皮提高6.6%，豆粕降低6.6%。经计算后日粮能量水平为12.89MJ/kg，粗蛋白质含量为13.99%。一般认为偏差在0.5%以内可不再作调整。

⑤ 计算并调整日粮中磷、钙、赖氨酸、蛋氨酸＋胱氨酸的含量。结果见表5-5。

表5-5 磷、钙、赖氨酸、蛋氨酸＋胱氨酸计算结果表

原料	配方/%	钙/%	磷/%	赖氨酸/%	蛋氨酸＋胱氨酸/%
玉米	69	0.0138	0.186	0.159	0.207
麸皮	11.6	0.0128	0.107	0.067	0.045
豆粕	11.4	0.0365	0.07	0.279	0.148
菜籽粕	3	0.0195	0.031	0.039	0.045
棉籽饼	2	0.0042	0.017	0.028	0.022
合计	97	0.0867	0.41	0.572	0.468
标准	—	0.5	0.4	0.63	0.32
比较	—	－0.41	＋0.01	－0.06	＋0.15

根据现配方中所列各种指标含量与标准的差异应作适当调整，具体调整步骤如下：

a. 磷的标准已满足需要，可不使用磷酸氢钙。

b. 用石粉补钙：石粉（%）＝0.41/0.38＝1.1

c. 平衡氨基酸：赖氨酸与蛋氨酸的平衡通常是缺多少补多少。但必须注意赖氨酸与蛋氨酸的形式与含量，通常饲料赖氨酸多为L-赖氨酸盐酸盐（含赖氨酸98.5%）或L-赖氨酸硫酸盐含（赖氨酸65%），饲料级蛋氨酸为DL-蛋氨酸，含蛋氨酸98.5%。因此，本例中赖氨酸尚缺0.06%，可补加（0.06%/65%）×100%＝0.1%的L-赖氨酸硫酸盐。蛋氨酸在本例中已超过标准，不必补充。

⑥ 进行综合调整。经计算日粮中添加石粉1.1%，食盐0.3%，L-赖氨酸硫酸盐0.1%，预混料1.0%，合计为2.5%，初始预留量为3%，因而，另可加3%－2.5%＝0.5%于玉米中。

⑦ 列出最终日粮配方（表5-6）。

表5-6 60～90kg阶段生长肥育猪日粮配方

原料	配方/%	消化能/(MJ/kg)	粗蛋白质/%	钙/%	磷/%	赖氨酸/%	蛋氨酸＋胱氨酸/%
玉米	69.5	9.855	5.421	0.0139	0.188	0.16	0.209
麸皮	11.6	1.087	1.821	0.0128	0.107	0.067	0.045
豆粕	11.4	1.503	4.902	0.0365	0.07	0.279	0.148
菜籽粕	3	0.318	1.158	0.0195	0.031	0.039	0.045
棉籽饼	2	0.198	0.726	0.004	0.017	0.028	0.022
石粉	1.1	—	—	0.418	—	—	—
L-赖氨酸硫酸盐	0.1	—	—	—	—	0.065	—
食盐	0.3	—	—	—	—	—	—
1%预混料	1	—	—	—	—	—	—
合计	100	12.96	14.03	0.50	0.41	0.64	0.47

（3）试差法配方设计注意事项

① 试差法计算饲料配方需要一定的配方经验，肉禽、肉猪及蛋小鸡、蛋中鸡饲料中通常矿物质饲料及添加剂预混料比例为3%左右，而蛋禽中的添加比例为10%左右。

② 草拟配方是试差法设计配方成功的关键，参考时一般肉禽、肉猪及蛋鸡育雏、育成期中各类饲料配比及调整规律大致类似，蛋白质饲料比例随着日龄的增大，比例下降。

③ 调整配方的原则：蛋白质高就用蛋白质低的原料去代替蛋白质高的原料，蛋白质低就选用蛋白质高的原料去代替蛋白质低的原料，能量水平调整与此一致。

④ 通常情况下，钙磷补充时，应考虑先补磷，再补钙。因为没有只含磷的原料，通常以磷酸氢钙补磷，补磷后需将其中的钙减去，再计算补钙量。

⑤ 一般情况下，由于蛋白质原料价格较高，所以先调整蛋白质含量，再调整能量。与标准偏差在0.5%以内可不再作调整，但特殊要求除外，直至完全符合要求为止。最后配方总量必须是100%，否则均被视为不符合基本要求，必须引起配方人员的高度重视。

3. 代数法

适用于饲料原料较少而且精度要求不高的配方设计。

【例】 用玉米（含粗蛋白质8.2%）和豆粕（含粗蛋白质43.0%）配制一个含粗蛋白质为15.0%的混合料，即将两种（或两组）饲料列成二元一次方程求解。

假设：玉米为X（%），豆饼为Y（%）

$$\begin{cases}X+Y=100\\0.082X+0.43Y=15\end{cases}$$

其中，0.082和0.43分别是玉米和豆粕的蛋白质百分含量。

解方程得：
$$\begin{cases}X=80.46\\Y=19.54\end{cases}$$

因此，配方应为：玉米80.46%，豆粕19.54%。

四、单胃动物全价配合饲料配方的设计

1. 单胃动物配方设计特点

（1）猪

① 乳仔猪　乳仔猪料除应含有充足、全面、平衡的养分外，还应满足以下要求。

a. 诱食　为使小猪及早吃料，应在料中加诱食剂。乳猪爱吃带奶香和甜味的饲料，可添加香味剂和甜味剂等。

b. 易消化　乳仔猪由于消化道没有完全发育成熟，胃酸和消化酶的分泌量都不足，因此，饲料中最好能添加酸化剂、酶制剂。一些饲料原料，如大豆、饼粕等若能经膨化处理，既易消化，又带香味，饲喂效果较好。早期仔猪日粮中应尽量使用动物性蛋白质饲料，尤其是乳清粉、乳糖或脱脂奶粉等。随着体重的增加，可使用一些动物血浆蛋白粉、鱼粉、优良加工的血粉等，应注意植物性蛋白质饲料原料含量不能过高，豆粕在配合料中含量超过20%容易导致腹泻。

c. 防病促生长　乳仔猪由于对饲料消化能力差，很容易因消化不良而导致腹泻，而且防疫系统未发育完善，抗御病菌和不良条件的能力差，也容易发生各种疾病和腹泻，故一般乳仔猪料都添加抑菌促生长剂，效果较好的如杆菌肽锌、硫酸黏杆菌素、泰乐菌素等。

d. 高能量、高蛋白　可在日粮中添加大豆油、玉米油、棉籽油、菜籽油等油脂来补充能量需要，要求纯度高，并使用抗氧化剂。一般乳仔猪料中不提倡使用棉籽饼粕、菜籽饼粕。乳仔猪应严格控制纤维含量高的原料的使用，使日粮粗纤维水平在5%以下。

② 生长肥育猪　生长肥育猪配方通常分三期（20～35kg，35～60kg，60～90kg）或两

期（20～60kg，60～90kg）。

生长肥育猪需要较多的蛋白质，随着年龄的增长，蛋白质需要量逐渐减少，能量与蛋白质的比例增加，瘦肉品种的猪需要较多赖氨酸。

生长肥育猪对饲料的适应能力较强，可以应用各种价格较低的饲料资源，但有时需控制用量，以免受抗营养因子危害。菜籽饼粕不宜作为猪的单一蛋白质饲料，与豆粕、花生粕等混合使用效果较好。日粮粗纤维水平不能超过8％。

肥育后期应注意饲料对肉质的影响，由于生长肥育猪后期沉积脂肪的能力很强，若日粮中较多的使用某些脂肪含量高的饲料原料，可使猪胴体脂肪变软，降低肉质，有些原料甚至会产生黄脂或异味脂，这些原料在育肥后期应慎用或不用。

③ 种用猪　种用母猪配方可分妊娠前期、妊娠后期和哺乳期三期。

种用猪对饲料品质的要求较高。未脱毒的菜籽饼、棉仁饼等含有毒物质的饲料，要少用或不用。怀孕前期母猪需要的营养物质不多，但营养应全面而平衡；怀孕后期和哺乳母猪需要营养物质较多，特别要注意补充钙、磷、维生素和微量元素。日粮中应含有一定量粗纤维的饲料，以保持种猪良好的体况、维持较高的繁殖性能，减少便秘的发生，可在日粮中添加糠麸类、草粉和叶粉类饲料或另外补充青绿饲料。注意适时控制日粮的能量水平，以免种猪过肥或过瘦影响其繁殖性能。配合妊娠母猪的日粮时，除需满足营养需要外，还应考虑日粮体积，一般每100千克体重供给2.0～3.5kg干物质为宜。

种公猪对能量的需要，在非配种期，可在维持需要的基础上提高20％，配种期可在非配种期的基础上再提高25％。日粮中蛋白质水平大致在17％左右，如日粮中蛋白质品质优良，水平可相应降低。对种公猪特别需要供给氨基酸平衡的动物性蛋白质，尤其要注意赖氨酸的含量。另外，维生素A、维生素E和微量元素锌都是精子生成不可缺少的，必须满足需要。

猪日粮中原料在配方中的大致含量范围见表5-7。

表5-7　猪日粮中原料在配方中的大致含量范围　　单位：％

饲养阶段	生长肥育猪 2～4月龄	后备母猪	妊娠母猪	哺乳母猪	种公猪
谷实类	35～80	35～80	30～80	50～80	50～80
玉米	35～60	50～60	50～60	50～60	50～60
高粱	0～10～20	10～20	10～20	10～20	10～20
大麦	0～10～30	10～20	10～20	10～20	10～20
小麦	0～10～30	10～30	10～30	10～30	10～30
饼粕类	10～25	10～15	5～20	5～20	5～15
大豆饼粕	10～20	5～15	5～20	5～20	5～15
棉籽粕	5～10	10～15	—	2～4	—
菜籽粕	5～10	—	—	—	—
花生粕	10～20	10～20	10～20	10～20	10～20
糠麸类	5～15	5～20	10～25		5～20
动物蛋白	0～6	0～6	0～6	0～6	0～6
鱼粉	0～6	0～6	0～6	0～6	0～6
肉骨粉	0～6	0～6	0～6	0～6	0～6
粗饲料	1～5	1～5	1～7	1～5	1～5
青绿饲料	—	—	20～50	20～50	20～50
矿物质	1～2	1～2	1～2	2～3	1～2
酒糟	20～30	20～30	20～30	20～30	20～30

注：引自：动物饲料配方，张日俊主编，1999。

(2) 家禽　家禽饲料配方设计主要包括蛋鸡、肉鸡、鸭和鹅等，由于不同种类家禽的营养特点和生产用途不同，因此，各种家禽饲料配方设计差异很大。

① 蛋鸡　蛋鸡生长期的饲料可分为2～3期。

a. 育雏蛋鸡　0～6周龄的小鸡消化系统、肠道微生态系统都没有完全发育好，采食量和消化能力都有限，而且免疫系统没有发育成熟，容易患病。但其生长快，因而需要养分含量高且品质好的饲料。代谢能控制在11.92MJ/kg，蛋白水平应达到18%，甚至高达19%～20%；其他营养成分也应完全、充足、平衡，而且要求适口性好，容易消化；根据饲养方式和新生雏鸡来源添加必要的抗球虫剂和防白痢药物等。从4周龄时可撒施硬的砂粒在垫料中或拌料中，每月一次，砂粒细度要合适，可帮助鸡消化吸收。

b. 育成蛋鸡　6～18周龄时采食量渐大而相对生长速度减慢，可以利用一些养分含量稍低且价格低廉的饲料。为了达到育成鸡适宜的体重、良好整齐度及保证适时性成熟，通常采用限制饲养的方式，因而育成鸡配方的营养水平应根据不同限饲方式加以调整。为降低日粮中能量水平，可适量选用糠麸类农副产品、杂粕类饲料、优质草粉，减少精饲料的用量。

18～20周龄虽未开产，但需要为产蛋积贮养分，应提高饲料中蛋白质和钙的含量。此期钙水平可提高到2%。这阶段可单独设计配方，也可将产蛋前期和生长后期的料掺和饲喂。

生长蛋鸡日粮中的微量营养素要完全平衡。维生素、微量元素、必须氨基酸必须符合或达到标准以上。其中锰的水平最好高于标准的2～3倍，锌和硒的水平可以分别高于标准的50%～100%。

c. 产蛋鸡　一般可按前后两期设计配方。从开产到45周龄左右为前期，45周龄后产蛋率低于75%时为后期。后期产蛋率下降，能量蛋白质可减少，但此时蛋变大，钙利用率降低，故饲料中钙含量不宜减少，可提高至3.7%，甚至3.8%，但不可超过4%。产蛋鸡对饲料的改变很敏感，产蛋高峰时最好不要改动饲料，以免产蛋率下降。产蛋鸡由于蛋壳中含有大量的钙，因而配方中需有8%～9%的矿物质饲料，常使用骨粉、石粉或磷酸盐类补充，钙、磷比一般为(5～6)∶1。要想获得80%以上的产蛋率，必须有品质良好的能量饲料和蛋白质饲料，特别要注意蛋白质的质量，一般都需添加蛋氨酸。注意饲料原料及饲料添加剂对蛋品质的影响，如，添加一定比例的着色剂可增加蛋黄的颜色，产蛋期日粮中使用棉籽饼可使蛋黄产生异味。在鸡舍温度高于25℃时，鸡的采食量降低，可提高蛋鸡的营养水平；并补加0.25%碳酸氢钠，将食盐量减少0.1%～0.2%；同时每千克配合料添加50～100mg维生素C，可有效提高产蛋率和蛋壳强度。

② 肉用仔鸡　肉用仔鸡的饲料配方一般分为两期（0～4周、5周以上）或三期（0～3周、4～6周、6周以上）。各阶段能量浓度可以是相等的或渐增的，应尽力避免递减趋势。蛋白能量比呈渐降趋势。

肉鸡生长迅速，需要养分较多，要求每千克饲料中含有较高的能量和蛋白质等营养物质。往往需要应用油脂、鱼粉等能量和蛋白质含量高的饲料，或用近似的饲料原料代替，不用或少用粗纤维含量较高的原料如糠麸类等。

根据我国肉用仔鸡习惯使用日粮的饲料结构，需要注意赖氨酸、蛋氨酸及含硫氨基酸（蛋氨酸+胱氨酸）的水平。钙、磷的补充必须以较宜利用的化合物形式（如磷酸一氢钙、磷酸二氢钙、磷酸钙等钙、磷含量较高的化合物）来补充。对于维生素，实际应用时可高于标准50%～100%或更高。

注意饲料对肉用仔鸡品质的影响，如在饲料中添加着色剂可改善商品肉用仔鸡皮肤的颜色，提高其品质，添加高水平维生素E可改善鸡肉的品质。

为促进生长、预防疾病，在配方中可以使用微生态制剂、抗生素、人工合成抗菌剂及抗球虫药等添加剂。

表 5-8　猪典型饲料配方

配方		1	2	3	4	5	6	7	8	9	10
配方原料比/%	玉米	58.0	54.3	52.0	57	36	56	66.2	68.4	51.2	72.6
	大麦					35	15				
	豆饼(40%)	21.0	21.0								5.5
	大豆粕(42%)			10.6	9	6.5	10	15.5	10.8		
	高粱粉	4.6	7.8								
	棉籽粕			4.0	3.9				3.0		
	棉仁饼		0							7.0	4.0
	菜籽粕		0	4.0	2				3.0		
	菜籽饼										3.0
	米糠		0								
	小麦麸	5.5	6.0	25.0	19.8	10.0	11.8	15.5	12.1	33.5	5.6
	酒糟									4.5	
	鱼粉(63%)	7.5	8.3	1.0	1.0	10.0					4.0
	酵母粉(55%)	1.0									2.0
	肉粉(55%)				4.0		5.9				
	牛羊油		0.5								
	骨粉	0.3	1.0					0.5	0.55	1.0	0.9
	石粉	0.2	0.5	1.8	1.8	1.0		1.0	0.8	1.6	1.0
	磷酸氢钙	0.2		0.3							
	食盐	0.5	0.4	0.3	0.3	0.5	0.3	0.3	0.3	0.2	0.4
	预混料	1.0	1.0	1.0	1.0	1.0	1.0	1.0	1.0	1.0	1.0
	赖氨酸	0.2		0	0.2				0.05		
	合计	100	100	100	100	100	100	100	100	100	100
营养水平	消化能/(MJ/g)	13.55	13.51	12.80	12.9	12.6	13.6	12.85	12.87	12.5	13.6
	粗蛋白质/%	20.1	20.2	16.10	16.8	16.28	16.2	14.70	14.66	13.00	15.0
	赖氨酸/%	1.16	1.14	0.75	0.85	0.80	0.68	0.65	0.67	0.60	0.70
	含硫氨基酸/%	0.59	0.62	0.56	0.56	0.50	0.50	0.57	0.58	0.49	0.56
	苏氨酸/%	0.56	0.54	0.59	0.55	0.63	0.54				
	色氨酸/%	0.18	0.18	0.20	0.19	0.21	0.16				
	钙/%	0.65	0.63	0.80	0.95	0.77	0.73	0.65	0.55	0.85	0.80
	磷/%	0.58	0.58	0.55	0.59	0.45	0.68	0.48	0.50	0.65	0.60
	钠/%	0.31	0.18	0.18	0.18	0.16	0.14			0.16	0.20

注：1，2 为仔猪料配方（5 周龄后，体重 10～20kg）；3，4 为生长猪饲料配方（体重 25～30kg）；5，6 为生长猪饲料配方（体重 30～60kg）；7，8 为肥育猪饲料配方（体重 60～90kg）；9 为妊娠母猪日粮配方；10 为哺乳母猪日粮配方。表中空白项表示“未添加”。余同。

究竟采用高营养还是中等营养水平的饲料配方，应从经济效益出发，根据饲养条件、饲料价格和肉鸡价格等综合考虑。

③ 鸭、鹅　鸭对饲料中能量的利用效率往往高于鸡，当饲料中能量较低时，鸭通过增加采食量来满足能量需要的能力也较鸡强。因而饲粮能量水平稍低时，对它生产能力的影响不太大，但能量和蛋白质以及其他养分的比例必须适当。鸭的配方原料选择面比鸡宽些，可用糠麸等农副产品喂鸭。雏鸭对缺钠敏感，没有食盐的饲料可使雏鸭死亡。

鹅是草食禽类，比较耐粗饲。我国地方品种鹅的生长阶段以白天放牧采食天然青绿饲料和植物籽实为主，早、中、晚补饲以糠麸为主的混合饲料，精饲料用量很少。引进肉用品种鹅，设计饲料配方时可参照鸡的配方选择原料，饲喂配合饲料时可搭配30%～50%的青绿饲料或配入一定量的青干草粉、植物叶粉等，一般粗纤维应占日粮的5%～8%，达到10%也是允许的。

(3) 兔　兔是食草动物，有比较发达的盲肠，并有食粪癖。兔的正常消化需要较多的粗纤维，若饲料中粗纤维低于6%，就会发生严重的消化不良。成年兔饲料中应有10%～16%的粗纤维，因而其饲料配方中应包括青绿饲料或粗饲料。兔对饲料的变化非常敏感。设计配方时要注意不要轻易变换饲料，引用新的饲料原料必须慎重，应逐渐少量添加。兔毛中含有较多的含硫氨基酸（胱氨酸和蛋氨酸），毛兔饲料中应能供应足够的含硫氨基酸。

2. 配方实例

(1) 猪（表5-8）

(2) 禽（表5-9，表5-10）

表5-9　肉仔鸡饲料配方

项目		适用阶段(周龄)	
		0～4	5～8
配方原料比	玉米/%	61.17	66.22
	豆饼/%	30.0	28.0
	鱼粉/%	6.0	2.0
	DL-蛋氨酸(98%)/%	0.19	0.27
	L-赖氨酸盐(98%)/%	0.05	0.27
	骨粉/%	1.22	1.89
	食盐/%	0.37	0.35
	微量元素-维生素预混料/%	1.00	1.00
营养水平	代谢能/(MJ/kg)	12.97	13.14
	粗蛋白质/%	20.5	19.1
	有效磷/%	0.45	0.44
	钙/%	1.02	1.11
	赖氨酸/%	1.20	1.20
	蛋氨酸/%	0.53	0.53
	蛋氨酸+胱氨酸/%	0.86	0.83

3. 配方设计实例

(1) 猪配方　见前文三、2.(2)试差法实例。

(2) 禽配方　用玉米、麸皮、豆粕、鱼粉、骨粉、石粉为产蛋率65%～80%的母鸡设计配方。

① 查饲养标准，确定产蛋率65%～80%的母鸡的营养需要（表5-11）。

表 5-10 蛋鸡的典型饲料配方

配方		育雏料 0～6周	育成鸡Ⅰ 7～14周	育成鸡Ⅱ 15～20周	产蛋期 >80%	产蛋期 <80%
配方原料比	玉米	57.9	58.38	56.00	61.56	62.90
	高粱/%	3.6	4.60	4.69	—	—
	麸皮/%	7.10	13	20.72	1.8	2.4
	豆粕/%	14	7	6	20.1	18.6
	花生饼/%	7	6	4	3.0	3
	芝麻饼/%	3	6	4		
	鱼粉/%	4	2	2	3	2.0
	骨粉/%	1.80	1.6	1.2	2.6	2.2
	石粉/%	0.5	0.5	0.5	7.0	8.0
	食盐/%	0.3	0.30	0.3	0.3	0.3
	蛋氨酸/%	0.15	0.05	0.03	0.14	0.10
	L-赖氨酸/%	0.15	0.07	0.06	—	—
	预混料/%	0.5	0.5	0.5	0.5	0.5
	合计/%	100	100	100	100	100
营养水平	代谢能/(MJ/kg)	12.13	11.92	11.51	11.51	11.51
	粗蛋白质/%	19.0	16.0	14.5	17.5	16
	赖氨酸/%	0.95	0.70	0.58	0.83	0.76
	蛋氨酸+胱氨酸/%	0.70	0.55	0.46	0.66	0.60
	钙/%	1.00	0.85	0.80	3.6	3.8
	有效磷/%	0.45	0.38	0.35	0.41	0.38

表 5-11 产蛋率 65%～80%的母鸡的营养需要

营养指标	代谢能/(MJ/kg)	粗蛋白质/%	钙/%	有效磷/%	赖氨酸/%	蛋氨酸+胱氨酸/%	蛋氨酸/%
需要量	11.51	15	3.25	0.35	0.66	0.57	0.33

② 选择饲料原料，并查饲料原料营养价值表（表 5-12）。

表 5-12 选用饲料原料养分含量

原料	代谢能/(MJ/kg)	粗蛋白质/%	钙/%	有效磷/%	赖氨酸/%	蛋氨酸+胱氨酸/%	蛋氨酸/%
玉米	13.81	8.7	0.02	0.12	0.24	0.38	0.18
麸皮	6.82	15.7	0.11	0.24	0.58	0.39	0.13
豆粕	9.62	43.0	0.32	0.31	2.45	1.30	0.64
鱼粉	11.67	62.8	3.87	2.76	4.90	2.42	1.65
骨粉	—	—	31.0	14.0	—	—	—
石粉	—	—	35.0	—	—	—	—

③ 用试差法进行配方设计，拟出初始配方，算出养分含量及与要求之差值。参照猪禽常用原料用量范围，拟定初始配方为（%）：玉米 60、麸皮 10、豆粕 17、鱼粉 4、矿物质饲料 9。矿物质饲料可先定一个总量，不定各个原料的具体用量。初始配方的养分含量及与要求的差额见表 5-13。

表 5-13 初始配方的养分含量和差额

原　料	用量/%	代谢能/(MJ/kg)	粗蛋白质/%	赖氨酸/%	蛋氨酸+胱氨酸/%	蛋氨酸/%
玉米	60	8.286	5.22	0.144	0.228	0.108
麸皮	10	0.682	1.57	0.058	0.039	0.013
豆粕	17	1.635	7.31	0.417	0.221	0.109
鱼粉	4	0.467	2.51	0.196	0.097	0.0736
合计	91	11.076	16.612	0.8145	0.585	0.3036
与要求相差	—	−0.44	1.612	0.1545	0.015	−0.026
差额百分比	—	—	10.75	23.41	2.60	−8

④ 判断和调整，初始配方能量比要求少 3.82%，粗蛋白质超过要求，应予以调整。根据差额百分比可以判断，应适当增加高能饲料原料，减少蛋白质较高而能量较低的原料。为提高能量可增加玉米用量，降低蛋白质则减少麸皮、豆粕、鱼粉都行。

从初始配方的养分差额中可以看到，能量的差额较少，只差 3.82%，蛋白质多了 10.75%。因此，当减少蛋白质时，要防止调整过多而使能量不足。在选择增减的原料品种时，应考虑两种原料等量替换。调整时首先考虑的是要将不足的养分补足，其次再考虑降低高于要求的养分。初步考虑调整玉米和麸皮的用量。调整的数量可作如下分析，每增加 1% 玉米并减少 1% 麸皮时，代谢能将增加 0.0699（0.1381−0.0682）MJ。为了百分之百地达到能量要求应增加玉米和减少麸皮 6.29%（0.44/0.0699）。即增加玉米 6.29%，减少麸皮 6.29%。调整后的配方及养分含量见表 5-14。

表 5-14 初步调整后的配方及养分含量

原　料	用量/%	代谢能/(MJ/kg)	粗蛋白质/%	赖氨酸/%	蛋氨酸+胱氨酸/%	蛋氨酸/%
玉米	66.29	9.15	5.77	0.159	0.252	0.119
麸皮	3.71	0.25	0.58	0.022	0.015	0.005
豆粕	17.00	1.64	7.31	0.417	0.221	0.109
鱼粉	4.00	0.47	2.51	0.196	0.097	0.074
合计	91.00	11.51	16.17	0.794	0.585	0.307
与要求相差	—	−0.0002	1.17	0.134	0.015	−0.023
差额百分比	—	0	7.8	20	2.6	7

由表 5-14 可知，能量与要求基本一致，粗蛋白质和赖氨酸也与要求更为接近。但与标准相比仍不符合要求，继续进行调整。因蛋白质水平高，能量水平基本相符，现以蛋白质为基准进行调整，根据分析用玉米和鱼粉对调，增加玉米的用量，同时降低鱼粉的用量，调整量为 2%［1.17/(62.8−8.7)］。二次调整后的配方及养分含量见表 5-15。

由表 5-17 可知，能量、蛋白质均符合要求，蛋氨酸尚缺 0.06%，钙尚缺 3.102%、有效磷尚缺 0.151%，应用合成氨基酸和矿物质饲料补足。

表 5-15 二次调整配方及养分含量

原 料	用量/%	代谢能/(MJ/kg)	粗蛋白质/%	赖氨酸/%	蛋氨酸+胱氨酸/%	蛋氨酸/%	钙/%	有效磷/%
玉米	68.29	9.43	5.94	0.164	0.260	0.123	0.014	0.082
麸皮	3.71	0.25	0.58	0.022	0.015	0.005	0.004	0.009
豆粕	17.00	1.64	7.31	0.417	0.221	0.109	0.053	0.053
鱼粉	2.00	0.23	1.26	0.098	0.048	0.033	0.077	0.055
合计	91.00	11.55	15.09	0.701	0.544	0.27	0.148	0.199
与要求相差	—	+0.05	+0.09	+0.041	−0.026	−0.06	−3.102	−0.151
差额百分比	—	0.43	0.6	6.21	−4.56	−18.18	95.45	43.14

⑤ 确定氨基酸和矿物质饲料的用量　首先补充蛋氨酸。市场上蛋氨酸中实际含量约为99%，因而需加0.061%（0.06/98×100）就可满足要求。

补充矿物质时首先考虑骨粉，由于骨粉既含钙，又含磷，石粉只含钙。因此，应先用骨粉满足磷的需要，再用石粉补足钙。骨粉含非植酸磷14%，配方中尚缺磷0.151%，需用骨粉为1.08%（0.151/14×100）。骨粉提供的钙为0.335%（1.08%×31%），配方中还需石粉补充的钙为2.767%（3.102%−0.335%）。需用石粉为7.91%（2.767/35×100）。石粉、骨粉合计用量为8.99%，食盐用0.3%。氨基酸、矿物质总用量为9.351%。此量比预留量9%多0.351%，因而可在玉米中减去0.351%，则玉米实际用量为67.94%。

⑥ 列出最终配方（%）。

玉米　67.94　麸皮3.71　豆粕17.0　鱼粉2　骨粉1.08

石粉　7.91　食盐0.3　蛋氨酸0.061

五、反刍动物全价配合饲料配方的设计

1. 反刍动物配方设计特点

（1）奶牛　根据奶牛生长、发育、妊娠、产奶的不同生理时期，将奶牛的饲养划分为犊牛期、育成期和成年期，每个时期又按体重和产奶量划分为数个饲养阶段，每个饲养阶段均制定相应的饲养标准。根据奶牛不同饲养阶段的饲养标准以及消化生理特点，配制不同饲料组成的日粮。

① 犊牛　犊牛期前胃体积小，发育不完全，尚未建立起微生物区系，主要靠真胃和小肠消化食物，其消化机能与单胃动物相似。犊牛2～3周龄之后开始训练采食混合精料，此期混合精料主要由营养价值高和消化率高的玉米、高粱、麦类、小麦麸、大豆饼（粕）、优质鱼粉以及矿物质和维生素组成，为提高精饲料的适口性可添加4%的糖蜜。青、粗饲料要选用柔嫩的青草、青干草，任犊牛自由采食。当青绿饲料不足时，应添加预混料或维生素制剂，尤其是维生素A、维生素D、维生素E制剂，以保证营养的全面性。多汁饲料和青贮饲料也应由少到多逐渐增加饲喂量，2月龄时饲喂多汁饲料1～1.5kg，3月龄时饲喂青贮饲料1.5～3kg，以后控制用量4～5kg为宜。

3～6月龄间断奶的犊牛，已建立起较为完整的瘤胃微生物区系，能较好地消化各种植物性饲料，可以完全依靠采食固体饲料来满足营养需要。

② 育成牛　6～12月龄阶段是育成牛生长速度最快的阶段，也是瘤胃快速发育以适应大量利用青、粗饲料的阶段。在配制日粮时，既要逐步增加青、粗饲料的用量，又要注意补

给一定数量的混合精料。

13月龄至初次配种阶段的育成牛，瘤胃发育已基本完善，消化机能较强，可大量利用各种青、粗饲料。此期日粮应以多种青、粗饲料为主，粗料可占日粮干物质的75%左右。当青、粗饲料品质差或采食量不足时，再考虑补充一定量的糠麸或混合精料。生长牛钙、磷的需要按100千克体重给6g钙和4.5g磷，每千克增重给20g钙和13g磷。

受胎至第一次产犊阶段的育成牛，妊娠前期与前一阶段基本相同，而妊娠后期的3～4个月内，日粮组成中必须提供充足的且品质优良的青、粗饲料，并根据母牛妊娠期的营养需要补充混合精料。

③ 成年母牛

a. 成年母牛日粮的配制应根据母牛生产阶段、产奶量、膘情等因素综合考虑。干奶期母牛日粮中要增加优质粗饲料的比例，适当控制青绿饲料和精饲料的比例，不喂或少喂多汁饲料，以促使母牛停止产奶，对于膘情较差的母牛，可按日产奶10～15kg的营养标准配制日粮，若喂给青贮玉米秸，则需要补充混合精料。干奶牛消化器官受到胎儿和妊娠产物的压迫，日粮容积也不宜过大。产前15d内为防止母牛产后发生产乳热，应控制日粮中钙、磷含量，使母牛每天摄入的钙小于100g，磷小于45g。泌乳盛期应保证精、粗料的比例合理，使日粮干物质的粗纤维含量不低于15%，当日粮的精、粗料比例达到或超过60：40时，为避免瘤胃内酸度升高，可在日粮中添加碳酸氢钠或氧化镁。若粗纤维含量低于15%，日粮中应减少青贮饲料的用量，增加优质苜蓿干草的用量，提高日粮的粗蛋白质水平，减少混合精料的用量。泌乳中期日粮中精饲料的比例递减，而青、粗饲料的比例递增。泌乳后期日粮的营养水平应根据母牛的产奶量和膘情而调整，使母牛的体况在泌乳后期得到恢复。

b. 青粗饲料的组成比例对产奶量有很大影响。优质的干草、青绿饲料、块根、块茎、青贮饲料，特别像啤酒糟、糖渣等副产品，往往有明显的催乳作用。一般在有青草季节，最好日粮中有30～50kg的青绿饲料和5～10kg青贮块根、糟渣类多汁料。在枯草季节日粮中，最好有3～10kg干草或秸秆，20kg左右青贮饲料，5～10kg左右块根、糟渣类饲料。青粗料干物质和精料干物质之比，不宜低于40：60，否则极易引发代谢疾病。为了使乳中含有较高乳脂率，则应使日粮中含较高粗纤维。青年母牛，为使其消化器官充分发育并适应含多汁料较多的日粮，应使其多吃青粗多汁料。

c. 在选择原料时，要考虑原料对乳品质的影响。例如，菜籽粕、糟渣、鱼粉和蚕蛹粉等饲料应严格限制用量，否则，可使牛乳产生异味，影响奶的品质。

d. 配料时应根据季节作相应的调整。夏季高温奶牛采食量降低，此时可调整日粮组成，如增加优质饲料的用量，以提高饲料消化率；添加具有香、甜风味的饲料或饲料添加剂，以提高饲料的适口性，增加日粮干物质的采食量。冬季天气寒冷，牛将消耗更多的饲料产热来维持正常的体温，因而可在营养标准的基础上，增加维持能量的需要。

产奶母牛干物质采食量的计算。奶牛干物质采食量（kg），可由以下公式计算：

$$\text{干物质进食量(kg)}=0.062W^{0.75}+0.40(\text{或}\ 0.45)Y$$

式中，W为体重（kg）；Y为标准乳日产量（kg）；精粗比为60：40时用0.40，精粗比为45：55时用0.45。

奶牛矿物质元素的补充，维持需要按每100千克体重给6g钙、4.5g磷和3g食盐；每千克标准乳给4.5g钙、3克磷和1.2g食盐。精料中食盐的含量一般占1%。

(2) 肉牛

① 不同饲养阶段的牛，在育肥期间所要求的营养水平不同。犊牛育肥以混合精料和母乳为主；幼牛育肥可采用高精料、高营养水平的日粮；成年牛育肥以提高日粮的能量水平

为主。

a. 犊牛育肥饲料的配制特点　犊牛1月龄之前主要是饲喂母乳和人工乳，1月龄之后的日粮是由母乳、混合精料和青粗饲料组成。混合精料必须含有消化率较高的真蛋白质，如优质鱼粉和大豆蛋白质；为满足能量需要可添加5%～10%的油脂。混合精料的饲喂量由少到多，而母乳和人工乳的饲喂量逐渐减少，从4周龄后按体重的10%～12%确定饲喂量。优质的青草或青干草任犊牛自由采食。

b. 幼牛育肥饲料的配制特点　根据月龄和对其增重速度的要求，分为幼牛直线育肥和架子牛育肥。

幼牛直线育肥整个育肥期采用高营养水平的日粮，使其日增重达到1.2kg以上。日粮组成以品质好、消化利用率高的精饲料和青草、青干草或青贮饲料为主。

架子牛育肥实施"吊架子"，育肥的肉牛，断奶后先采用放牧，或配制的日粮以青、粗饲料为主，适宜搭配糟渣、糠麸等农副产品，并满足钙、磷、食盐等矿物质需要，以促进瘤胃容积的增大和骨骼的生长。当体重达到250kg以上时，再按育肥期的营养需要配制日粮，实施强度育肥。

c. 成年牛育肥饲料的配制特点　成年牛育肥主要是通过增加脂肪沉积提高增重，其营养需要主要是满足维持牛的基本生命活动和沉积大量体脂，所以日粮的能量水平较高，而其他营养水平较低。成年役用牛和乳用牛育肥要比肉用牛增加10%的能量需要，消耗的饲料也多。

② 肉牛干物质采食量计算：

$$0.062W^{0.75}+1.5296+0.0031W^{0.75}\times \text{日增重(kg)}$$

式中，W为体重（kg）。或根据经验：肉牛饲料干物质采食量一般为每100千克活重每日需要2～3kg。

③ 青粗饲料是日粮的主体。肉牛的饲粮，应以粗饲料为主，合理搭配精饲料。肉牛所需养分的60%以上应来自各类粗饲料，保证日粮粗纤维含量应在15%～17%以上。不同生理时期牛的饲粮，精、粗饲料的组成比例、采食量均不同，既要满足营养需要，又要让牛有饱感。

④ 精饲料是粗饲料的必要补充。生长前期、泌乳期及集中肥育期，粗饲料远不能满足其需要。品质低劣的粗饲料，消化率低，采食量少，在粗饲料来源不足的情况下，需要补充一定量的精饲料；随着生产强度的增加，精料喂量也应增加。精料补充量的多少取决于多种因素，对于肉牛要根据市场安排日粮结构，一般集中肥育期每天投喂2～5kg精料，其余时间喂料很少或不喂精料；粗饲料品质较好且供应充足时，可不补充精饲料。各种饲料的大致比例如下：青粗饲料30%～100%，谷实类饲料10%～25%，饼粕类饲料5%～15%。

⑤ 矿物质元素是日粮的增效剂。肉牛的生产性能越高，矿物质元素的需要量越大，舍饲或有补饲饲槽时，可随精料补充矿物质元素，放牧时补充矿物质元素舔砖即可。保证钙、磷比在（1～2）∶1之间，允许日粮中钙、磷超标，食盐一般占精料的0.5%～1.0%或日粮干物质的0.25%左右。

⑥ 使用非蛋白氮以降低饲养成本。肉牛的日粮中可使用尿素等非蛋白氮，可降低饲养成本，并补充日粮氮素营养。其用量按尿素计算，不应超过粗料量的3%，或每千克体重不超过0.25～0.5g，或尿素氮不超过日粮总氮量的20%～30%。最好应用比较安全的糊化淀粉尿素或双缩脲、异丁基二脲等，而且应用于原来含蛋白质较低的（<12%）的日粮中，否则效果较差。

⑦ 高温时应提高饲料营养物质浓度及适口性和调养性。快速肥育的肉牛，有时需用油

脂来满足能量的要求，常用的油脂有牛羊脂、黄油等动物性油脂。

(3) 羊

① 羔羊　羔羊的消化功能不完善，要保证其快速生长，需要为其提供较多的营养物质。哺乳后期必须逐渐过渡到采食由各种饲料配制的日粮。日粮青、粗饲料应以鲜嫩的饲草、树叶或优质的野干草、苜蓿草、花生秧为主，精饲料则以营养价值高、消化利用率好的各种谷实类和糠麸类饲料为主，如玉米、大麦、高粱、小麦麸、细米糠等。

② 育成羊　此期羊的消化功能已经完善，具备了消化各种青、粗饲料的能力，可充分利用各种青草、干草、秸秆、茎叶和各种糟渣、糠麸类饲料，尽量减少各种饲料粮和饼粕的用量，以降低饲料成本。此期羊的日粮中更需供给充足的青绿、多汁饲料，以满足生殖器官发育的营养需要。在放牧青草季节，日粮中可不用补充任何精饲料，完全靠瘤胃的消化功能获得所需要的营养物质。

③ 育肥羊　育肥羊因年龄、育肥目的、育肥期的长短等不同，日粮的饲料组成和营养水平均有一定差异。

a. 哺乳羔羊育肥饲料　羔羊育肥是利用羔羊生长速度快、饲料报酬高的特点，通过提高日粮的营养水平，促使羔羊快速增重。配制哺乳羔羊的育肥饲料主要选用营养价值高、消化利用率高的优质精饲料，如玉米、大麦、大豆饼粕、玉米蛋白粉、小麦麸皮、啤酒酵母粉等。

b. 断奶羔羊育肥饲料　断奶之后的羔羊虽然已能大量地采食各种粗饲料，但配制育肥日粮仍然需要选用营养价值高、消化利用率高的优质精饲料和各种青草、青干草，如苜蓿、各种禾本科野草、豆科野草、农作物茎叶、树叶等。

c. 育成羊育肥饲料　配制育成羊的育肥日粮可选用各种精、粗饲料。但为了提高育肥速度，节约精饲料，尽量不选用粗纤维含量偏高的饲料，如玉米秸、大豆秸，或仅用其叶梢部分。

d. 成年羊育肥饲料　配制成年羊的育肥日粮以选用各种优质的粗饲料为主，精饲料主要是玉米、大麦等高能量饲料。为降低成本，可使用啤酒糟、高粱酒糟等粮食酒糟，或豆腐渣、粉渣等。

④ 成年羊　配制成年羊的饲料，主要是满足种公羊配种期、母羊怀孕后期和哺乳期的营养需要，并且要保证营养物质的全面性。

a. 种公羊　种公羊的日粮分为配种预备期、配种期和非配种期三个阶段进行配制。配种预备期大约两个月，在非配种日粮的基础上逐渐增加精饲料的用量，以提高日粮的营养水平。配种期的日粮要满足维持和配种两个方面的营养需要，日粮的饲料组成要求多样化，并且配比合理，适口性好；各种营养物质的含量要充足，尤其是蛋白质、维生素 A、维生素 D、维生素 E 更要满足。当日粮中青绿饲料缺乏时，应补给胡萝卜、南瓜等富含胡萝卜素的多汁饲料。而非配种期的日粮应以青草或青干草为主，补给少许混合精料，以维持七八成膘即可。

b. 种母羊　种母羊的饲料分为空怀期、怀孕期、哺乳期多个饲养阶段配制。因为不同饲养阶段的母羊生理状况不同，日粮的饲料组成及营养水平均有一定的差异。

空怀期：母羊在放牧青草或供给较优质的青干草、青贮饲料的条件下，膘情适中，则不需供给精饲料。当粗饲料不能满足其维持营养需要时，可补给一定量的糠麸、糟渣类饲料，尽量减少籽实类精料的用量，以节约饲养成本。配种期的日粮中要增加青绿、多汁饲料的用量，视膘情补给一定量的精饲料，以保证母羊正常的发情与配种。

怀孕期：母羊怀孕期，按怀孕前期和怀孕后期配制两种日粮。怀孕前期可使用与空怀期相同的日粮，但饲料的品质要好，避免使用劣质或有毒的饲料。怀孕后期要求饲料的品质好、营养价值高，而且要求营养全面，尤其是舍饲或枯草季节放牧的羊群，除补给所需要量的精饲料之外，还要供给充足的青绿饲料或富含胡萝卜素的多汁饲料，以保证胎儿的正常生长发育。

哺乳期：母羊哺乳期按哺乳前期和哺乳后期配制日粮。配制哺乳期日粮要求饲料多样化、品质优，保证营养充足和全面。日粮原料应以各种优质的牧草、野草、树叶为主，尽量减少精饲料的用量。

c. 产毛羊　绵羊产毛期的日粮中不但要增加粗蛋白质含量，尤其需要增加硫元素的用量，以提高产毛量和毛的品质。每天每头可补饲蛋氨酸0.5～2.0g或硫酸钠0.25%。

2. 反刍动物配方实例

(1) 奶牛配方实例（表5-16）

表5-16　奶牛的典型日粮配方

饲料种类	产奶牛1	产奶牛2	干奶牛	生长牛
混合精料/%				
玉米	25	32	60	61
大麦，高粱	25	—	12	—
麸皮，米糠	18	35	16	18
大豆	—	—	—	17
豆饼	10	10	10	—
棉籽饼，菜籽饼	16	15	—	—
鱼粉	—	2	—	—
骨粉，磷酸钙	4	2.5	—	3
石粉，贝壳粉等	—	2	—	—
食盐	2	1.5	2	1
日粮/kg				
青草，青菜	30	—	—	—
干草	1～2	4	3.1	—
青贮料	16.06	18.5	21.6	—
胡萝卜，块根、块茎	6.77	—	—	—
啤酒糟	—	11	—	—
糖渣，甜菜渣等	8.78	3	—	—
混合精料	9.43	7.2	2.6	—

注：1. 产奶牛1体重589kg，标准乳26.04kg；产奶牛2体重600kg，标准乳15.5kg；生长牛10～11月龄，体重198kg，日增重691g。

2. 摘自：饲料配方新技术，丁晓明编著，1998。

(2) 肉牛配方实例（表5-17、表5-18）

3. 反刍动物配方设计实例

(1) 反刍动物配方设计步骤　反刍动物日粮配方设计与单胃动物日粮配方设计相比，最大的区别是增加了粗料的使用。其配方设计步骤如下。

① 确定动物营养需要。总营养需要应由维持需要和生产需要两部分组成。生产需要根据具体的生产目的又可能由产奶需要、产肉需要、妊娠需要、使役需要构成。

② 选择适宜的饲料原料并获得原料的营养成分含量。

③ 确定粗料的组成及粗料所含的养分，并计算出需由精料补充的养分。

④ 设计精料补充料配方（方法同单胃动物日粮配方设计），并将以干物质为基础的配方转换为以风干物质为基础的配方。

⑤ 列出反刍动物日粮组成。

表 5-17　肉牛日粮配方（一）

饲　料	体重 100kg 日增重 0.5kg					体重 200kg 日增重 0.8kg				
	1	2	3	4	5	1	2	3	4	5
玉米/kg	0.1	1.07	1.12	1.13	0.22	0.66	1.40	2.10	1.26	0.92
麸皮/kg	—	—	—	—	—	—	—	—	2	—
豆粕/kg	—	—	—	—	0.1	—	—	—	—	0.24
棉仁粕/kg	0.5	0.79	0.69	0.62	—	0.82	—	—	—	—
菜籽粕/kg	—	—	—	—	—	—	1.13	0.91	0.3	—
石粉/kg	0.01	0.03	0.02	0.02	—	0.02	0.04	0.03	0.03	—
食盐/kg	0.04	0.04	0.04	0.04	0.04	0.06	0.06	0.06	0.04	0.06
稻草/kg	—	0.64	—	—	—	—	2.8	—	—	—
玉米秸/kg	3.53	—	—	—	—	4.7	—	—	—	—
干草/kg	—	—	0.69	—	—	—	—	0.84	—	—
玉米青贮/kg	—	2	2	—	—	—	3	4	—	—
野青草/kg	—	—	—	5	17	—	—	—	6	23
综合净能/MJ	17.6	17.6	17.6	17.6	17.6	29.4	29.4	29.4	29.4	29.4
粗蛋白质/g	397	397	397	397	397	631	647	647	647	647
钙/g	16	16	16	16	24	28	28	28	28	33
磷/g	12	10	11	12	17	19	17	18	27	26
干物质/g	3.6	2.7	2.7	2.6	3.6	5.6	5.6	4.4	4.5	5.6

注：摘自：饲料配方新技术，丁晓明编著，1998 年。

表 5-18　肉牛日粮配方（二）

饲　料	体重 300kg 日增重 1.0kg					体重 400kg 日增重 1.2kg				
	1	2	3	4	5	1	2	3	4	5
玉米/kg	1.0	1.86	1.80	1.70	2.57	3.70	3.42	3.13	3.90	4.38
麸皮/kg	—	0.5	3.3	3	—	—	0.5	3.0	2.3	—
豆粕/kg	—	—	—	—	0.35	—	—	—	—	0.30
棉仁粕/kg	0.65	—	—	—	—	1.60	—	—	—	—
菜籽粕/kg	—	1.17	—	0.1	—	—	1.51	0.60	—	—
石粉/kg	0.02	0.06	0.06	0.05	0.02	0.08	0.08	0.07	0.07	0.05
食盐/kg	0.09	0.09	0.09	0.09	0.09	0.1	0.1	0.1	0.1	0.1
稻草/kg	—	4.3	—	—	—	—	4.1	—	—	—
玉米秸/kg	7.2	—	—	—	—	3.7	—	—	—	—
干草/kg	—	—	1.2	—	—	—	—	1.6	—	—
玉米青贮/kg	—	4	4	—	—	—	4	4	—	—
野青草/kg	—	—	—	9.5	20	—	—	—	12	20
综合净能/MJ	41	41	41	40	41	55.6	55.6	55.6	55.6	55.6
粗蛋白质/g	774	823	773	773	773	1089	1075	1089	907	907
钙/g	38	38	38	38	38	48	48	48	48	48
磷/g	23	23	35	36	27	29	29	42	38	31
干物质/g	7.3	8.0	6.6	6.2	6.7	8.2	9.5	8.7	8.1	8.3

（2）配方设计实例

① 未添加尿素日粮的配制

【例】 为体重600kg的产奶母牛配制平均乳脂率3.5%，日产奶30kg的日粮。

第一步，确定营养指标。查饲养标准，根据奶牛的维持需要和产奶需要确定日粮的营养指标（表5-19）。

表5-19 体重600kg、乳脂率3.5%、日产奶30kg母牛的营养需要

营养需要	日粮干物质/(kg/头)	奶牛能量单位/NND	粗蛋白质/g	钙/g	磷/g
维持需要	7.52	13.73	559	36	27
产奶30kg需要	12.0	27.9	2400	126	84
总营养需要	19.52	41.63	2959	162	111

第二步，确定饲料原料，查饲料原料营养价值表（以干物质为基础）（表5-20）。

表5-20 选用饲料原料营养成分含量

原　料	干物质/%	奶牛能量单位/NND	粗蛋白质/(g/kg)	钙/(g/kg)	磷/(g/kg)
玉米	88.4	2.58	97	0.9	2.4
米糠	90.2	2.39	134	1.6	11.5
大豆饼	90.6	2.93	475	3.5	5.5
磷酸氢钙	99.4	—	—	219.8	86.6
苜蓿干草	92.4	1.78	182	21.1	3.0
玉米秸	90.0	1.66	66	3.9	2.3

第三步，确定粗饲料组成及用量，计算营养差额，即需要通过精料补充的营养物质量。通过使用苜蓿干草、野干草、羊草、青贮玉米、甘薯蔓和青绿饲料，可以增加日粮的粗饲料比例，尤其是优质的苜蓿干草，既提供了大量的粗蛋白质，又能满足奶牛对粗纤维的需要。但是增加苜蓿用量，可使日粮的含钙量显著超标，只有与糠麸饲料配合使用才能促证钙、磷比例的合理。确定粗料干物质占总干物质需要量的50%，则粗料提供的干物质为19.52×50%＝9.7，其中确定苜蓿干草用量为5kg，玉米秸用量则为4.7kg，计算粗料可提供的营养含量，并与确定的营养指标比较其差额（表5-21）。

表5-21 粗料提供养分及需精料补充养分计算

原　料	用量/kg	奶牛能量单位/NND	粗蛋白质/g	钙/g	磷/g
苜蓿干草	5	9.9	910	105.5	15
玉米秸	4.7	7.80	310.2	17.93	10.81
粗料合计	9.7	17.70	1220.2	123.43	25.81
总需要量	19.52	41.63	2959	162	111
营养差额(需精料补充)	9.82	23.93	1738.8	38.57	85.19

第四步，通过试差法配制精料补充料配方（表5-22）。

表5-22 精料补充料配方（干物质为基础）（一）

原　料	玉　米	大豆饼	米　糠	磷酸氢钙
用量/kg	4.8	1.84	3	0.34

第五步，根据饲料的干物质含量，将混合精料的干物质配比量折算成饲料原料风干样的配比量（表5-23）。

表 5-23 精料补充料配方（风干样为基础）（二）

原　料	玉米	大豆饼	米糠	磷酸氢钙	合计
用量/kg	5.432	2.031	3.326	0.342	11.131

第六步，根据日粮的混合精料用量，计算各种精饲料的百分比浓度（表 5-24）。

表 5-24 精料补充料配方（风干样为基础）（三）

原　料	玉　米	大豆饼	米　糠	磷酸氢钙
用量/%	48.80	18.25	29.88	3.07

精饲料中额外添加预混料 1.0%、食盐 1.0%和小苏打 1.0%。大约每 1 千克精料可满足产鲜奶 2.5kg 的营养需要。

第七步，为方便配制奶牛日粮，计算出精、粗饲料原样的配合比例（表 5-25）。

表 5-25 奶牛日粮组成

日粮组成	日粮干物质	折合饲料原样	混合精料	苜蓿干草	玉米秸
用量/kg	19.68	21.75	11.13	5.41	5.21

经计算，日粮的精、粗料之比为 49.7∶50.3，符合需要。

② 添加尿素日粮的配制　可按日粮中粗蛋白质的含量计算确定，也可直接确定尿素在混合精料中的用量。

a. 按日粮中粗蛋白质的减少量计算尿素用量　以配制的育肥牛日粮配方为基础，控制粗蛋白质水平在 10%以下，按粗蛋白的减少数量确定尿素的添加量。

【例】 为体重 300kg 的生长育肥牛配制添加尿素的日粮。以优质苜蓿干草＋青贮玉米秸＋混合精料组成的日粮配方中，当保持粗蛋白质水平 9%～10%时，计算步骤如下：

第一步，计算日粮及其混合精料中粗蛋白质可减少（以干物质为基础）的数量（表 5-26）。

表 5-26 日粮及其混合精料中粗蛋白质减少的数量

体重/kg	日粮总量/kg	精料用量/kg	减粗蛋白质/%	减粗蛋白质/g	1 千克精料减少粗蛋白质/g
300	**7.11**	**3.11**	**1.0**	**71**	**23**

第二步，调整精饲料配方的粗蛋白质水平。因为精饲料配方中大豆饼的配合比例为 **0.043kg**，仅能减少粗蛋白质 **14.2g**。按饲料的风干物质含量，重新计算、调整混合精料的饲料配比，见表 **5-27**。

表 5-27 精饲料配方减少粗蛋白的调整示例　　单位：kg

精饲料配方	玉米	大豆饼	小麦麸	石粉	磷酸氢钙	食盐	预混料	合计
原有配方	0.882	0.043	0.038	0.007	—	0.015	0.015	1.0
粗蛋白质－14.2g	＋0.032	－0.043	＋0.011	—	—	—	—	—
调整后配方	0.914	0.0	0.049	0.007	—	0.015	0.015	1.0

第三步，根据粗蛋白质减少的用量，计算尿素的使用量。

根据日粮中混合精料的用量，计算粗蛋白质减少的数量：

14.2×3.52(3.52 转换成风干物质的量)≈50(g)

根据日粮中粗蛋白质减少的数量，计算每头每天使用尿素的数量：

$$50 \div 2.81 \approx 18(\text{g})$$

第四步，计算饲料的配合比例。日粮中混合精料的饲料配比及其粗蛋白质含量已被改变，但日粮的精、粗、青绿饲料配比未变。日粮的饲料组成见表5-28。

表5-28　育肥牛玉米秸、干草型日粮添加尿素的饲料配比

日粮组成	混合精料/kg	次等苜蓿干草/kg	青贮玉米秸/kg	合计饲料总量/kg	日粮干物质/kg	尿素/g
用量	3.52	3.17	4.74	11.43	7.11	18

b. 直接确定尿素在混合精料中的用量　以淀粉质饲料为主，直接确定尿素在混合精料中的用量，配制精饲料配方以及日粮。具体方法如下。

第一步，配制混合精料。按尿素、食盐、小苏打和预混料的用量分别为1.0%，磷酸氢钙2.0%，高粱20.0%，玉米74.0%，配制混合精料。经计算含干物质89.2%，以干物质为基础的肉牛能量单位1.03RND、粗蛋白质23.13%（其中天然粗蛋白质9.08%）、钙0.51%、磷0.38%。

第二步，配制日粮。以配制体重600kg成年牛育肥前期日粮为例，根据青粗饲料的种类，应用简单方程组求解精、粗、青绿饲料的配合比例。并根据日增重对营养物质的需要（控制天然蛋白质9.0%，对尿素提供的氮不予考虑），确定日粮应达到的营养指标如表5-29。

表5-29　体重600kg日增重600g成年牛育肥前期营养需要

育肥期	日增重/g	日粮干物质/kg	肉牛能量单位/RND	粗蛋白质/g	钙/g	磷/g
前期	600	9.46	7.0	851	32	22

若粗料选择大豆秸、青贮玉米秸，两种原料干物质中的营养含量如表5-30。

表5-30　大豆秸、青贮玉米秸营养含量（干物质基础）

原　　料	肉牛能量单位/RND	粗蛋白质/g
大豆秸	0.36	98
青贮玉米秸	0.30	56

设混合精料使用量为X（kg），大豆秸为Y（kg），青贮玉米秸Z（kg），则根据要求达到的日粮干物质、肉牛能量单位、粗蛋白质质量可得以下方程组：

$$\begin{cases} X+Y+Z=9.46 \\ 1.03X+0.36Y+0.30Z=7.0 \\ 90.8X+98Y+56Z=851 \end{cases}$$

解方程组得：

$$\begin{cases} X=5.444 \\ Y=3.138 \\ Z=0.878 \end{cases}$$

根据饲料的干物质含量，计算出体重600kg成年牛育肥前期的日粮组成，见表5-31。

表5-31　成年牛育肥前期豆秸、青贮型日粮添加尿素的饲料配比

日粮组成	混合精料/kg	大豆秸/kg	青贮玉米秸/kg	合计饲料总量/kg	日粮干物质/kg	尿素/g
用量	6.10	3.39	3.51	13.0	9.46	61

按以上比例配制成的成年牛育肥前期日粮，干物质中混合精料的配合比例为57.5%，

每头每天喂给尿素 61g，日粮中相当于增加粗蛋白质 171.41g（61×2.81），钙、磷含量虽然高于指标值，但比例基本合理。

第二节　商品浓缩饲料的配方设计

浓缩饲料是全价配合饲料生产过程中的半成品饲料产品。它是由预混合饲料、蛋白质饲料、矿物质饲料等组成的。

一、浓缩饲料配方设计的原则

1. 能量饲料配比的整数原则

在浓缩饲料的配方中，理论上各种原料的含量可精确到小数点后几位。但考虑到各种饲料的营养成分与营养成分表上数据的差异，以及用户加入能量饲料时称量的差异性，用浓缩饲料配制配合饲料，其实是一种相对粗放的配料方法，没有必要过于精确，能量饲料如玉米、麸皮等一般取整数，在这种情况下与饲养标准不符时，可从浓缩饲料部分进行调整。

2. 浓缩饲料中一般不添加用户所添加的能量饲料

设计浓缩饲料配方时要将全价配合饲料中的能量饲料的数值固定取整数，而不能只按照配合饲料的配方设计方法设计出配方后，将能量饲料取整数，多余的加到浓缩饲料中。后者从理论上尽管可以，但从商业角度讲可能给人一种掺假的错觉，势必要影响产品的销售。

二、浓缩饲料配方设计的方法

常用的有两种方法，一是根据全价配合饲料配方推算浓缩饲料配方，二是由浓缩饲料与能量饲料的已知搭配比例推算浓缩饲料的配方。

1. 根据全价配合饲料配方推算浓缩饲料配方

（1）设计全价饲料配方。

（2）根据玉米麸皮等能量饲料在配合饲料中的实际用量范围，确定一个合适比例。

（3）计算浓缩饲料配方。

浓缩饲料部分的各种原料在配合饲料中的比例除以浓缩饲料部分的比例总和，就得到浓缩饲料的配方。

【例】 为体重 20～60kg 的生长肥育猪制定浓缩饲料配方

① 先制定全价配合饲料配方

第一步，查 20～60kg 生长肥育猪营养需要标准（表 5-32）。

表 5-32　20～60kg 生长肥育猪营养需要

营养需要	消化能/(MJ/kg)	粗蛋白质/%	钙/%	磷/%	食盐/%	赖氨酸/%
用量	13.39	16	0.6	0.5	0.23	0.75

第二步，查饲料原料营养成分表（表 5-33）。

表 5-33　饲料原料营养成分表

原　　料	消化能/(MJ/kg)	粗蛋白质/%	钙/%	磷/%	赖氨酸/%
玉米	14.18	8.7	0.02	0.27	0.24
麸皮	9.37	15.7	0.11	0.92	0.58
豆粕	13.18	43	0.32	0.61	2.45
棉仁粕	9.46	42.5	0.24	0.97	1.59
磷酸氢钙	—	—	23.5	16.8	—
石粉	—	—	35.5	0	—
食盐	—	—	—	—	—

第三步，用试差法设计配合饲料配方（表5-34）。

表5-34 用试差法设计配合饲料得到的配方

配方	玉米	麸皮	豆粕	棉仁粕	磷酸氢钙	石粉	食盐	预混合饲料
用量/%	66	12	15.5	4	0.5	1.2	0.3	0.5

② 根据浓缩饲料在配合饲料中所在的比例，计算浓缩饲料部分各种原料的比例。

在全价饲料中除去玉米（66%）、麸皮（12%），剩余的就是浓缩饲料的成分，由此可见，浓缩饲料在全价饲料中所占的比例为22%。那么浓缩饲料部分各种原料在浓缩饲料中的比例，用各种原料在配合饲料中的比例分别除以22%，配比如下：

豆粕：15.5%÷22%=70.45%　　棉仁粕：4%÷22%=18.18%

磷酸氢钙：0.5%÷22%=2.27%　　石粉：1.2%÷22%=5.46%

食盐：0.3%÷22%=1.36%　　预混合饲料：0.5%÷22%=2.27%

即豆粕70.45%，棉仁粕18.18%，磷酸氢钙2.27%，石粉5.46%，食盐1.36%，预混料2.27%。

2. 由浓缩饲料与能量饲料的搭配比例推算浓缩饲料配方

(1) 根据浓缩饲料与能量饲料的搭配比例，结合饲养标准推算出要制定浓缩饲料的营养标准。

(2) 依据浓缩料的营养标准，仿照全价配合料配方的制定方法，制定浓缩饲料配方。

【例】 用玉米、豆粕、棉仁粕、菜子粕、骨粉、鱼油、食盐、1%预混合料为5周龄以上的肉用仔鸡设计浓缩饲料配方。根据饲料厂的生产习惯，1袋40kg浓缩料加入60kg玉米即成全价饲料。

第一步，查肉仔鸡5周龄以上的饲养标准（表5-35）。

表5-35 5周龄以上肉用仔鸡饲养标准

营养需要	代谢能/(MJ/kg)	粗蛋白质/%	钙/%	有效磷/%	蛋氨酸/%	蛋氨酸+胱氨酸/%	赖氨酸/%	食盐/%
用量	12.55	19.00	0.90	0.40	0.36	0.68	0.94	0.35

第二步，查饲料原料营养成分表（表5-36）。

表5-36 饲料原料营养成分表

原　料	代谢能/(MJ/kg)	粗蛋白/%	钙/%	有效磷/%	蛋氨酸/%	蛋氨酸+胱氨酸/%	赖氨酸/%
玉米	13.56	8.6	0.02	0.06	0.18	0.36	0.27
豆饼	10.54	40.9	0.32	0.14	0.61	1.22	2.54
棉仁饼	9.04	36.3	0.36	0.31	0.41	0.96	1.39
菜籽饼	8.16	36.0	0.78	0.29	0.77	1.46	1.35
动物油	32.9	0	0	0	0	0	0
磷酸氢钙	0	0	23.6	18.6	0	0	0
食盐	0	0	0	0	0	0	0

第三步，根据40kg浓缩料加入60kg玉米配成全价料可知，全价配合料中玉米占60%。

60%玉米可提供的营养=0.6×玉米中营养含量

与饲养标准的差值=饲养标准－60%玉米可提供的营养=饲养标准－0.6×玉米中营养含量

浓缩饲料营养标准计算方法，见表5-37。

表 5-37 浓缩饲料营养标准计算方法

名　称	饲养标准	60%玉米提供的营养	与标准的差值	浓缩饲料营养标准
代谢能/(MJ/kg)	12.55	13.56×0.6=8.136	12.55−8.136=4.364	4.364÷0.4=10.91
粗蛋白质/%	19.00	8.6×0.6=5.16	19.00−5.16=13.84	13.84−0.4=34.60
钙/%	0.99	0.02×0.6=0.012	0.90−0.012=0.888	0.888÷0.4=2.22
有效磷/%	0.40	0.06×0.6=0.036	0.40−0.036=0.364	0.364÷0.4=0.91
蛋氨酸/%	0.36	0.18×0.6=0.108	0.36−0.108=0.252	0.252÷0.4=0.63
蛋氨酸+胱氨酸/%	0.68	0.36×0.6=0.216	0.68−0.216=0.464	0.464÷0.4=1.16
赖氨酸/%	0.94	0.27×0.6=0.162	0.94−0.162=0.778	0.778÷0.4=1.945
食盐/%	0.35	0×0.6=0	0.35−0=0.35	0.35÷0.4=0.875
预混合饲料/%	1	0×0.6=0	1−0=1	1÷0.4=2.5

第四步　根据上面计算出的浓缩饲料营养标准，仿照全价配合饲料配方的制定方法，制定浓缩饲料配方。现采用试差法制定浓缩饲料配方，配比如下（表 5-38）。

表 5-38　浓缩饲料配方

配方	豆饼	棉仁饼	菜籽饼	动物油	磷酸氢钙	食盐	1%预混料
用量/%	70	13	5.6	6	3	0.9	2.5

第三节　预混合饲料的配方设计

预混合饲料是配合饲料的一种，它包括单项预混料、微量元素预混料、维生素预混料和复合预混料等。但预混合饲料的配方设计一般不包括单项预混合饲料，其余饲料的配方设计步骤基本是一样的，先要选择使用的原料和载体，确定适宜的添加量，然后依据相关指标，采用基本的数学方法，就能设计出预混合饲料的配方。

一、原料的选择

维生素原料选择主要考虑稳定性和生物可利用性，我国已大批量生产各种维生素，许多产品已达到国际标准，且价格更低。因此，建议选用国产、优质的名牌维生素原料。

微量元素主要考虑是无机化合物和有机螯合物，尽管有机螯合物吸收利用率高于无机化合物，但其成本远高于无机化合物，饲料厂仍以使用无机化合物为主，对于铬、砷等有毒的微量元素，多使用有机螯合物以降其毒性。

二、载体的选择

预混合料中载体是否适宜，影响到产品质量的优劣、添加效果的成败以及贮存、药效副作用等问题，因此要慎重选择。

维生素预混合饲料常用的载体有淀粉、乳糖、脱脂米糠、豆粉、麸皮、蛋白粉、次粉等。根据来源情况，不同的厂家所用载体有所不同，但总的说维生素预混料载体应含水量低，容重和维生素原料相近，黏着性好，pH 中性，化学性质稳定。

微量元素预混剂常用的载体有石粉、白陶土粉、沸石粉、硅藻土粉等。其中人工合成的碳酸钙容重小、纯度高，属轻质碳酸钙，是较好的载体。

三、各成分需要量与添加量的确定

1. 需要量和添加量

需要量包括最低需要量和最适需要量。最低需要量是在试验条件下，为预防动物产生某种维生素或微量元素等活性物质的缺乏症而对该维生素或微量矿物质元素的需要量，它未包括各种影响因素所导致的需要量的提高，所以在预混合饲料中不能以最低需要量添加。

最适需要量则是指能在正常饲养条件下，充分发挥畜禽的遗传潜力以达到最佳的生产水平时，对维生素或微量元素等活性物质的需要量。

实际供给动物的某种活性物质的量包括两个部分，即基础饲粮的含量和通过添加剂预混合饲料等供给的量。其中通过添加剂预混合饲料添加的部分就是添加量，添加量就是设计预混合饲料的依据。

预混合饲料中活性成分添加量确定原则：总的原则是根据动物饲养标准，考虑动物生长特点，结合各种活性成分的理化特性、营养条件等，确定预混合饲料中活性成分的添加量。

2. 预混合饲料中各成分添加量确定原则

（1）维生素的添加量　畜禽对维生素的需要是因动物种类、生理阶段、饲养管理条件不同而不同，另外，维生素贮存条件稳定性及与其他活性物质的相互影响等，对其也有影响，从而决定了维生素添加量的变化性和复杂性。不同的厂家维生素添加量变化很大，而通常情况下预混合料中维生素的添加量不考虑基础饲粮中维生素的含量，而直接以NRC标准推荐的最低需要量为基础，再加上最低需要量乘以保险系数，作为总的添加量。另外商品仔畜禽供应者或育种公司所推荐的维生素添加量一般都考虑到了各种因素导致的维生素需要提高的问题，这些推荐指标值得饲料厂家参考。

（2）微量元素的添加量　微量元素的添加量，原则上遵守饲养标准，但可以考虑相关因素作适当的调整，理论添加量应该是动物需要量减去基础饲料中的含量，如果基础饲料中某种微量元素含量不能满足动物的最低需要量，就应在饲料中添加这种微量元素。从实用角度讲，由于微量元素在饲料中添加量都比较小，即使添加多些，成本的增加也微乎其微，因此可把基础饲料中的微量元素含量看作安全裕量而忽略不计，直接把动物的需要量作为添加剂量添加即可，而且实际供给量处于最低需要量和最高耐受量之间是不会超过安全限度的。当然有些特殊元素需另外考虑，如考虑到高铜的促生长作用，铜的添加量远大于最低需要量，而对于毒性较大的微量元素硒和碘等，则需考虑基础饲料中的含量。

（3）药物成分添加量　药物在预混合料中添加量很小，但它起很重要的作用，各饲料厂家都很重视药物的添加，但药物添加的种类和用量都必须符合国家的相关规定，不得随意加大药物的用量，切忌添加瘦肉精等国家严令禁止的药物。

四、不同预混合饲料配方设计

1. 维生素预混合饲料配方设计

配方设计步骤。

（1）确定维生素预混合饲料在全价配合饲料中用量；

（2）确定应参与配方计算的维生素种类和添加量；

（3）选择维生素原料和载体；

（4）计算预混合饲料中各种维生素的用量；

（5）计算预混合饲料商品维生素添加剂和载体的用量，并得出配方。

【例】 设计一个5周龄以上商品AA肉鸡维生素预混合饲料配方。

第一步，确定维生素预混合饲料在全价配合饲料中添加量为0.25%，即每吨全价配合饲料添加量为2500g。

第二步，确定预混合饲料中所含维生素的种类和添加量。种类和添加量均参考AA肉鸡育种公司提供的商品肉仔鸡维生素添加标准。

第三步，计算每吨的需要量，并增加25%的保险系数，即在添加标准的基础上，增加

25%的用量。

第四步，计算各种原料的用量，并折算出百分比。

第五步，其配方设计见表 5-39。

表 5-39 维生素配方设计

维生素种类	每千克日粮需要量	每吨需要量	增加 25%后添加量	商品原料中有效成分含量	原料用量/g	折合百分比/%
维生素 A	8000IU	800×10^4IU	1000×10^4IU	50×10^4IU/g	20	0.80
维生素 D	2800IU	280×10^4IU	350×10^4IU	50×10^4IU/g	7	0.28
维生素 E	25IU	2.5×10^4IU	3.125×10^4IU	50×10^4IU/g	0.063	0.00252
维生素 K	1.50mg	1.50g	1.875g	98%	1.91	0.0764
维生素 B_1	1.0mg	1.0g	1.25g	98%	1.28	0.0512
维生素 B_2	6.0mg	6.0g	7.5g	98%	7.65	0.306
泛酸钙	9.5mg	9.5g	11.875g	98%	12.12	0.4848
烟酸	60mg	60g	75g	98%	76.53	3.0612
维生素 B_6	4.0mg	4.0g	5g	98%	5.10	0.204
叶酸	1.0mg	1.0g	1.25g	40%	3.13	0.1252
维生素 B_{12}	0.02mg	0.2g	0.25g	1.00%	25	1
生物素	0.2mg	0.2g	0.25g	2%	12.5	0.5
抗氧化剂	—	—	—	—	2	0.8
玉米蛋白粉	—	—	—	—	2325.717	93.02868
合计	—	—	—	—	2500	100

2. 微量元素预混合饲料配方设计

(1) 确定微量元素预混合饲料的用量。

(2) 根据基础配方和饲养标准等确定实际添加微量元素的种类和数量。

(3) 选择适宜的原料及载体。

(4) 计算微量元素添加剂原料的实际用量。

(5) 根据微量元素的总量确定载体的添加量。

(6) 得出微量元素预混合饲料的最终配方。

【例】 设计仔猪（10～20kg）微量元素预混合饲料的配方。

第一步，确定预混合饲料在全价饲料中的用量为 1%，即每吨配合饲料中微量元素预混合饲料添加量为 10kg。

第二步，确定微量元素的种类为铁、铜、锌、锰、碘、硒，在全价饲料中添加量（mg/kg）分别为：铁 150、铜 15、锌 120、锰 6、碘 0.3、硒 0.3。

第三步，原料的种类为：一水硫酸亚铁、一水硫酸锌、一水硫酸锰，五水硫酸铜、碘化钾和亚硒酸钠，载体用轻质碳酸钙。

第四步，微量矿物质元素配方计算如表 5-40。

表 5-40 微量矿物质元素预混合饲料配方的设计

元素名称	全价饲料中微量元素添加量/(mg/kg)	预混料中元素添加量/(mg/kg)	添加剂原料含量	预混料中添加量/(g/kg)	折合百分比/%
铁	150	150÷1%=15 000	一水硫酸亚铁含铁量 30%	15 000÷30%÷1000=50	50×100/1000=5
铜	15	15÷1%=1500	五水硫酸铜含铜量 25%	1500÷25%÷1000=6	6×100/1000=0.6
锌	120	120÷1%=12 000	一水硫酸锌含锌量 35%	12 000÷35%÷1000=34.29	34.29×100/1000=3.43
锰	6	6÷1%=600	一水硫酸锰含锰量 32%	600÷32%÷1000=1.88	1.88×100/1000=0.19
碘	0.3	0.3÷1%=30	碘化钾含钾量 1%	30÷1%÷1000=3	3×100/1000=0.3
硒	0.3	0.3÷1%=30	亚硒酸钠含硒量 1%	30÷1%÷1000=3	3×100/1000=0.3
载体	—	—	—	901.83	90.18×100/1000=90.18
合计	—	—	—	1000	1000×100/1000=100

3. 复合预混合饲料配方设计

复合预混合饲料（简称复合预混料）是在前面所讲的维生素预混合料和微量元素预混合饲料的基础上再加上药物、氨基酸等组分配合而成。复合预混料的规格有多种形式，常见的添加比例可为1%、2%、4%等。其设计方法如下。

(1) 确定配合饲料的基础配方。

(2) 制定复合预混料在全价饲料中的比例。

(3) 计算复合预混料中各组分在全价饲料中的用量。

(4) 制定出复合预混料中的各组分的实际用量，得出复合预混料配方。

以30～60kg生长肥育猪为例，预混料配方设计见表5-41。

表5-41　20～60kg生长肥育猪预混合料配方

组　分	在全价料中用量/%	预混料配方/%	组　分	在全价料中用量/%	预混料配方/%
复合维生素	0.1	5	防霉剂	0.1	5
复合微量元素	0.5	25	抗氧化剂	0.01	0.5
饲用土霉素	0.05	2.5	载体(麦麸)	1.03	51.5
L-赖氨酸	0.19	9.5	合计	2	100
风味剂	0.02	1.0			

【复习思考题】

1. 结合实例谈谈全价配合饲料配方设计的方法及技巧。
2. 浓缩饲料配方设计的原则和方法有哪些？
3. 生产预混合饲料时，选用载体及稀释剂的要求有哪些？
4. 预混合饲料中活性成分需要量与添加量确定的原则是什么？

第六章　饲养试验和饲养效果检查

【知识目标】

- 了解饲养试验设计的原则和要求。
- 掌握饲养试验设计的步骤、内容和方法。
- 掌握饲养效果检查的目的和内容。

【技能目标】

- 能够根据要求设计出科学合理的饲养试验。
- 会进行有效的饲养效果检查。

第一节　饲养试验

饲养试验是在生产（或模拟生产）条件下，探讨与畜禽饲养有关的因子对畜禽健康、生长发育和生产性能等的影响或因子本身作用的一种研究手段。因子有多种，如某一饲料、添加剂和饲养技术等。饲养试验既是饲料与营养研究中常用的研究方法，同时也是畜牧生产技术和成果转化为畜禽生产力和效益的重要环节，是推广工作中进行应用性探讨不可缺少的手段。饲养试验的意义重大：

第一，饲养试验与代谢试验及能量平衡试验结合，用于研究畜禽的营养需要和评定饲料的营养价值——可消化养分、消化能和代谢能等。这类参数的特点，是把饲料养分与畜禽消化、代谢和利用过程联系起来，从而能够客观地反映饲料对特定畜禽的利用价值。

第二，在畜牧生产和推广工作中，它被更多地用于验证或筛选较好的日粮配合设计，这是日粮配方调整和优化的重要环节；探讨新引入或开发的饲料资源及添加剂的使用效果、利用价值和一定条件下的最佳用量；比较各种饲养方式、管理因素和技术措施的优劣及对畜禽健康和生产力的影响；测定某品种或杂交组合的生产性能。总之，饲养试验可为改善饲养和提高生产水平提供有价值的数据。

一、饲养试验设计的原则与要求

试验设计的好坏直接关系到试验结果的准确性与可靠性。在进行饲养试验时，如果试验设计不合理，就可能会得出错误的结论或得不出结论，造成人力、物力和时间的浪费。为此，设计饲养试验时，必须遵循设置重复、随机排列和局部控制三条基本原则。

1. 设置重复

重复是指在同一处理设置的试验单元数。其作用是估计误差、降低误差和增强试验的代表性。

2. 随机排列

一方面就是用随机方法来确定每个试验单元接受哪种处理，就是说，在分组时，不掺杂任何人为的主观因素；另一方面，在试验条件的安排、试验指标的测定上也采用随机的方法。

3. 局部控制

在饲养试验中，无论怎样努力，也无法使所有试验条件完全一致，因此，试验时要经常采用局部控制的办法。所谓局部控制，就是在试验时，采取各种技术措施，使局部条件保持一致的办法。

试验人员要有严谨的科学态度和对社会高度负责的精神，应本着实事求是和认真的态度从事试验。为某种特殊目的而伪造或篡改数据，既是科学上的大忌，也是一种卑劣行为。由此产生的不准确甚至错误的结论，势必在推广和生产中产生误导，最终酿成更大的经济损失。

饲养试验目的要明确，试验应有实际意义，计划要周密。通常有以下直接目的：解决生产中亟待解决的问题；充分利用资源，优化日粮结构，进一步提高经济效益。依据上述目的，制订试验计划与方案，作为试验操作的指南，以避免盲目性与随意性，使试验有条不紊地进行。

二、饲养试验的步骤与内容

1. 选题立项

为了使饲养试验有实际意义，应在广泛调查研究的基础上，根据当前生产中所提出的要解决的问题作为研究课题。

2. 开题准备工作

确定好试验课题后，要搜集有关资料，包括类似课题在国内外的研究情况，以便阐明本课题的价值和意义，提出本试验的可行性和必要性，为试验提出理论依据。

3. 设计方案

试验方案是指试验中根据研究目的和要求而拟定的整个试验处理的总称。试验方案是试验设计的主本，在试验中承上启下，具有非常重要的作用。完整的试验方案应包括以下内容。

(1) 选题背景及国内外研究进展。

(2) 试验目的、依据及研究内容。

(3) 试验研究方法和技术路线。

(4) 具体的实施方案和步骤。

(5) 预期的成果类型、推广应用前景、社会与经济效益。

(6) 试验的组织机构、实施地点、进度安排、经费预算和人员分工等。

4. 实施试验

(1) 试验设备的准备　准备试验用的所有器具（圈舍、料槽和饮水器等），备齐和备足试验期所需的各种饲料，在试验前按各组饲粮配方进行配制、分装和存放。

(2) 试验动物的选择和分组　根据试验方案选择试验动物，并依需要进行分组、编号、驱虫、防疫和消毒、观察与终选动物等处理。试验动物的选择和分组应注意以下几个方面。

① 一致性　品种、年龄、体重和来源等尽可能相同或接近。

② 对称性　如果个体数量较少，为避免组间差异对试验结果的影响，可以两两配对，然后将其随机分配在两个组。如设更多个组，采用类似的方法。

③ 代表性　一般认为不应选择高产或低产、体重过大或过小的个体，因为它们在全群中所占比例较小，缺乏代表性。

④ 数量　根据统计学原理，个体越多，统计结果越可靠。但个体太多，易造成管理、操作上的麻烦及费用增加。一般每个组以大家畜不少于3头，猪和禽类分别为10头和30羽为宜。

(3) 划分预试期和正试期

① 预试期　在正式试验前按试验计划进行的一个预备试验，即预试期。其目的是：a. 使试验动物有一个适应环境的过程，使其在试验开始后，能适应试验条件。b. 测定不同处理动物的初始指标，并检验处理间的指标是否存在差异，以便调整。c. 观察试验动物的健康，并做好去势、驱虫、防疫等准备工作。d. 训练试验人员，使之熟练掌握操作规程。e. 检验设计是否合理，如试验动物质量、分组情况等。一般应有7～10天预试期。此间，各组都采食基础日粮。淘汰不良个体，并对出现的显著组间差异进行调整，必须达到组间无显著差异（$P>0.05$）。

② 正试期　正试期紧接预试期。在正试期中，严格实施试验设计与方案，并按照生产条件下的饲养日程和操作规程进行饲养管理。正试期的长短，以因子充分体现出有关量化指标（日增重、饲料转化率、产蛋率等）为原则。一般来说，肉牛、奶牛和猪60天，蛋鸡160天，肉鸡28天。

(4) 试验资料的收集与整理　饲养试验的目的不同，记录的项目有很大的差异。而对于供试动物的体重和饲料消耗是饲养试验中必测的项目，其他项目按照试验方案中的规定，定期获取有关数据。称重一般要求在同一时间（早晨空腹）连续称重3天，取其平均值。

(5) 结果的统计分析与课题总结　用生物统计的方法对原始数据进行处理，得出科学结论或小结，撰写研究报告，提出改进方案和下一步的研究思路。

三、饲养试验设计的方法

1. 分组试验

分组试验是饲养试验最常用的一种类型，就是将供试动物分组饲养，设试验组和对照组，以比较不同饲养因素对畜禽生产性能影响的差异。要求运用生物统计中完全随机设计的原则进行分组。其方案如表6-1。

表 6-1　分组试验

期别 / 组别	预试期	正试期
对照组	基础日粮	基础日粮
试验组1	基础日粮	基础日粮＋试验因子A
试验组2	基础日粮	基础日粮＋试验因子B

分组试验的特点是，对照组与试验组都在同一时间和条件下进行饲养。因此可以认为，环境因素对每一个体的影响是相同的，从而可以不予考虑。当然，个体之间的差异是存在的，但如果供试个体达到足够数量，这种差异也可忽略不计。所取得的结果有较高的置信度。

2. 分期试验

分期试验是把同一组（头、只、群）供试动物在不同时期采用不同的试验处理，观察各处理间的差异。其方案如表6-2。

表 6-2　分期试验

初试期	正试期	后试期
基础日粮	基础日粮＋试验因子	基础日粮

分期试验的特点是，试验动物需要较少，可在一定程度上消除个体间的差异。但是，即使试验过程的环境条件完全相同（实际上是不可能的），同一个体的生产水平因不同阶段也

存在差异。如奶牛的产奶量随时间推移呈一条曲线。这为资料的统计处理带来了不便，结果的准确性也受到一定影响。此法一般用在试验动物较少、采用分组试验有困难、且仅适用于成年动物的饲养试验。

3. 交叉试验

交叉试验是按对称原则将供试个体分为两组，并在不同试验阶段互为对照的试验方法。其设计方案如表 6-3。

表 6-3　交叉试验

组　别	第一期	第二期	第三期
1组	基础日粮	基础日粮＋试验因子 A	基础日粮＋试验因子 B
2组	基础日粮	基础日粮＋试验因子 B	基础日粮＋试验因子 A

第一期是预试期，第二期与第三期开始前应有 3～6 天过渡期，两个组的日粮在不同试验中相互交换。进行数据处理时，可把两个试验组的平均值与两个对照组的平均值进行比较。在供试个体较少时，这种试验方法可在一定程度上消除个体差异和分期造成的环境因素对个体的不同影响，因而可获得较为准确的试验结果。

四、饲养试验实例分析

牛至油对肉仔鸡细胞免疫功能的影响❶。

1. 实验原理与目的

牛至在我国广泛分布，是一种药源极为丰富的价廉中草药。牛至油（oregano oil）是从牛至中提取的挥发香精油。据报道，牛至油可预防及治疗猪、鸡大肠杆菌和沙门氏菌所致的下痢，促进畜禽生长；牛至油预混剂具有抗菌谱广、作用迅速、无残留、不易产生耐药性等特点，也是我国批准应用的唯一植物源性药物饲料添加剂，在畜牧业上有很大的发展前景。但目前关于牛至油对免疫功能的作用效果等方面的研究报道很少。本饲养试验以 1 日龄艾维茵肉仔鸡为对象，研究了不同水平牛至油对肉仔鸡细胞免疫功能的影响，旨在为牛至油在肉仔鸡生产上的应用提供科学依据。

2. 试验动物和试验设计

1 日龄艾维茵肉仔鸡 150 羽。将其随机分为 5 组，即对照组和 4 个实验组（Ⅰ～Ⅳ组）每个组设 3 个重复。对照组饲喂基础日粮，试验Ⅰ～Ⅳ组分别喂基础日粮＋75mg/kg、100mg/kg、125mg/kg、150mg/kg 的 10％牛至油预混剂。

试验所用牛至油预混剂与基础日粮均由沈阳东亚富友饲料有限公司提供。

3. 试验步骤

(1) 日粮供给　试验基础日粮分肉仔鸡前期料（0～3 周龄）和后期料（4～6 周龄），均为玉米-豆粕型粉状料。基础日粮配方及营养水平见表 6-4。

(2) 饲养管理　采用立体笼式饲养方法，公母混养。育雏期采用电暖器、红外线加热。光照、温度和免疫依常规进行，1 日龄皮下注射马立克疫苗；7 日龄进行 H_{120} 滴鼻点眼和新城疫二联苗首免（本试验为防止影响抗体水平，二免未做）；15 日龄法式囊弱毒苗饮水。整个试验期自由采食，自由饮水。

(3) 检测指标及测定方法　将试鸡于 21、42 日龄空腹称其活体重，翅静脉采血 10mL，其中 5mL 肝素抗凝，进行 T 淋巴细胞阳性率和 T 淋巴细胞转化率测定；然后进行屠宰，分

❶ 摘自：王秋梅，牛至油对肉仔鸡细胞免疫功能的影响. 饲料工业. 2008，29 (12)。

表 6-4 基础日粮配方及营养水平

饲养阶段	0～3 周龄	4～6 周龄
日粮组成/%		
玉米	59.55	65.40
脱皮膨化大豆	31.19	25.00
鱼粉	—	2.00
玉米蛋白粉	1.50	1.50
次粉	2.00	—
玉米油	1.15	2.00
磷酸氢钙	2.01	1.60
石粉	1.04	2.10
食盐	0.35	0.30
微量元素预混料	1.00	0.03
蛋＋胱氨酸	0.15	0.07
赖氨酸	0.045	0.06
营养水平		
禽代谢能/(MJ/Kg)	12.73	13.39
粗蛋白质/%	21.00	19.00
钙/%	0.90	0.85
有效磷/%	0.45	0.37
蛋＋胱氨酸/%	0.87	0.72
赖氨酸/%	1.09	1.00

离出免疫器官（胸腺、脾脏和法氏囊），并立即分别称其鲜重。

指标测定方法：

$$免疫器官指数=\frac{免疫器官鲜重}{活体重}\times 100$$

淋巴细胞阳性率的测定：α-醋酸萘酯酶法（陈洪涛，1985）

淋巴细胞转化率的测定：MTT 比色法（朱立平，2000）

（4）数据统计与分析　采用 Excel 软件和 SPSS11.5 统计软件进行数据处理和统计分析，差异显著者采用多 LSD 法进行多重比较。

4. 试验结果

（1）牛至油对肉仔鸡免疫器官指数的影响　试验期内不同处理肉仔鸡免疫器官指数见表 6-5。

表 6-5 不同水平的牛至油对肉仔鸡免疫器官指数的影响

项　目	0mg/kg	75mg/kg	100mg/kg	125mg/kg	150mg/kg
胸腺指数/(g/kg)					
21 日龄	3.40±0.20	3.42±0.09	3.43±0.08	3.49±0.15	3.48±0.12
42 日龄	3.53±0.08	3.60±0.10	3.63±0.09	3.78±0.07	3.72±0.08
法氏囊指数/(g/kg)					
21 日龄	2.16 ± 0.06^{b}	2.35 ± 0.02^{ab}	2.65 ± 0.07^{a}	2.43 ± 0.03^{ab}	2.71 ± 0.09^{a}
42 日龄	1.60 ± 0.10^{b}	1.72 ± 0.08^{ab}	1.92 ± 0.12^{a}	2.07 ± 0.06^{a}	1.89 ± 0.03^{a}
脾脏指数/(g/kg)					
21 日龄	0.73 ± 0.06^{b}	0.91 ± 0.08^{ab}	0.96 ± 0.02^{a}	1.04 ± 0.09^{a}	1.06 ± 0.06^{a}
42 日龄	1.85 ± 0.07^{b}	1.91 ± 0.10^{b}	2.35 ± 0.12^{a}	2.00 ± 0.09^{ab}	1.94 ± 0.09^{ab}

注：1. 同一行肩标小写字母完全不同者表示差异显著（$P<0.05$）。
2. 表中值为“平均值±标准误”。

从表 6-5 可以看出，在肉仔鸡基础日粮中添加 75～150mg/kg 牛至油添加剂对 0～42 日龄阶段肉仔鸡的胸腺发育没有显著的影响（$P>0.05$）。21 日龄，150mg/kg 牛至油组、100mg/kg 牛至油组的法氏囊指数显著高于对照组（$P<0.05$）；42 日龄，150mg/kg 牛至油组、125mg/kg 牛至油组和 100mg/kg 牛至油组肉仔鸡法氏囊指数分别比对照组提高了 18.13%、29.38%和 20.00%（$P<0.05$）。笔者认为，75mg/kg 添加水平的牛至油对肉仔鸡法氏囊发育没有影响（$P>0.05$）。21 日龄，100mg/kg 牛至油组、125mg/kg 牛至油组和 150mg/kg 牛至油组肉仔鸡的脾脏指数分别比对照组提高了 42.47%、31.51%和 45.21%，差异显著（$P<0.05$）；42 日龄，100mg/kg 牛至油添加组肉仔鸡脾脏指数显著高于对照组（$P<0.05$）。其余各组肉仔鸡的脾脏指数与对照组相比差异不显著（$P>0.05$）。

（2）牛至油对肉仔鸡细胞免疫的影响　从表 6-6 显示的数据可以看出，42 日龄，各牛至油组的 T 淋巴细胞酸性 α-醋酸萘酯酶的活性和 T 淋巴细胞转化率均高于对照组。其中，100mg/kg 牛至油组的 T 淋巴细胞酸性 α-醋酸萘酯酶的活性和 T 淋巴细胞转化率分别比对照组提高了 16.56%、13.90%，差异显著（$P<0.05$），其余组与对照组比较，差异不显著（$P>0.05$）。牛至油各添加水平之间差异不显著（$P>0.05$）。

该结果说明，在肉仔鸡日粮中添加 100mg/kg 的牛至油，可以提高肉仔鸡的细胞免疫能力。

表 6-6　不同水平牛至油对肉仔鸡 42 日龄 T 淋巴细胞阳性率及 T 淋巴细胞转化率的影响

牛至油添加水平/(mg/kg)	α-醋酸萘酯酶阳性率/%	T 淋巴细胞转化率/%
0	40.75 ± 4.75^{a}	55.75 ± 3.47^{a}
75	42.00 ± 4.06^{ab}	58.50 ± 2.62^{ab}
100	47.50 ± 3.78^{b}	63.50 ± 2.01^{b}
125	43.25 ± 2.48^{ab}	58.25 ± 3.28^{ab}
150	42.50 ± 2.77^{ab}	57.25 ± 2.00^{a}

注：1. 同一行肩标小写字母完全不同者表示差异显著（$P<0.05$）。
2. 表中值为“平均值±标准误”。

5. 分析与结论

目前，有关牛至油对畜禽细胞免疫功能的影响还未见报道。本实验以 T 淋巴细胞 α-醋酸萘酯酶阳性率和 T 淋巴细胞转化率为指标，牛至油对肉仔鸡细胞免疫机能的影响。试验结果表明，在肉仔鸡日粮中添加不同水平的牛至油，可以不同程度地提高肉鸡血液 T 淋巴细胞的阳性率，其中，100mg/kg 的添加量能显著提高淋巴细胞 α-醋酸萘酯酶阳性率（$P<0.05$），其余添加量差异不显著（$P>0.05$）。这说明，牛至油能够通过促进 T 淋巴细胞的增殖和成熟，进一步调节和提高肉仔鸡的细胞免疫。淋巴细胞转化率的变化规律与淋巴细胞α-醋酸萘酯酶活性（$ANAE^{+}$）的变化规律相似。本试验中其余牛至油添加组的统计结果差异不显著的原因可能和饲养环境条件和动物机体是否处于良好的健康状况也有关（韦华姜，孙昌荣，1986），具体原因有待于进一步研究。

五、对饲养试验的评价

进行饲养试验，大多是为推广工作获得必要的数据。因而，试验结果的正确性十分重要。为避免推广中可能出现的误导和失误，必须对试验本身的局限性有所认识。首先，试验是在一定的饲养及环境条件下，利用特定的个体进行的，当条件改变时，试验结果也可能随之改变；其次，试验的方案设计及操作也影响其正确性。初步试验后，可扩大范围进行“中试”直至“大试”。被大量试验充分证明能够带来经济效益的试验结果，才真正具有推广价值。

第二节 饲养效果检查

一、饲养效果检查的目的和意义

饲养效果是多种饲养管理因素在饲养过程的集中体现，它能够综合地、客观地反映配合日粮是否完善，饲养技术和其他管理措施是否合理。为了便于阶段性和全程饲养的检查，日常生产中必须勤观察、多记录。饲养效果检查的目的就是通过对畜禽食欲、健康状况、繁殖、生产等方面的检查，综合剖析和全面评价各饲养要素，发现不足和存在问题，并在此基础上加以改进和完善，从而推动饲养技术和日粮配合质量以及畜禽生产水平的不断提高。

二、饲养效果检查的内容

1. 畜禽的食欲表现

畜禽有旺盛的食欲，才能达到期望的采食量。而一定的采食量是维持其生长发育速度或高产的基本保证。食欲的好坏既是健康的标志，也在一定程度上反映了配合日粮的配方技术、原料种类的选择及其品质直至加工质量和保存质量。很多因素都会影响畜禽的食欲，如饲料中含有适口性较差的成分（如某些药物，异味成分或毒素等），霉变原料或饲料的物理性状不适应特定畜禽的生物学特性（如蛋鸡料过细）以及病原体污染等，常常表现为大量剩料或槽外浪费。

异嗜癖是食欲不正常的表现，潜藏着一定的内在原因。生产实践中所见的异嗜癖，原因是多方面的，如饲料某些养分缺乏、疾病、管理不当等，其中日粮中长期缺乏某些养分引起的异嗜癖较为多见。当畜禽体内某些养分不能满足生长发育或生产需要时，它们能在一定程度上本能地啃食或啄食那些可能含有自身急需养分的物体。如日粮缺钙使蛋鸡啄食蛋壳和石灰等；生长猪舔食泥土和石头等则可能与钙、磷、食盐等缺乏有关。

2. 畜禽的健康状况

畜禽的健康状况是反映饲养效果的重要指标之一，而良好的营养状况为畜禽的健康提供了保证，精神状态在一定程度上又反映了畜禽的健康状况。因此，生产中应通过对畜禽群体状况和个体状态的观察，了解其营养状况和健康状况。健康状态良好的畜禽，表现为眼明有神，反应灵敏，生长发育正常，群体整齐度好，生产水平达到本品种要求。具体应从以下几方面观察。

（1）营养状况

① 体重。多数个体是否达到预期体重范围，种用畜禽的体况是否过肥或过瘦，生长发育的整齐度如何。

② 被毛。主要观察被毛是否光亮、平滑，皮肤和黏膜有无不正常表征等。

（2）健康状况　良好的健康状况主要表现在以下几方面。

① 畜禽保持良好的精神状况和行为状况。表现为眼明有神，对周围的异常变化反应敏锐；粪尿正常；体温正常。

② 生长发育正常，生产水平达到特定品种的要求。

③ 对疾病的抵抗能力较强。

在饲养实践中，往往由于个体生理状态、优胜序列、采食机会、采食量、日粮混合均匀度及其组分的品质和物理性状以及管理等原因，部分个体可能出现散发性营养缺乏或亚临床症状。如维生素 B_1 和维生素 B_2 缺乏症。另外，在观察畜禽健康状况时，还应考虑病原体对畜禽已经或正在造成的危害。

3. 体重变化

所谓正常体重，即标准体重，对于畜禽的生长发育、繁殖性能以及经济效益都十分重要。体重正常是在良好的状态下，平衡的日粮与合理的饲养技术完美结合的体现。因此，在各类畜禽的饲养中，称重是一项经常性的工作。一定周龄、月龄或年龄的个体，如果实际体重偏离正常体重达到一定程度，则意味着过瘦或过肥，过大或过小。这对其当前或日后的利用价值均有不利影响。另外，体重作为原始数据，有助于代谢体重、饲料转化率和日增重等饲养参数的获得。这些资料可作为对日粮进行微调并就饲养技术加以改进的依据。

4. 繁殖情况

种公畜的性欲、精液品质，母畜的发情、排卵、妊娠、产仔数、初生重和泌乳量等，均与饲料和营养尤其蛋白质和维生素密切有关。对繁殖家畜，提前补饲优质蛋白质和维生素或鲜苜蓿等优质青绿饲料，可有效避免因营养不足而造成的母畜发情排卵不正常及公畜精液品质不理想等情况。

5. 生产性能及饲料转化率

(1) 畜禽的单产　如奶牛的个体产奶量，细毛羊的个体产毛量，蛋鸡的个体产蛋量，是标志畜禽遗传进展的重要指标。在追求个体单产时必须考虑饲料转化率以及最终的经济效益。应该注意：①短期内日粮营养不平衡或采食量不足，机体可动用自身贮备，从而在一定时间内维持较高产量。泌乳初期的母畜出现这一现象是不可避免的。然而对于产蛋家禽，如果在产蛋前期饲喂不平衡日粮，往往引起产蛋高峰持续期缩短和体重减轻等现象；②某些畜禽采食不平衡日粮，虽能维持较高产量，却以增加采食量为代价，这势必降低饲料转化率。

(2) 饲料转化率　饲料转化率指生产 1kg 畜禽产品或增重 1kg 所需要的配合饲料量。它是衡量养殖业生产水平和经济效益的一个重要指标。当饲养水平低下或日粮营养组成不平衡时，都会增加每千克产品耗料重。而经济效益是制约畜牧业发展的直接因素，在生产中，不同种类畜禽，饲料转化率差异较大，同种畜禽不同品种间甚至同一品种的不同群体间也普遍存在饲料转化率的差异现象。这与多种因素有关，应着重通过调整日粮配方以及正确的饲养管理技术，达到提高饲料转化率的目的。在生产中也应注意其他影响因素如体重对饲料转化率的影响。在生产水平和增重相同时，体重越大，用于维持的养分在摄取的养分总量中所占比例越大，因而饲料转化率也越低。此外，疾病或滥用抗生素类等药物严重危害畜禽健康，也是影响转化率的重要因素。

(3) 畜禽产品质量　畜禽的种质是影响其产品质量的主要因素，而饲养因素同样是不容忽视的。后者影响诸如产品的组成、风味以及其他感官性状等内在和外在质量指标。在生产中，从饲养过程的各个要素上，探讨如何在提高饲料转化率的同时，改善产品的内在和外在质量，以增强其市场竞争力，将是今后畜禽饲养的基本目标。

6. 饲养效益分析

饲养效益是养殖业的全部产出与全部投入之差，是饲养效果的集中表现。在投入部分中，饲料成本占 50%～70%。对于养殖业主，盈利是生产的直接动机，降低成本是盈利的重要手段，在生产组织形式合理、畜禽品种优良、饲料原料和畜禽产品价格有利，以及成活率和生产水平等要素正常的条件下，如果计划进一步提高饲养的效益，则应主要在饲料及饲养技术方面进行探讨，寻求增长点。如玉米、豆粕价格的不断升高，加大了养殖成本，可采用价格相对较低的小麦、杂粕等替代部分玉米、豆粕。

对于各类畜禽，在饲养后期（接近出栏或淘汰），应特别关注每天的实际经济效益。如果一天的全部投入接近或等于当天产出的产品或增重的价值，那么，除非期待产品价格提高，否则应立即出栏或淘汰，继续饲养则是一种低效益甚至负效益饲养。可见，饲养过程中经常性的效益分析与评估是十分必要的。

【复习思考题】

1. 为什么要进行饲养试验？饲养试验设计常用的方法有哪些？
2. 结合饲养试验实例，谈谈饲养试验设计的步骤和注意事项。
3. 饲养效果检查的意义是什么？如何进行饲养效果检查？

第七章　饲料常规分析

【知识目标】

- 掌握饲料采样与制样的方法。
- 掌握饲料物理学鉴定和常规化学成分的测定原理及安全注意事项。

【技能目标】

- 会正确进行饲料的采样制样。
- 会用饲料常用物理检测方法及常规成分分析技术检测饲料的品质。
- 学会饲料常规分析仪器设备的使用和操作方法。

第一节　饲料样本的采集、制备及保存

一、饲料样本采集的目的与原则

1. 样本采集的目的与要求

采样是饲料分析的第一步，采样的根本目的是通过对样品的理化指标的分析，客观地反映受检饲料原料或产品的品质。因此，所采取的样本必须具有代表性，即能够代表全部被分析的原料物品。否则，即使以后的分析方法和处理无论多么严谨、精确，所得出的分析结果都毫无科学性、公正性和实用价值。可见正确采样是至关重要的分析步骤，只有遵循一定的采样方法才能符合上述要求。饲料生产和质量控制人员的许多决策问题也都是以所采集样本的化学分析指标为依据。样本的采集将直接关系到饲料分析的准确性，并进而影响他们对问题的决策，所以，正确地采集和制备样本是用化学方法评定饲料营养价值的首要环节，其重要性不亚于化学分析。

2. 样本采集的原则

饲料组分的可变性很大，饲料的品种、生长阶段、栽培技术、土壤、气候条件以及加工调制技术和贮存方法等因素均会影响饲料的化学组成，甚至同一植株的不同部位，其化学组成也存在着很大的差异。因此，采集的样本必须要能代表全部被分析的原料。如果样本不代表整批饲料，那么，无论分析了多少个样本的数据，其意义都不大。采样的方法应根据饲料的性质、均匀程度、批号、数量、分析项目以及对分析误差的要求而定。首先应注意要有足够的采样点和采样量。一般地说，采样点和采样量愈多，混合后所得的平均样品愈具有代表性。在饲料分析中，采样点最低不少于5个，采样量不低于200g。饲料量愈多，均匀程度愈差，采样点和采样量也应相应增加，但过多的采样点和采样量不仅没有必要，还会增加操作手续，故应合理控制；另外，采样点的分布要合理，采样点应分布于饲料堆垛的各个部位，包括上下层、四角、中心；在田间采集新鲜样品时，还应注意边角优势的影响；而且采样应是随机的，除遇个别与样品无关的杂物外，不应带主观意识的挑选，当杂物较多时，应计算其在饲料中所占比例。因此，正确采样应该尽可能采取被分析物品的不同部位，将其磨碎至相当程度，然后把这些样本充分混合，使成为整个饲料的代表样本，然后再从中分出一小部分作为分析样本用。最后进行化学分析，所得数据就作为代表整个被采样本饲料的最终

结果。

3. 常用样本类别与定义

(1) 标准样本　是指由权威实验室仔细分析化验后的样本。如再由其他实验室进行分析化验，可用标准样本来校正或确定某一测定方法或某种仪器的准确性。

(2) 商业样本　是指由卖方发货时，一同送往买方的样本。

(3) 参考样本　指具有特定性质的样本，在购买原料时可作为参考比较，或用于鉴定成品与之有无颜色、结构及其他表现特征上的区别。

(4) 备用样本　指在发货后留下的样品，供急需时备用。

(5) 仲裁样本　指由公正的采样员所采取的样本。然后送入仲裁实验室分析化验，以有助于买卖双方在商业贸易工作中达成协议。

(6) 化验样本　指送往化验室或检验站进行分析的样本。

(7) 原始样本　指由生产现场如田间、牧地、仓库、青贮窖、试验场等大量分析对象中采集的样本。采样量依区域大小、饲料均匀程度和性质等而异。

(8) 初级样本　是指对于不均匀的物料如粗饲料、块茎、块根饲料、家畜屠体等，需利用复杂的采样技术，分别在不同的位置（点）和深度（层次）取样，将这些样品混合的样本。对于均匀物料，原始样本与初级样本无明显区别。

(9) 次级样本　是指初级样本经充分混合后，按一定的方法进行缩减，以供实验室分析用的样本。如此取样多次，得到的一系列逐渐减少的样本分别叫“次级”、“三级”、“四级”等样本。一般饲料样本缩分至500g左右即可。

(10) 分析样本　是指次级样本经剪短、切碎等初步处理后，测定湿样中干物质并制成风干样，然后磨碎、过筛、装瓶所得的样本。

二、饲料样本采集的方法

1. 粉料与颗粒料

对于磨成粉末的各种谷物和糠麸以及配合饲料或混合饲料、预混料等饲料的采样，由于贮存的方式不同，又分为散装、袋装及仓装三种。所选用的取样器，又称探管或探枪，可以是有槽的单管或双管，具有锐利的尖端（见图 7-1）。

(1) 散装　散装的原料应在机械运输过程的不同场所（如滑运道、供送带等处）取样。如果在机械运输过程中未能取样，可用探棒取样，但应该避免因饲料原料不匀而造成的错误取样。

① 散装车厢原料及产品　每车使用抽样锥至少从10个不同的角落采样。方法是：使用短柄大锥的探棒，从距离边缘0.5m和中间五个不同的地方，不同的深度选取。将从汽车运输散状和颗粒产品中采取的原始样本置于样本容器后，并以“四分法”缩样。

② 散装货柜车原料及产品　从专用汽车和火车车厢里采取散装和颗粒状产品的原始样本可使用抽样锥，自货柜车5～8个不同角落处抽取样品，也可以

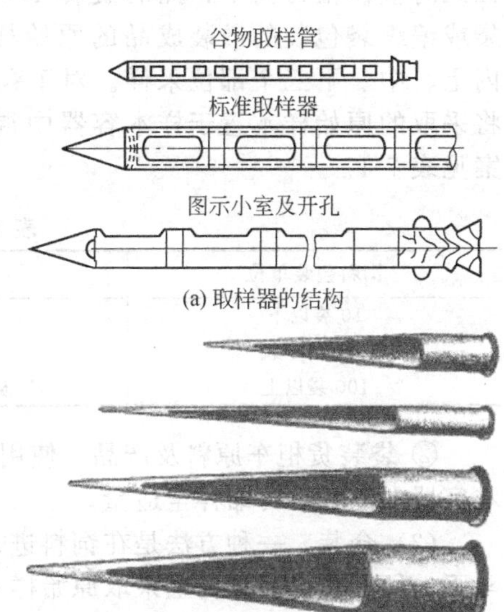

(a) 取样器的结构
(b) 不同型号的取样器

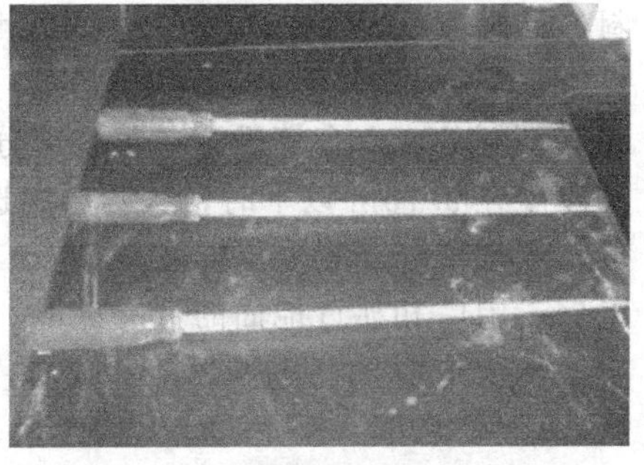
(c) 取样器实物

图 7-1　取样器

卸车时用长柄勺，自动选样器或机械选样器等，间隔相同时间，截断落下的料流取样，置于样本容器中混合后，再按“四分法”缩样至适量。散装料的取样见（图 7-2 所示）。

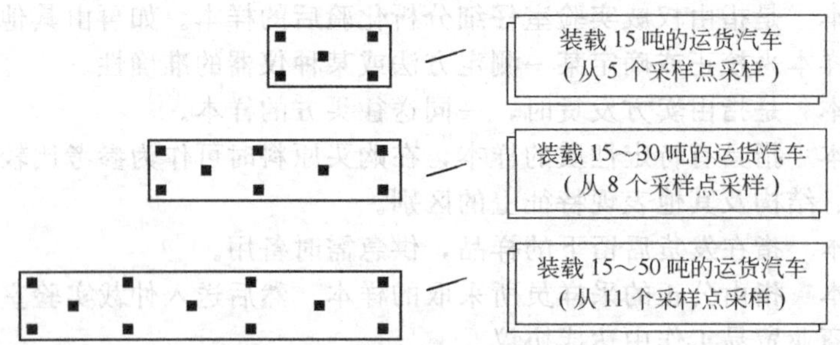

图 7-2　散装料取样示意图

（2）袋装（包装）关于袋装原料的取样，可以在货运时应用取样器从几个袋中取样，以获得混合的样品。一般可按原料总袋数的 10%采取原始样本。

① 袋装车厢原料及产品　用取样器随意从至少 10%袋数的饲料中取样。方法是对编织袋包装的散状或颗粒状饲料的原始样本，用取样器自料袋的上、下两个部位取样，或将料袋放平，从料袋的头到底，斜对角插入取样器。插取样器前用软刷刷净选定的位置，插入时应使槽口向下，然后旋转 180°，取出。取完样本后将袋口封好，用聚乙烯衬的纸袋或编织袋包装的散装成品的原始样本，则用短柄锥形袋式大号取样器从拆了线的料袋内上、中、下三个部位采样。对于颗粒状产品的原始样本，用勺子在拆了线的口袋取样。将采取的原始样本置于样本容器中混合后，按“四分法”缩样至适量。袋装饲料采样方案见表 7-1。

表 7-1　袋装饲料采样方案

饲料包装单位	取样包装单位
10 袋以下	每袋取样
10～100 袋	随机化选取 10 袋
100 袋以上	从 10 个包装单位取样，每增加 100 个包装单位需补采 3 个单位

② 袋装货柜车原料及产品　使用抽样锥随意的从至少 10%袋数的饲料中取样，置于样本容器中混合后再缩样至适量。

（3）仓装　一种方法是在饲料进入包装车间或成品库的流水线或传送带上、贮塔下、料斗下、秤上或工艺设备上采取原始样本。具体方法：用长柄勺、自动或机械式采样器，间隔时间相同，截断落下的饲料流。间隔时间应根据产品移动的速度来确定，同时要考虑到每批选取的原始样本的总量。对于饲料级磷酸盐、动物性饲料粉和鱼粉应不少于 2kg，而其他饲料产品则不低于 4kg。另一种是贮藏在饲料库中的散装产品的原始样本的选取，料层在 1.5m 以下时用车厢和探棒取样，料层在 1.5m 以上时，使用有旋杆的探管取样。采样前先将表面划分成六个等份，在每一部分的四方形对角线的四角和交叉点五个不同地方采样：料层厚度在 0.75m 以下时，从两层中选取，即从距料层表面 10～15cm 深处的上层和靠近地面的下层选取；当料层厚度在 0.75cm 时，从三层中选取，即从距料层表面 10～15cm 深处的上层、中层和靠近地面的下层选取。在任何情况下，原始样本都是先从上层、然后是中层、下层依次采取的。颗粒状产品的原始样本应使用长柄勺或短柄大号锥形探管，在不少于 30cm 深处选取（图 7-3）。

圆仓：按高度分层，每层按仓直径分内（中心）、中（半径的一半处）、外（距仓边 30cm）三圈。圆仓直径小于 8m，每层按内、中、外分别采 1、2、4 个点，共 7 个点采样。

直径大于 8m，每层按内、中、外分别设 1、4、8 个点，共 13 个点（图 7-4）。

贮藏在贮塔中的散状或颗粒状产品的原始样本的取样，是在其移入另一贮塔或仓库时采集的。

将所采取的原始样本（包括散装、袋装和仓装）混合搅拌均匀，用四分法采取 500g 样品，用粉碎机粉碎过 1mm 筛网，混合均匀后盛于两个样品瓶中，一份供鉴定或分析化验用，另一份供检查用（注意封闭，放置干燥洁净处保存一个月）。如为不易粉碎的样品，则应尽量磨碎，尤其要注意的是，如果所采取的样本为添加剂预混料，由于其粒度较小，故制备时应避免样品中小颗粒的丢失。

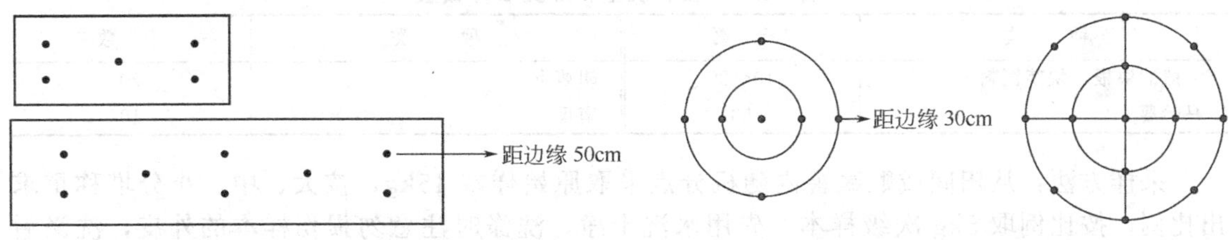

图 7-3　散装料取样示意图　　图 7-4　圆仓采样部位示意图

2. 液体原料

（1）动物性油脂　在一批饲料中由 10%的包装单位中采集平均样本，最少不低于三个包装单位。在每一包装单位（如桶）中的上、中、下三层分别取样，由一批饲料中采取的平均样本为 600g 左右。所使用的取样工具是空心探针（这种取样器是一个镀镍或不锈钢的金属管子，如图 7-5），直径为 25mm，长度为 750mm，管壁具有长度为 715mm，宽度为 18mm 的孔，孔的边缘应为圆滑的，管的下端应为圆锥形的，与内壁成 15°角，管上端装有把柄。采样时先打开装有饲料油脂的容器，然后在距油脂层表面深约 50cm 处取样。油脂样本应放在清洁干燥的罐中，通过热水浴加热至油膏状充分搅拌均匀。

图 7-5　炸弹式液体取样器

（2）糖蜜　糖蜜等浓稠饲料由于富有黏性或含有固形物，故其取样方法特殊。一般可在其卸料过程中采用抓取法采样，可定时用勺等器皿随机取样（约 500g）即可。例如，分析用糖蜜平均样本可直接由工厂的铁路槽车或仓库采集。用特制的采样器通过槽车和仓库上面的舱口在上、中、下三层采集。所采集的样本体积为每吨糖蜜至少 1L。原始样本用木铲充分搅拌后即可作为平均样本。

（3）副食及酿造加工副产品　这类饲料包括酒糟、醋糟、粉渣、豆渣等。其采样方法是：在木桶、贮藏池或贮堆中分上、中、下三层取样，视桶、池或堆的大小每层取 5～10 个点，每个采样点取 100g 放入瓷桶内充分混合，随机采取分析样本约 1500g，用其中 200g 测定初水分，其余放入大瓷盘中，在 60～65℃恒温干燥箱中干燥供制风干样品用。对豆渣和粉渣等含水较多的样本，在采样过程中应注意勿使汁液损失，及时测定干物质百分含量，为避免腐败变质，可滴加少量氯仿或甲苯等防腐剂。

（4）块（油）饼类　大块的油饼类采样，一般可以从堆积油饼的不同部位选取不少于 5 大块，然后从每块中切取对角的小三角形（见图 7-6），将全部小三角形块锤碎混合后，再用“四分法”取分析样本约 500g，经粉碎机粉碎后装入样本瓶中。小块的油饼，要选取具有代表性者数 10 片，粉碎后充分混合，用“四分法”采取供分析的样本约 200g。

（5）块根、块茎和瓜类　此类饲料因其含水分多和不均匀性，采样时应由多个单独样本以消除每个样本间的差异。样本个数的多少，根据成熟均匀与否，以及所测定的营养成分而

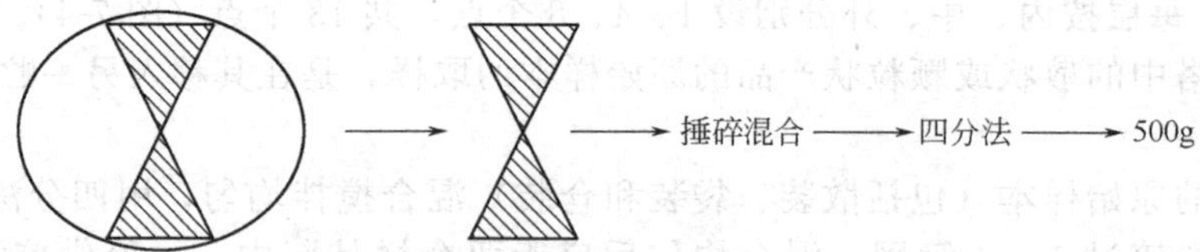

图 7-6 块（油）饼类饲料采样示意图

定，详见表 7-2。

表 7-2 块根、块茎和瓜类取样数量

种类	个数	种类	个数
一般的块根、块茎饲料	10～20	胡萝卜	20
马铃薯	50	南瓜	10

采样方法：从田间或贮藏窖内随机分点采取原始样本 15kg，按大、中、小分堆称重求出比例，按比例取 5kg 次级样本。先用水洗干净，洗涤时注意勿损伤样本的外皮，洗涤后用布拭去表面的水分。然后，从各个块根的顶端至根部纵切具有代表性的对角 1/4、1/8 或 1/16……直至适量的分析样本，迅速切碎后混合均匀，取 300g 左右测定初水分，其余样本平铺于洁净的瓷盘内或用线串联置于阴凉通风处风干 2～3 天，然后在 60～65℃的恒温干燥箱中烘干备用。

(6) 新鲜青绿饲料及水生饲料　新鲜青绿饲料包括天然牧草、蔬菜类、作物的茎叶和藤蔓等，一般取样是在天然牧地或田间。在大面积的牧地上应根据牧地类型划区分点采样（图 7-7）。

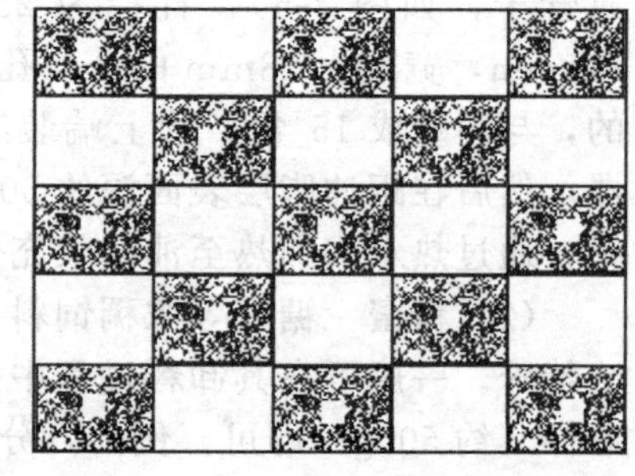
图 7-7 草地及田间采样示意图

每区选 5 个以上的采样点，每点 $1m^2$ 的范围，在此范围内离地面 3～4cm 处割取牧草，除去不可食草，将各点原始样品剪碎，混合均匀后取分析样品 500～1000g。栽培的青绿饲料应视田地面积的大小按上述方法等距离分点，每点采 1 至数株，切碎混合后取分析样本。此法也适用于水生饲料，但应注意采样后要晾干样品外表游离水分，然后切碎取分析样品。

(7) 青贮饲料　青贮饲料的样品一般在圆形窖、青贮塔或长形青贮壕内采样。取样前应除去覆盖的泥土、秸秆以及发霉变质的青贮料。然后按图 7-8 和图 7-9 中所示的采样点分层取样，原始样品质量 500～1000g。长形青贮壕的采样点视青贮壕长度大小可分为若干段，每段设采样点分层取样。

(8) 粗饲料　应用“几何法”在秸秆或干草的堆垛中选取五个以上不同部位的点采样，每个点采样约 200g，作为原始样品，然后将采取的原始样品放在纸或塑料布上，剪成 1～

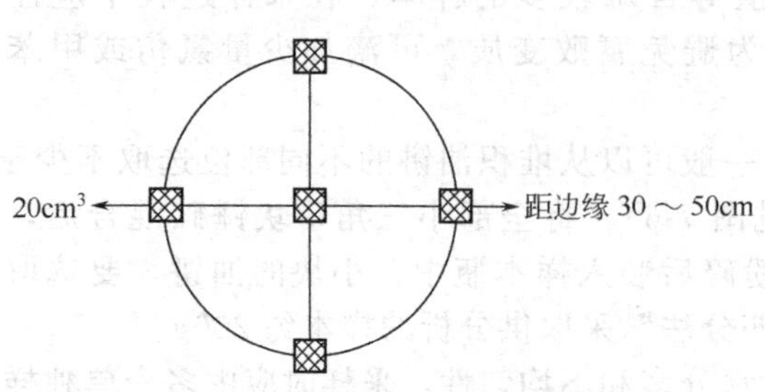

图 7-8 圆形青贮窖采样部位示意图

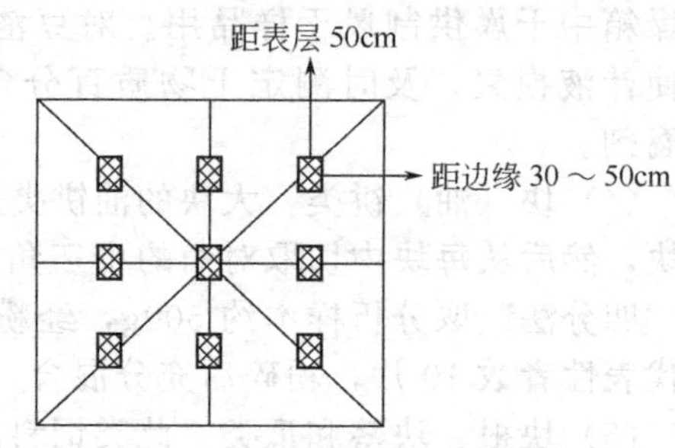

图 7-9 长形青贮窖采样部位示意图

2cm长度，充分混合后取分析样品约300g，粉碎过筛装瓶。应当注意的是，在采取原始样本和分析样本过程中，应尽量避免叶片的脱落损失，影响其营养成分的含量，制备样品时少量难以粉碎的秸秆渣屑应锤碎弄细均匀混入全部分析样品中，绝不能丢弃，保持样品的完整性或具有代表性。

三、饲料样本的制备与保存

1. 样本制备

将采集的原始样本或次级样品经粉碎、干燥等处理，制成易于保存、符合化验要求的化验样本的过程称为样本的制备。

(1) 风干样本的制备　饲料中的水分有三种存在形式：游离水、吸附水（吸附在蛋白质、淀粉及细胞膜上的水）、结合水（与糖和盐类结合的水）。风干样本是指饲料样本中除去游离水，且吸附水含量在15%以下的样本，一般分析样本均为风干样本，主要有籽实类、糠麸类、干草类、秸秆类、乳粉、血粉、鱼粉、肉骨粉及配合饲料等。这类饲料样本制备的方法如下。

① 缩减样本　将原始样本按“四分法”取得化验样本。

② 粉碎　将所得的化验样本经一定处理（如剪碎、锤碎等）后用样本粉碎机粉碎（图7-10）。

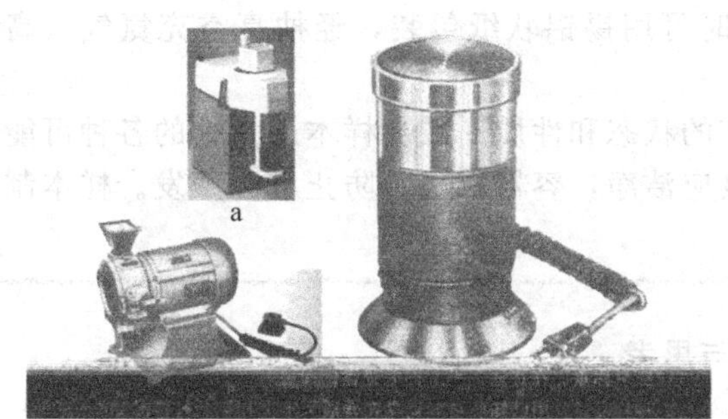

图7-10　分析样品粉碎磨类型

③ 过筛　按照检验要求，将粉碎后的化验样本全部过筛。用于常规营养成分分析时要求全部通过0.44mm（40目）标准分析筛；用于微量矿物质元素、氨基酸分析时要求全部通过0.172～0.30mm（60～100目）标准分析筛，使其具备均质性，便于溶样。对于不易粉碎过筛的渣屑类亦应剪碎，混入样本中，不可抛弃，避免引起误差。粉碎完毕的样本约200～500g，装入磨口广口瓶内保存。

(2) 新鲜样本的制备　对于新鲜样本，如果直接用于分析可将其匀质化，用匀浆机或超声破碎仪破碎、混匀，再取样，装入塑料袋或瓶内密闭，冷冻保存后测定。需干燥处理的新鲜样本，则应先测定样本的初水分（所谓初水分，是指首先将新鲜样本置于60～65℃的恒温干燥箱中烘8～12h，除去部分水分，然后回潮使其与周围环境的空气湿度保持平衡，在这种条件下所失去的水分称为初水分），制成半干样本（测定初水分之后的样本称为半干样本），再粉碎装瓶保存。

2. 样本的登记与保存

经粉碎后的分析样本，可用“四分法”缩小至200～250g，装入磨口广口瓶或塑料瓶中保存。瓶中装填的样本不得超过其容积的一半，以便在采取化学分析样本前能很好地进行混合。

制备好的样本装入磨口广口瓶或塑料瓶后，将瓶编号，贴好标签，注明样本名称、采样地点、采样日期、制样日期、分析日期。并在记录本上详细描述样本，注明下列内容：

---

1. **样本名称**（一般名称，学名和俗名）和种类（必要时需注明品种、质量等级）。
2. **生长期**（成熟程度）、收获期、茬次。
3. **调制和加工方法及贮存条件**。
4. **外观性状及混杂度**。
5. **采样地点及采集部位**。
6. **生产厂家及出厂日期**。
7. **重量**。
8. **采样人、制样人和分析人姓名**。

饲料样本都由专人采取、登记、粉碎与保管。如需要测氨基酸和矿物质等项目的原料（样本）应用高速粉碎机，粉碎粒度为0.172mm（100目），其他样本可用圆环式或自制链片式粉碎机，粒度0.30～0.44mm（40～60目），样本量一般在500～1000g。

样本的保存应注意保持其稳定性，保存于干燥通风、不受阳光直射的地方，易变质的样本或在盛夏季节，应将样本低温保存。样本保存时间的长短应有严格规定，一般情况下原料样本应保留2周，成品样本在分析之后应保留2～3个月，以备复查和仲裁分析用。有时为了特殊目的某些饲料样本需保管1～2年，这时可用锡铝软纸包装，经抽真空充氮气（高纯氮气）后密封，并于冷库中保存备用。

样本保存或送检过程中，须保持样本原有的状态和性质，减少样本后发生的各种可能变化，如污染、损失、变质等。接触样本的器具应洁净，容器密闭，防止水分蒸发。样本制备后，应尽快完成分析化验。

作业与思考

1. 组织学生到配合饲料厂进行配合饲料原料和产品的现场采样，在实验室，按“四分法”将饲料样品缩减成化验样本，并制备风干样本，做好登记、保存工作，以备以后分析检测，并写出实训报告。

2. 组织学生到田间进行新鲜青绿饲料或水生饲料采样，将采集的新鲜青绿饲料或水生饲料样本制成新鲜样本和半风干样本，做好登记、保存工作，以备以后分析检测，并写出实训报告。

3. 在采样过程中怎样才能正确获得所需有代表性样品？采样的目的是什么？对于不同的原样及不同形状、形态的原料应如何采样？

4. 什么是半干样品、风干样品，如何制备半干样品及风干样品？

第二节 饲料的物理学鉴定方法

一、饲料的感官鉴定与显微镜检

（一）目的要求

通过实训，初步掌握饲料感官鉴定和显微镜检的目的、要求和基本内容，学会感官鉴定和显微镜检的基本方法。

（二）材料用具

1. 仪器设备

（1）带有底座的放大镜　放大 3～10 倍。

（2）体视显微镜　放大 5～50 倍，可变倍，配备照明装置。

（3）生物显微镜　放大 40～400 倍，配备照明装置。

（4）样品筛　规格 1.63mm、0.95mm、0.44mm、0.30mm、0.172mm（10 目、20 目、40 目、60 目、100 目）。

（5）电热板或酒精灯。

（6）点滴板　黑色和白色。

（7）镊子　有细尖头的弯曲式镊子。

（8）滴瓶　琥珀色，30mL，用于分装试剂。

（9）微型刮勺　用玻璃棒拉制的微型搅棒和小勺。

（10）天平　普通天平，分析天平。

（11）其他　手术刀，手术剪，载玻片，盖玻片，吸管，烧杯，洗瓶等。

2. 样品

各种常用的单一饲料或饲料原料的纯品、劣质品、污染品和掺杂品。饲料中常见的杂草种子，主要是有毒或有害的植物种子。

（三）试剂

（1）四氯化碳或氯仿　工业级预先进行过滤和蒸馏处理。

（2）水合氯醛。

（3）甘油。

（4）硫酸　H_2SO_4（1∶1）；1.25％硫酸溶液；50％硫酸溶液。

（5）氢氧化钠　1.25％氢氧化钠溶液；50％氢氧化钠溶液。

（四）方法步骤

1. 饲料的感官鉴定

（1）含义　饲料的感官鉴定是指通过视觉、味觉、嗅觉、触觉所进行的鉴定。

（2）方法

① 视觉鉴定　观察饲料的形状、色泽，有无结块、虫子、霉变、异物、夹杂物等。

② 味觉鉴定　通过舌舔来感觉饲料的涩、甜、苦、哈、香等滋味；通过齿嚼感觉饲料的硬度。

③ 嗅觉鉴定　通过鼻子嗅饲料的气味，判断饲料霉变、腐败、焦味，脂肪酸败、氧化等情况。

④ 触觉鉴定　通过手抓、指头捻，感触饲料的粒度的大小、硬度、温度、含水量、结块、黏稠性，有无夹杂物等情况。

2. 物理鉴定

（1）筛别法　分别用不同孔径的分样筛，仔细分别饲料颗粒的大小，分别判断饲料的种类和混入的东西。用这个方法可以分辨出用肉眼看不出的混入异物。

（2）容重法　容重是指单位体积的饲料所具有的质量，通常以 1L 体积的饲料质量计。各种饲料原料均有其一定的容重，测定饲料样品的容重，并与标准纯品的容重进行比较，可判断有无异物混入和饲料的质量。精料和其他饲料有一定容积，其质量也是一定的。常见饲料的容重见表 7-3。

容重的测定方法：有排气式容重器测定法和简易测定法。下面介绍简易测定方法。

表 7-3 常见饲料的容重 单位：g/L

饲料名称	容 量	饲料名称	容 量	饲料名称	容 量
麦（皮麦）	580	玉米	730	大麦混合糠	290
大麦（碎的）	460	玉米（碎的）	580	豆饼	340
黑麦	730	盐	830	豆饼（粉末）	520
燕麦	440	麸	350	棉籽饼	480
粟	630	米糠	360	亚麻籽饼	500
脱脂米糠	426	鱼粉	700	贝壳粉（细）	600
淀粉糟	340	碳酸钙	850	贝壳粉（粗）	630

① 仪器与设备：粗天平（感量 0.1g）；1000mL 量筒；药匙等。

② 测定步骤

a. 取代表性试样，然后仔细将试样放入 1000mL 的量筒中，用药匙调整容积，直到正好达 1000mL 刻度为止。

b. 将样品从量筒中倒出并称重。

c. 反复测量 3 次，取平均值，即为该饲料的容重。

(3) 比重鉴别法　比重鉴别法是根据饲料样品在一定比重（相对密度）的溶剂中的沉浮情况来鉴别是否混入异物、异物种类和混入比例。该方法比较简单有效，在实际中易于应用。常用比重液的种类及相对密度见表 7-4。

表 7-4 常用比重液的种类及相对密度

比重液名称	相对密度	比重液名称	相对密度
低汽油	0.64	氯仿	1.47
甲苯	0.88	四氯化碳	1.58
水	1.00	三溴甲烷	2.90

该法简单有效，用上述液体就能鉴别出鱼粉及其他种饲料中混杂的土、砂等异物。

混入土、砂的鉴别方法：用试管或细长的玻璃杯盛入饲料样品，加入 4～5 倍的蒸馏水（或干净的自来水等），充分震荡混合，放置一段时间后，因为土砂等异物的比重大，所以沉降在试管的最底部，很容易鉴别出来。

3. 饲料的显微镜检测

(1) 被检样品的检前处理　取有代表性的分析样品 10～15g，进行以下工作：

① 记录外部特征　将取好的待测样品平铺于纸上，仔细观察，记录颜色、粒度、软硬程度、气味、霉变、异物等情况。观察中应特别注意细粉粒，因为掺假、掺杂物往往被粉碎得很细。

② 筛分处理　镜检之前应对样品进行筛分，通常用 20～40 目筛子（图 7-11）将样品分成三组，然后观察。此过程对熟练的检测人员可以省略。

③ 脱脂　对高脂含量的样品，脂肪溢于样品表面，往往粘有许多细粉，使观察产生困难。用乙醚、四氯化碳等有机溶剂脱脂，然后放入烘箱干燥 5～15min 或室温干燥后，可使样品清晰可辨。

(2) 被检样品的体视镜观察　将筛分好的各组样品分别平铺于纸上或培养皿中，置于体视显微镜下（图 7-12），从低倍（7 倍）至高倍（20～40 倍）进行检查。从上到下，从左到右顺序逐粒观察，先粗粒，后细末，边检查边用探针将识别的样品分类，同时探测各种颗粒的硬度、结构、表面特征，如色泽、形状等，并作记载。

将检出的结果与生产厂家出厂标记上的成分相对照，即可对掺假、掺杂、污染等质量情况做出初步测定。

图 7-11 标准筛

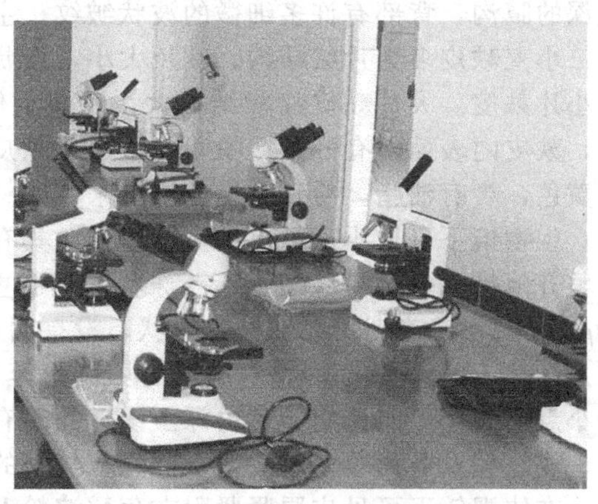
图 7-12 显微镜

（3）被检样品的生物镜观察 当某种异物掺入较少且磨得很细时，在体视显微镜下很难辨认，需通过生物镜进行观察。

① 样品处理 生物镜观察的样品，一般采用酸碱进行处理。不同的原料，所用酸碱浓度和处理时间也不同，动物类原料多用酸处理，植物类和甲壳类需用酸和碱处理。对于动物中的单纯蛋白质，如鱼粉、肉骨粉、水解羽毛粉等，只需用 1.25% 的硫酸溶液处理 5～15min；而对含角蛋白质的样品，如蹄角粉、皮革粉、生羽毛粉、猪毛等需用 50% 的硫酸溶液处理，时间也稍长；动物中的甲壳类和植物中的玉米粉、麸皮、米糠、饼粕类等先用 1.25% 硫酸溶液，再用 1.25g/L 的氢氧化钠溶液处理，时间约 10～30min；稻壳粉和花生壳粉等硅质化程度高和含纤维较高的样品需分别用 50% 硫酸溶液和 50g/L 的氢氧化钠溶液处理，对各种样品的处理时间可根据经验而定。

样品处理步骤如下：

过筛（粒大过 10 目/2.00mm 孔径，粒小过 20 目/0.84mm 孔径）→酸处理（加热）→过滤→蒸馏水冲洗 2～3 次（必要时→碱处理，加热→过滤→蒸馏水冲洗 2～3 次）→制作

② 制片与观察 取少量处理好的样品置于载玻片上，加适量载液并将样品铺平，力求薄而匀，载液可用 1∶1∶1 的蒸馏水∶水合氯醛∶甘油；也可以用矿物油，单纯用蒸馏水也较普遍。

观察时，应注意样片的每个部位，而且至少要检查 3 个样片后再做综合判断。

4. 常见饲料原料的显微特征

（1）谷物类原料

① 玉米及其制品 整粒玉米形似牙齿，黄色或白色，主要由玉米皮、胚乳、胚芽三部分组成。胚胎包括糊粉层、角质淀粉和粉质淀粉。

玉米粉碎后各部分特征明显。体视显微镜下玉米表皮为薄而半透明，略有光泽，呈不规则片状，较硬，其上有较细的条纹。角质淀粉为黄色（白玉米为白色），多边，有棱，有光泽，较硬；粉质淀粉为疏松，不定形颗粒，白色，易破裂，许多粉质淀粉颗粒和糊粉层的细粉末常黏附于角质淀粉颗粒和玉米皮表面，另外还可见漏斗状、帽盖和质轻而薄的红色片状颖花。

生物镜下可见玉米表皮细胞，长形、壁厚、相互连接排列紧密，如念珠状。角质淀粉的淀粉粒为多角形；粉质淀粉的淀粉粒为圆形，多成对排列。每个淀粉粒中央有一个清晰的脐点，脐点中心向外有放射性裂纹。

② 小麦及其制品 整粒小麦为椭圆形，浅黄色至黄褐色，略有光泽。在其腹面有一条

较深的腹沟，背部有许多细微的波状皱纹。主要由种皮、胚乳、胚芽三部分组成。

小麦麸皮多为片状结构，其片大小，形状依制粉程度不同而不同，通常可分为大片麸皮和小片麸皮。大片麸皮片状结构大，表面上保留有小麦粒的光泽和细微横向纵纹，略有卷曲，麸皮内表面附有许多淀粉颗粒。小片麸皮片状结构小，淀粉含量高。小麦的胚芽扁平，浅黄色，含有油脂，粉碎时易分离出来。

生物镜下可见小麦麸皮由多层组成，具有链珠状的细胞壁，仅一层管状细胞，在管细胞上整齐地排列一层横纹细胞，链珠状的细胞壁清晰可见。小麦淀粉颗粒较大，直径达 30～40μm，圆形、有时可见双凸透镜状，没有明显的脐点。

③ 高粱及其制品　整粒高粱为卵圆形至圆形，端部不尖锐，在胚芽端有一个颜色加深的小点，从小点向四周颜色由深至浅，同时有向外的放射状细条纹。高粱外观色彩斑驳，由棕、浅红棕及黄白等多色混杂，外壳有较强的光泽。

在体视镜下可见皮层紧紧附在角质淀粉上，粉碎物粒度大小参差不齐，呈圆形或不规则形状，颜色因品种而异，可为白、红褐、淡黄等。角质淀粉表面粗糙，不透明；粉质淀粉色白，有光泽，呈粉状。

在生物镜下，高粱种皮和淀粉颗粒的特征在鉴定上尤为重要。其种皮色彩丰富，细胞内充满了红色、橘红、粉红和黄色的色素颗粒，淡红棕色的色素颗粒常占优势。高粱的淀粉颗粒与玉米淀粉颗粒极为相似，也为多边形，中心有明显的脐点并向外呈放射状裂纹。

(2) 饼粕类原料

① 大豆饼粕　大豆饼粕主要由种皮、种脐、子叶组成。

在体视镜下可见明显的大块种皮和种脐，种皮表面光滑，坚硬且脆，向内面卷曲。在20倍放大条件下，种皮外表面可见明显的凹痕和针状小孔，内表面为白色多孔海绵状组织，种脐明显，长椭圆形，有棕色、黑色、黄色。(浸出粕中子叶颗粒大小较均匀，形状不规则，边缘锋利，硬而脆，无光泽不透明，呈奶油色或黄褐色。豆饼粉碎后的粉碎物中子叶挤压而成团，近圆形、边缘浑圆，质地粗糙，颜色外深内浅。)

生物镜下大豆种皮是大豆饼粕的主要鉴定特征。在处理后的大豆种皮表面可见多个凹陷的小点及向四周呈现辐射状的裂纹，犹如一朵朵小花，同时还可看见表面的“工”字形细胞。

② 花生饼粕　花生饼粕以碎花生仁为主，但仍有不少花生种皮、果皮存在，体视镜下能找到破碎外壳上的成束纤维脊，或粗糙的网络状纤维，还能看见白色柔软有光泽的小块，种皮非常薄，呈粉红色，红色或深紫色，并有纹理，常附着在籽仁的碎块上。

生物镜下，花生壳上交错排列的纤维更加明显，内果皮带有小孔，中果皮为薄壁组织，种皮的表皮细胞有四至五个边的厚壁，壁上有孔，由正面观可看到细胞壁上有许多指状突起物。籽仁的细胞大，壁多孔，含油脂高。

③ 棉籽饼粕　棉籽饼粕主要由棉籽仁、少量的棉籽壳、棉纤维构成。在体视显微镜下，可见棉籽壳和短绒毛黏附在棉籽仁颗粒中，棉纤维中空、扁平、卷曲；棉籽壳为略凹陷的块状物，呈弧形弯曲，壳厚、棕色、红棕色。棉仁碎粒为黄色或黄褐色，含有许多黑色或红褐色的棉酚色素腺。棉籽压榨时将棉仁碎片和外壳都压在了一起，看起来颜色较暗，难以看清每一碎片的结构。

生物镜下可见棉籽种皮细胞壁厚，似纤维，带状，呈不规则的弯曲，细胞空腔较小，多个相邻的细胞排列呈花瓣状。

④ 菜籽饼粕　在体视镜下，菜籽饼粕中的种皮仍为主要的鉴定特征。一般为很薄的小块状，扁平，单一层，黄褐色至红棕色，表面有油、光泽，可见凹陷窝。种皮和籽仁碎片不连在一起，易碎；种皮内表面有柔弱的半透明白色薄片附着，子叶为不规则小碎片，黄色无光

泽，质脆。

生物镜下，菜籽饼最典型的特征是种皮上的栅栏细胞，有褐色色素，为4～5边形，细胞壁深褐色，壁厚，有宽大的细胞内腔，其直径超过细胞壁宽度，表面观察，这些栅栏细胞在形状，大小上都较近似，相邻两细胞间总以较长的一边相对排列，细胞间连接紧密。

⑤ 向日葵粕　其中存在着未除净的葵花籽壳是主要的鉴别特征。向日葵粕为灰白色，壳为白色，其上有黑色条纹，由于壳中含有较高的纤维素、木质素，通常较坚韧，呈长条形，断面也呈锯齿状。籽仁的粒度小，形状不规则，黄褐色或灰褐，无光泽。高倍镜下可见种皮表皮细胞长，有“工”字形细胞壁，而且可见双毛，即两根毛从同一个细胞长出。

(3) 常见动物性原料的显微特征

① 鱼粉　鱼粉一般是将鱼加压、蒸煮、干燥粉碎加工而成。多为棕黄色或黄褐色，粉状或颗粒状，有烤鱼香味。在体视显微镜下，鱼肉颗粒较大，表面粗糙，用小镊子触之有纤维状破裂，有的鱼肌纤维呈短断片状。鱼骨是鱼粉鉴定中的重要依据，多为半透明或不透明的碎片，仔细观察可找到鱼体各部位的鱼骨如鱼刺、鱼脊、鱼头等；鱼眼球为乳白色玻璃状物，较硬；鱼鳞是一种薄平且卷曲的片状物，半透明，有圆心环纹。鱼粉等级和感官、物理、化学指标见表7-5。

表7-5　鱼粉等级和感官、物理、化学指标

指　　标	一级品	二级品	三级品
颜色	黄棕色	黄褐色	黄褐色
气味	具有鱼粉的正常气味,无异臭及焦灼味		
颗粒细度	至少98%能通过筛孔宽度为2.8mm的标准筛网		
蛋白质/%,不低于	55	50	45
脂肪/%,不超过	10	12	14
水分/%,不超过	12	12	12
盐分/%,不超过	4	4	5
砂分/%,不超过	4	4	5

② 虾壳粉　虾壳粉是对虾或小虾脱水干燥加工而成的，在显微镜下的主要特征是触角、虾壳及复眼。虾触角须以片段存在，呈长管状，常有4个环节相连；虾壳薄而透明，头部的壳片则厚而不透明，壳表面有平行线，中间有横纹，部分壳有“十”字形线或玫瑰花形线纹；虾眼为复眼，多为皱缩的小片，深紫色或黑色，表面上有横影线。

③ 蟹壳粉　蟹壳粉鉴别的主要依据是蟹壳在体视镜下的特征。蟹壳为小的无规则几丁质壳形状，壳外表多为橘红色，而且多孔，有时蟹壳可破裂成薄层，边缘较卷曲，褐色如麦皮，在蟹壳粉中常可见到断裂的蟹螯枝头部。

④ 贝壳粉　体视镜下贝壳粉多为小的颗粒状物，质硬，表面光滑，多为白色至灰色，光泽暗淡，有些颗粒的外表面具有同心或平行的线纹。

⑤ 骨粉及肉骨粉　在肉骨粉中肉的含量一般较少，颗粒具油腻感，浅黄至深褐色，粗糙，可见肌纤维，骨为不定形块状，一般较鱼骨、禽骨大，边缘浑圆，灰白色，具有明显的骨松质，不透明。肉骨粉及骨粉中还常有动物毛发，长而稍卷曲，黑色或白色。

⑥ 血粉　喷雾干燥的血粉多为血红色小珠状，晶亮；滚筒干燥的血粉为边缘锐利的块状，深红色，厚的地方为黑色，薄的地方为血红色，透明，其上可见小血细胞亮点。

⑦ 水解羽毛粉　其多为碎玻璃或松香状的小块状。透明易碎，浅灰、黄褐至黑色，断裂时常呈扇状边缘。在水解羽毛粉中仍可找到未完全水解的羽毛残支。

作业与思考

1. 写出实训报告，列表报告观察结果，并与标准比较，说明被检测饲料在显微镜下的组织特征。

2. 感官方法可以鉴定饲料的哪些特征？如何运用感官方法鉴定饲料的品质？饲料鉴别中常用的物理和化学方法有哪些？如何运用？

3. 体视镜观察与生物镜观察有何不同？为什么对试样进行前处理？

二、配合饲料粉碎粒度的测定（两层法筛分法）（GB 5917.1—2008）

本测定法适用于用规定的标准编织筛测定配合饲料成品的粉碎粒度。

1. 仪器

（1）标准编织筛

① 采用金属丝编织的标准试验筛，筛框直径为200mm，高度为50mm。试验筛筛孔尺寸和金属丝选配等制作质量应符合GB/T 6005和GB/T 6003.1的规定。

② 根据不同饲料产品、单一饲料等的质量要求，选用相应规格的两个标准试验筛、一个盲筛（底筛）及一个盖筛。

（2）振筛机　统一型号拍击式电动振筛机（图7-13）。

采用拍击式电动振筛机，筛体振幅（35±10）mm，振动频率为（220±20）次/min，拍击次数（150±10）次/min，筛体的运动方式为平面回转运动。

（3）天平　感量为0.01g。

图7-13　振筛机

2. 测定步骤

（1）将标准试验筛和盲筛按筛孔尺寸由大到小上下叠放。

（2）从试样中称取试料100.0g，放入叠放好的组合试验筛的顶层筛内。

（3）将装有试料的组合试验筛放入电动振筛机上，开动振筛机，连续筛10min。在无电振筛机的条件下，可用手工筛理5min，筛理时，应使试验筛做平面回转运动，振幅为25～50mm，振动频率为120～180次/min.

（4）筛分完后将各层筛上物分别收集、称重（精确到0.01g），并做好记录。

3. 结果计算

各层筛上物的质量分数计算如下：

$$P_i=\frac{m_i}{m}\times 100\%$$

式中，P_i 为某层试验筛上留存物料质量占试验总质量的百分数（$i=1, 2, 3$），%；m_i 为某层试验筛上留存的物料质量（$i=1, 2, 3$），g；m 为试料的总质量，g。

计算时，每个试样平行测定两次，以每次测定结果的算术平均值表示，保留至小数点后一位。筛分时若发现有未经粉碎的谷粒、种子及其他大型杂质，应加以称重并记入实验报告。

4. 允许误差

(1) 试料过筛的总质量损失不得超过1%。

(2) 第二层筛筛下物质量的两个平行测定值的相对误差不超过2%。

三、配合饲料混合均匀度的测定（GB/T 5918—2008）

配合饲料混合均匀度的两种测定方法：即氯离子选择性电极法和甲基紫法。

1. 氯离子选择性电极法

(1) 方法原理　本法通过氯离子选择性电极的电位对溶液中氯离子的选择性响应来测定氯离子的含量，以饲料中氯离子含量的差异来反映饲料的混合均匀度。

(2) 仪器

① 氯离子选择性电极。

② 双盐桥甘汞电极。

③ 酸度计或电位计　精度0.2mV（图7-14）。

④ 磁力搅拌器（图7-15）。

⑤ 烧杯　100mL，250mL。

⑥ 移液管　1mL，5mL，10mL。

⑦ 容量瓶　50mL。

⑧ 分析天平　感量为0.0001g。

图7-14　酸度计

图7-15　磁力搅拌器

(3) 试剂与溶液　以下试剂除特别注明外，均为分析纯。水为蒸馏水，符合GB/T 6682的三级用水规定。

① 硝酸溶液　浓度为0.5mol/L，吸取浓硝酸35mL，用水稀释至1000mL。

② 硝酸钾溶液　浓度为2.50mol/L，称取252.75g的硝酸钾于烧杯中，加水加热溶解，用水稀释至1000mL。

③ 氯离子标准液　称取经500℃灼烧1h冷却后的氯化钠（GB 1253—89）8.2440g于烧杯中，加水微热溶解，转入1000mL容量瓶中，用水稀释至刻度，摇匀，溶液中含氯离子5mg/mL。

(4) 样品的采集与制备

① 本法所需的样品必须单独采制。

② 每一批饲料至少抽取10个有代表性的样品。每个样品的采样量约200g。取样点的确定应考虑各方位深度、袋数或料流的代表性，但每一个样品必须由一点集中取样。取样时不允许有任何翻动或混合。

③ 将上述每个样品在化验室充分混匀，颗粒饲料样品需粉碎通过1.40mm筛孔。以四分法从中分取10g试样进行测定。对颗粒饲料与较粗的粉状饲料需将样品粉碎后再取试样。

(5) 测定步骤

① 标准曲线的绘制　吸取氯离子标准液 0.1mL、0.2mL、0.4mL、0.6mL、1.2mL、2.0mL、4.0mL、6.0mL，分别加入 50mL 容量瓶中，加入 5mL 硝酸溶液、10mL 硝酸钾溶液，用水稀释至刻度，摇匀，即可得到浓度（单位为 mg/50mL）为 0.50、1.00、2.00、3.00、6.00、10.00、20.00、30.00 的氯离子标准系列溶液，将它们分别倒入 100mL 的干燥烧杯中，放入磁性搅拌子一粒，以氯离子选择性电极为指示电极，双盐桥甘汞电极为参比电极，用磁力搅拌器搅拌 3min（转速恒定），在酸度计或电位计上读取指示值（mV），以溶液的电位值（mV）为纵坐标，氯离子浓度为横坐标，在半对数坐标纸上绘制标准曲线。

② 试样的测定　称取试样（10±0.05)g（准确至 0.0002g）置于 250mL 烧杯中，准确加入 100mL 水，搅拌 10min，静置 10min 后用干燥的中速定性滤纸过滤。吸取试样滤液 10mL 置于 50mL 容量瓶中，加入 5mL 硝酸溶液及 10mL 硝酸钾溶液，用水稀释至刻度，摇匀，按标准曲线的操作步骤进行测定，读取电位值，从标准曲线上求得氯离子含量的对应值。

③ 混合均匀度的计算　以各次测定的氯离子含量的对应值为 x_1、x_2、$x_3\cdots x_{10}$，其平均值$\overline{x}$、标准差 S 与变异系数 CV 的计算公式如下。

$$平均值\ \overline{x}=\frac{x_1+x_2+\cdots+x_{10}}{10}$$

$$标准差\ S=\sqrt{\frac{(x_1-\overline{x})^2+(x_2-\overline{x})^2+(x_3-\overline{x})^2+\cdots+(x_{10}-\overline{x})^2}{10-1}}$$

或

$$标准差\ S=\sqrt{\frac{x_1^2+x_2^2+x_3^2+\cdots+x_{10}^2-10\,\overline{x}^2}{10-1}}$$

$$变异系数\ \mathrm{CV}=\frac{s}{\overline{x}}\times 100\%$$

说明：CV 值越大，混合均匀度就越差。

饲料中氯离子质量分数的计算公式为：

$$\omega(\mathrm{Cl^-})=\frac{m_1}{m\times\dfrac{V_1}{V}\times 1000}$$

式中，m_1 为从标准曲线上求得的氯离子（Cl^-）含量，mg；m 为测定时试样的质量，g；V_1 为测定时试样滤液的用量，mL；V 为试样溶液的总体积，mL。

注：配合饲料的混合均匀度（CV）不超过 10%。

2. 甲基紫法

(1) 方法原理　本法以甲基紫色素作为示踪物，将其与添加剂一起加入，预先混合于饲料中，然后以比色法测定样品中甲基紫含量，以饲料中甲基紫含量的差异来反映饲料的混合均匀度。本法主要适用于混合机和饲料加工工艺中混合均匀度的测试，但不适用于添加有苜蓿粉、槐叶粉等含色素的饲料产品混合均匀度的测定。

(2) 仪器

① 分光光度计　带 5mm 比色皿。

② 标准筛　筛孔基本尺寸 100μm

③ 分析天平　感量 0.0001g。

④ 烧杯　100mL，250mL。

(3) 试剂

① 甲基紫（生物染色剂）。

② 无水乙醇。

（4）示踪物的制备与添加　将测定用的甲基紫混匀并充分研磨，使其全部通过 100μm 标准筛。按照配合饲料成品量十万分之一的用量，在加入添加剂的工艺阶段投入甲基紫。

（5）样品的采集与制备　样品的采集与制备和氯离子选择电极法相同。

（6）测定步骤　称取试样（10.00±0.05）g，放在 100mL 的小烧杯中，加入 30mL 无水乙醇，不时地加以搅动，烧杯上盖一表面皿，30min 后用滤纸过滤（定性滤纸，中速）。以无水乙醇作空白调节零点，用分光光度计以 5mm 比色皿在 590nm 的波长下测定滤液的吸光度。

以各次测定的吸光度值为 x_1，x_2，x_3，…，x_{10}，其平均值 $\overline{x}$，标准差 S 与变异系数 CV 按氯离子选择电极法中的公式计算。

3. 注意事项

（1）同一批饲料的 10 个样品测定时应尽量保持操作的一致性，以保证测定值的稳定性和重复性。

（2）由于出厂的各批甲基紫的甲基化程度不同，色调可能有差别，因此，测定混合均匀度所用的甲基紫，必须用同一批次的并加以混匀，才能保持同一批饲料中各样品测定值的可比性。

（3）配合饲料中若添加苜蓿草粉、槐叶粉等含有色素的组分时，则不能用甲基紫法测定混合均匀度。

作业与思考

1. 分别用两种方法测定产蛋鸡配合粉料的混合均匀度，并写出实训报告。

2. 为什么若在配合饲料中添加有苜蓿粉、槐叶粉等含有叶绿素的组分，则不能用甲基紫法进行测定混合均匀度？

3. 分析所测饲料试样的均匀度状况，评价混合机的混合质量，预测动物的消化状况。

第三节　饲料中化学成分的测定

一、饲料中水分和其他挥发性物质的测定（GB 6435—2006）

本方法适用于动物饲料，但不包括：奶制品，矿物质，含有相当数量的奶制品和矿物质的混合物（如代乳品），含有保湿剂（如丙二醇）的动物饲料，以及动物油脂（按 ISO662 的方法 A 测定）、油料籽实（按 GB/T 14489.1 的方法测定）、油料籽实饼粕（按 GB/T 10385 的方法测定）、谷物（按 ISO 712 的方法测定）、玉米（按 GB/T 10362《玉米水分测定法》的方法测定）单一动物饲料。

1. 方法原理

根据样品性质的不同，在特定条件下对试样进行干燥所损失的质量在试样中所占的比例。

2. 仪器设备

（1）分析天平　感量 1mg。

（2）称量瓶　由耐腐蚀金属或玻璃制成，带盖。其表面积能使样品铺开约 $0.3g/cm^2$。

（3）电热鼓风干燥箱　温度可控制在（103±2）℃。

（4）电热真空干燥箱　温度可控制在（80±2）℃，真空度可达 13kPa。应备有通入干燥空气导入装置或一以氧化钙（CaO）为干燥剂的装置（20 个样品需 300g 氧化钙）。

（5）干燥器　具有干燥剂。

（6）砂　经酸洗。

3. 试样的选取和制备

（1）按 GB/T 14699.1 采样，样品应具有代表性，在运输和贮存过程中避免发生损坏和变质。

（2）按 GB/T 20195 制备试样。

4. 测定步骤

（1）试样

① 液体、黏稠饲料和以油脂为主要成分的饲料　称量瓶内放一薄层砂和一根玻璃棒。将称量瓶及内容物和盖一并放入 103℃的干燥箱内干燥（30±1）min。盖好称量瓶盖，从干燥箱中取出，放在干燥器中冷却至室温。称量其质量，准确至 1mg。称取 10g 试样于称量瓶中，准确至 1mg。用玻璃棒将试样与砂充分混合，玻璃棒留在称量瓶中，按步骤（2）测定。

② 其他饲料　将称量瓶放入 103℃干燥箱中干燥（30±1)min 后取出，放在干燥器中冷却至室温。称量其质量，准确至 1mg。称取 5g 试样于称量瓶中，准确至 1mg，并摊匀。

（2）测定

① 将称量瓶盖放在下面或边上与称量瓶一同放入 103℃干燥箱中，建议平均每升干燥箱空间最多放一个称量瓶。

② 当干燥箱温度达 103℃后，干燥（4±0.1)h。将盖盖上，从干燥箱中取出，在干燥器中冷却至室温。称量，准确至 1mg。

③ 以油脂为主要成分的饲料应在 103℃干燥箱中再干燥（30±1）min。两次称量的结果相差不应大于试样质量的 0.1%。

（3）检查试验　为了检查在干燥过程中是否有因化学反应［如美拉德（Maillard）反应］而造成不可接受的质量变化，做如下检查。

在干燥箱中于 103℃再次干燥称量瓶和试样，时间为（2±0.1)h。在干燥器中冷却至室温。称量，准确至 1mg。如果经第二次干燥后质量变化大于试样质量的 0.2%，就可能发生了化学反应。在这种情况下按步骤（4）所述操作。

注：此处试样质量 0.2%的变化不应与重复性限相混淆。后者涉及的是在重复性条件下两个独立试验结果的绝对偏差。而前者是基于检查再次加热前后同一试样的称量结果差别，以确定是否发生了不可接受的化学变化。

（4）发生不可接受质量变化的样品　按步骤（1）取试样。将称量瓶盖放在下面或边上与称量瓶一同放入 80℃的真空干燥箱中，减压至 13kPa。通入干燥空气或放置干燥剂干燥试样。在放置干燥剂的情况下，当达到设定的压力后断开真空泵。在干燥过程中保持所设定的压力。当干燥箱温度达到 80℃后，加热（4±0.1)h。小心地将干燥箱恢复至常压。打开干燥箱，立即将称量瓶盖盖上，从干燥箱中取出，放入干燥器中冷却至室温称量，准确至 1mg。

将试样再次放入 80℃的真空干燥箱中干燥（30±1)min，直至连续两次干燥质量变化之差小于其质量的 0.2%。

（5）测定次数　同一试样进行两个平行测定。

5. 测定结果的计算

(1) 未作预处理的样品　未作预处理的样品，其水分和其他挥发性物质的含量，以质量分数 w_1 表示，数值以%计，按下式计算：

$$w_1=\frac{m_3-(m_5-m_4)}{m_3}\times 100\%$$

式中，m_3 为试样的质量，g；m_4 为称量瓶（包括盖）的质量，如使用砂和玻璃棒，也包括砂和玻璃棒的质量，g；m_5 为称量瓶（包括盖）和干燥后试样的质量，如使用砂和玻璃棒，也包括砂和玻璃棒的质量，g。

(2) 经过预处理的样品　对于难以粉碎的样品见 GB/T 20195。

① 样品水分含量高于17%，脂肪含量低于120g/kg，只需预干燥的样品，其水分和其他挥发性物质的含量 w_2 以质量分数表示，数值以%计，按下式计算：

$$w_2=\left(\frac{m_0-m_1}{m_0}+\left[\frac{m_3-(m_5-m_4)}{m_3}\times\frac{m_1}{m_0}\right]\right)\times 100\%$$

式中，m_0 为试样经提取和/或空气风干前的质量，g；m_1 为试样经提取和/或空气风干后的质量，g；m_3 为试样的质量，g；m_4 为称量瓶（包括盖）的质量，如使用砂和玻璃棒，也包括砂和玻璃棒的质量，g；m_5 为称量瓶（包括盖）和干燥后试样的质量，如使用砂和玻璃棒，也包括砂和玻璃棒的质量，g。

② 经脱脂的高脂肪低水分试样及经脱脂和预干燥的高脂肪高水分试样，其水分和其他挥发性物质的含量 w_3，以质量分数表示，数值以%计，按下式计算：

$$w_3=\left(\frac{m_0-m_1-m_2}{m_0}+\left[\frac{m_3-(m_5-m_4)}{m_3}\times\frac{m_1}{m_0}\right]\right)\times 100\%$$

式中，m_2 为从试样中提取脂肪的质量（见 GB/T 20195），g。式中其他符号的含义同上。

(3) 结果表示　取两次平行测定的算术平均值作为结果，两个平行测定结果的绝对差值不大于0.2%。超过0.2%，重新测定。结果精确至0.1%。

作业与思考

1. 测定配合饲料或单一饲料中水分的含量，并写出实训报告。
2. 试样的烘干时间对结果有何影响？为什么？

二、饲料中粗蛋白质的测定（GB/T 6432—94）

本法规定了饲料中粗蛋白质含量的测定。适用于配合饲料、浓缩饲料和单一饲料。

1. 方法原理

凯氏法测定试样中的含氮量，即在催化剂作用下，用硫酸破坏有机物，使含氮物转化成硫酸铵。加入强碱进行蒸馏使氨逸出，用硼酸吸收后，再用酸滴定，测出氮含量，将结果乘以换算系数6.25，计算出粗蛋白质含量。

2. 试剂

① 硫酸（GB 625）　化学纯，含量为98%，无氮。

② 混合催化剂　0.4g $CuSO_4\cdot 5H_2O$（GB 665）；6g 硫酸钾（HG 3—920）或硫酸钠（HG 3—908）。均为化学纯，磨碎混匀。

③ 氢氧化钠（GB 629）　化学纯，40%水溶液（w/v）。

④ 硼酸（GB 628）　化学纯，2%水溶液（w/v）。

⑤ 混合指示剂　甲基红（HG 3—958）0.1%乙醇溶液，溴甲酚绿（HG 3—1220）0.5%乙醇溶液，两溶液等体积混合，在阴凉处保存期为3个月。

⑥ 盐酸标准溶液（无水碳酸钠法标定）

a. 盐酸标准溶液　$c(HCl)=0.1mol/L$。8.3mL 盐酸（GB 622，分析纯），注入1000mL蒸馏水中。

b. 盐酸标准溶液　$c(HCl)=0.02mol/L$。1.67mL 盐酸（GB 622，分析纯），注入1000mL蒸馏水中。

⑦ 蔗糖（HG 3—1001）　分析纯。

⑧ 硫酸铵（GB 1396）　分析纯，干燥。

⑨ 硼酸吸收液　1%硼酸水溶液1000mL，加入0.1%溴甲酚绿乙醇溶液10mL，0.1%甲基红乙醇溶液7mL，4%氢氧化钠水溶液0.5mL，混合，置阴凉处保存期为一个月（全自动程序用）。

3. 仪器设备

① 实验室用样品粉碎机或研钵。

② 分样筛　孔径0.45mm（40目）。

③ 分析天平　感量0.0001g。

④ 消煮炉或电炉。

⑤ 滴定管　酸式，10mL，25mL。

⑥ 凯氏烧瓶　250mL。

⑦ 凯氏蒸馏装置　常量直接蒸馏式或半微量水蒸气蒸馏式，图7-16。

⑧ 锥形瓶　150mL，250mL。

⑨ 容量瓶　100mL。

⑩ 消煮管　250mL。

⑪ 定氮仪　以凯氏原理制造的各类型半自动，全自动蛋白质测定仪。

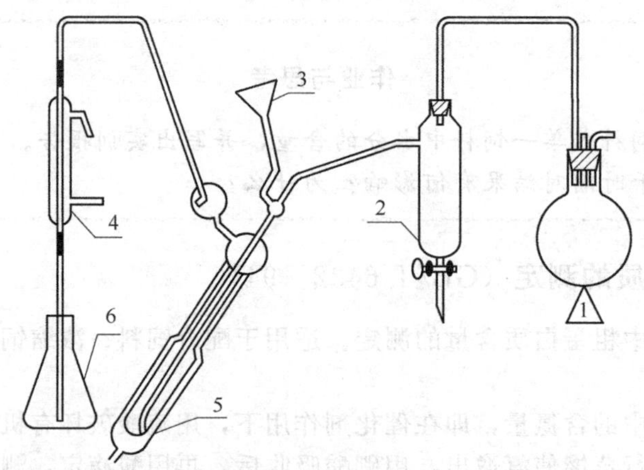

图7-16　凯氏定氮仪

1—蒸气发生器；2，3—漏斗；4—冷凝管；5—反应室；6—锥形瓶

4. 试样的选取和制备

选取具有代表性的试样用“四分法”缩减至200g，粉碎后全部通过40目筛，装于密封容器中，防止试样成分的变化。

5. 分析步骤

（1）仲裁法

① 试样的消煮　称取试样0.5～1g（含氮量5～80mg）准确至0.0002g，放入凯氏烧瓶中，加入6.4g混合催化剂，与试样混合均匀，再加入12mL硫酸和2粒玻璃珠，将凯氏烧瓶置于电炉上加热，开始小火，待样品焦化，泡沫消失后，再加强火力（360～410℃）直至呈透明的蓝绿色，然后再继续加热，至少2h。

② 氨的蒸馏

a. 常量蒸馏法　将试样消煮液冷却，加入60～100mL蒸馏水，摇匀，冷却。将蒸馏装置的冷凝管末端浸入装有25mL硼酸吸收液和2滴混合指示剂的锥形瓶内。然后小心地向凯氏烧瓶中加入50mL氢氧化钠溶液，轻轻摇动凯氏烧瓶，使溶液混匀后再加热蒸馏，直至流出液体体积为100mL。降下锥形瓶，使冷凝管末端离开液面，继续蒸馏1～2min，并用蒸馏水冲洗冷凝管末端，洗液均需流入锥形瓶内，然后停止蒸馏。

b. 半微量蒸馏法　将试样消煮液冷却，加入20mL蒸馏水，转入100mL容量瓶中，冷却后用水稀释至刻度，摇匀，作为试样分解液。将半微量蒸馏装置的冷凝管末端浸入装有20mL硼酸吸收液和2滴混合指示剂的锥形瓶内。蒸汽发生器的水中应加入甲基红指示剂数滴，硫酸数滴，在蒸馏过程中保持此液为橙红色，否则需补加硫酸。准确移取试样分解液10～20mL注入蒸馏装置的反应室中，用少量蒸馏水冲洗进样入口，塞好入口处玻璃塞，再加10mL氢氧化钠溶液，小心提起玻璃塞使之流入反应室，将玻璃塞塞好，且在入口处加水密封，防止漏气。蒸馏4min降下锥形瓶使冷凝管末端离开吸收液面，再蒸馏1min，用蒸馏水冲洗冷凝管末端，洗液均流入锥形瓶内，然后停止蒸馏。

注：上述两种蒸馏法测定结果相近，可任选一种。

c. 蒸馏步骤的检验　精确称取0.2g硫酸铵，代替试样，分别按上述两种步骤进行操作，测得硫酸铵含氮量应为21.19%±0.2%，否则应检查加碱、蒸馏和滴定各步骤是否正确。

③ 滴定　蒸馏后的吸收液立即用0.1mol/L或0.02mol/L盐酸标准溶液滴定，溶液由蓝绿色变成灰红色为滴定终点。

(2) 推荐法

① 试样的消煮　称取0.5～1g试样（含氮量5～80mg）准确至0.0002g，放入消化管中，加2片消化片（仪器自备）或6.4g混合催化剂，12mL硫酸，于420℃下在消煮炉上消化1h。取出放凉后加入30mL蒸馏水。

② 氨的蒸馏　采用全自动定氮仪时，按仪器本身常规程序进行测定。

采用半自动定氮仪时（图7-17），将带消化液的管子插入蒸馏装置上，以25mL硼酸为吸收液，加入2滴混合指示剂，蒸馏装置的冷凝管末端要浸入装有吸收液的锥形瓶内，然后向消煮管中加入50mL氢氧化钠溶液进行蒸馏。蒸馏时间以吸收液体积达到100mL时为宜。降下锥形瓶，用蒸馏水冲洗冷凝管末端，洗液均需流入锥形瓶内。

③ 滴定　用0.1mol/L的标准盐酸溶液滴定吸收液，溶液由蓝绿色变成灰红色为终点。

6. 空白测定

称取蔗糖0.5g，代替试样进行空白测定，消耗0.1mol/L盐酸标准溶液的体积不得超过0.2mL。消耗0.02mol/L盐酸标准溶液体积不得超过0.3mL。

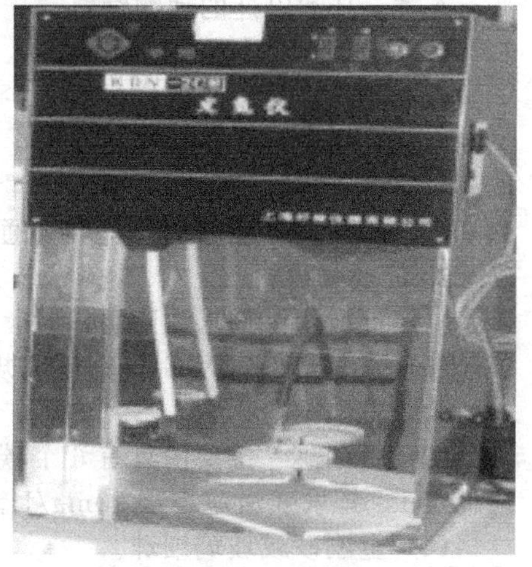
图7-17　半自动定氮仪

7. 分析结果的表述

(1) 计算公式

$$粗蛋白质=\frac{(V_2-V_1)\times c\times 0.0140\times 6.25}{m\times \frac{V'}{V}}\times 100\%$$

式中，V_2 为滴定试样时所需标准酸溶液体积，mL；V_1 为滴定空白时所需标准酸溶液体积，mL；c 为盐酸标准溶液浓度，mol/L；m 为试样质量，g；V 为试样分解液总体积，mL；V'为试样分解液蒸馏用体积，mL；0.0140 为与 1.00mL 盐酸标准溶液［c(HCl)＝1.0000mol/L］相当的、以克表示的氮的质量。6.25 为氮换算成蛋白质的平均系数。

(2) 重复性　每个试样取两个平行样进行测定，以其算术平均值为结果。当粗蛋白质含量在 25%以上，允许相对偏差为 1%；当粗蛋白质含量在 10%～25%之间时，允许相对偏差为 2%；当粗蛋白质含量在 10%以下，允许相对偏差为 3%。

(3) 注意事项　试样消煮时，加入硫酸铜 0.2g，无水硫酸钠 3g，与试样混合均匀，再加硫酸 10mL，仍可使饲料试样分解完全，只是试样焦化再变为澄清所需要时间略长些。

作业与思考

1. 测定配合饲料、浓缩饲料或单一饲料中粗蛋白质的含量，并写出实训报告。
2. 为什么电炉或消煮炉的温度不可过高？
3. 为什么要做空白实验？
4. 0.0140 是如何计算来的？
5. 试分析导致实验结果偏低的原因。

三、饲料中粗脂肪的测定（GB/T 6433—2006）

本方法适用于油籽和油籽残渣以外的动物饲料。

为了本方法的测定效果，将动物饲料分为 A、B 两类；B 类产品提取前需水解。

B 类包括：①纯动物性饲料，包括乳制品；②脂肪不经预先水解不能提取的纯植物性饲料，如谷蛋白、酵母、大豆及马铃薯蛋白以及加热处理的饲料；③含有一定数量加工产品的配合饲料，其脂肪含量至少有 20%来自这些加工产品。

A 类：B 类以外的动物饲料。

1. 方法原理

(1) 脂肪含量较高的样品（至少 20g/kg）预先用石油醚提取。

(2) B 类样品用盐酸加热水解，水解溶液冷却、过滤，洗涤残渣并干燥后用石油醚提取，蒸馏、干燥除去溶剂，残渣称量。

(3) A 类样品用石油醚提取，通过蒸馏和干燥除去溶剂，残渣称量。

2. 试剂和材料

本标准所用试剂未注明要求时，均指分析纯试剂。

(1) 水　至少应为 GB/T 6682 规定的 3 级。

(2) 硫酸钠　无水。

(3) 石油醚　主要由具有 6 个碳原子的碳氢化合物组成，沸点范围为 40～60℃。溴值应低于 1，挥发残渣应小于 20mg/L。也可使用挥发残渣低于 20mg/L 的工业乙烷。

(4) 金刚砂或玻璃细珠。

(5) 丙酮。

(6) 盐酸　$c(HCl)=3mol/L$。

(7) 滤器辅料　例如硅藻土，在盐酸 [$c(HCl)=6mol/L$] 中消煮 30min，用水洗至中性，然后在 130℃下干燥。

3. 仪器设备

(1) 提取套管，无脂肪和油，用乙醚洗涤。

(2) 索氏提取器，虹吸容积约 100mL，或用其他循环提取器。

(3) 加热装置　有温度控制装置，不作为火源。

(4) 干燥箱　温度能保持在 (103±2)℃。

(5) 电热真空箱　温度能保持在 (80±2)℃，并减压至 13.3kPa 以下，配有引入干燥空气的装置，或内盛干燥剂，例如氧化钙。

(6) 干燥器　内装有效的干燥剂。

4. 试样的制备

试样按 GB/T 20195 制备。

5. 分析步骤

(1) 分析步骤的选择

如果试样不易粉碎，或因脂肪含量高（超过 200g/kg）而不易获得均质的缩减的试样，按步骤 (2) 处理。否则，按步骤 (3) 处理。

(2) 预先提取

① 称取至少 20g 制备的试样 (m_0)，准确至 1mg，与 10g 无水硫酸钠混合，转移至一提取套管并用一小块脱脂棉覆盖。

将一些金刚砂转移至一干燥烧瓶，如果随后将对脂肪定性，则使用玻璃细珠取代金刚砂。将烧瓶与提取器连接，收集石油醚提取物。

将套管置于提取器中，用石油醚提取 2h。如果使用索氏提取器，则调节加热装置使每小时至少循环 10 次；如果使用一个相当设备，则控制流速每秒至少 5 滴（约 10mL/min）。

用 500mL 石油醚稀释烧瓶中的石油醚提取物，充分混合。对一个盛有金刚砂或玻璃细珠的干燥烧瓶进行称量 (m_1)，准确至 1mg，吸取 50mL 石油醚溶液移入此烧瓶中。

② 蒸馏除去溶剂，直至烧瓶中几无溶剂，加 2mL 丙酮至烧瓶中，转动烧瓶并在加热装置上缓慢加温以除去丙酮，吹去痕量丙酮。残渣在 103℃干燥箱内干燥 (10±0.1)min，在干燥器中冷却，称量 (m_2)，准确至 0.1mg。也可采取：

蒸馏除去溶剂，烧瓶中残渣在 80℃电热真空箱中干燥 1.5h，在干燥器中冷却，称量 (m_2)，准确至 0.1mg。

③ 取出套管中提取的残渣在空气中干燥，除去残余的溶剂，干燥残渣称量 (m_3)，准确至 0.1mg。将残渣粉碎成 1mm 大小的颗粒，按步骤 (3) 处理。

(3) 试料　称取 5g 左右 (m_4) 制备的试样，准确至 1mg。

对 B 类样品按步骤 (4) 处理。

对 A 类样品，将试料移至提取套管并用一小块脱脂棉覆盖，按步骤 (5) 处理。

(4) 水解　将试料转移至一个 400mL 烧杯或一个 300mL 锥形瓶中，加 100mL 盐酸和金刚砂，用表面皿覆盖，或将锥形瓶与回流冷凝器连接，在火焰上或电热板上加热混合物至微沸，保持 1h，每 10min 旋转摇动一次，防止产物附着于容器壁上。

在环境温度下冷却，加一定量的滤器辅料，防止过滤时脂肪丢失，在布氏漏斗中通过湿润的无脂的双层滤纸抽吸过滤，残渣用冷水洗涤至中性。

注：如果在滤液表面出现油或脂，则可能得出错误结果，一种可能的解决办法是减少测定试料或提高

酸的浓度重复进行水解。

小心取出滤器并将含有残渣的双层滤纸放入一个提取套管中，在80℃电热真空箱中于真空条件下干燥60min，从电热真空箱中取出套管并用一小块脱脂棉覆盖。

（5）提取

① 将一些金刚砂转移至一干燥烧瓶，称量（m_5），准确至1mg。如果随后将要对脂肪定性，则使用玻璃细珠取代金刚砂。将烧瓶与提取器连接，收集石油醚提取物。

将套管置于提取器中，用石油醚提取6h。如果使用索氏提取器，则调节加热装置使每小时至少循环10次，如果使用一个相当设备，则控制回流速度每秒至少5滴（约10mL/min）。

② 蒸馏除去溶剂，直至烧瓶中几无溶剂，加2mL丙酮至烧瓶中，转动烧瓶并在加热装置上缓慢加温以除去丙酮，吹去痕量丙酮。残渣在103℃干燥箱内干燥（10±0.1）min，在干燥器中冷却，称量（m_6），准确至0.1mg。也可采取：

蒸馏除去溶剂，烧瓶中残渣在80℃电热真空箱中干燥1.5h，在干燥器中冷却，称量（m_6），准确至0.1mg。

6. 计算

（1）预先提取测定法　试样的脂肪含量W_1，按下式计算，以g/kg表示：

$$W=\left[\frac{10(m_2-m_1)}{m_0}+\frac{(m_6-m_5)}{m_4}\times\frac{m_3}{m_0}\right]\times f$$

式中，m_0为在步骤（2）中称取的试样质量，g；m_1为在步骤（2）中装有金刚砂的烧瓶的质量，g；m_2为在步骤（2）中带有金刚砂的烧瓶和干燥的石油醚提取物残渣的质量，g；m_3为在步骤（2）中获得的干燥提取残渣的质量，g；m_4为试料［步骤（3）］的质量，g；m_5为在步骤（5）中使用的盛有金刚砂的烧瓶的质量，g；m_6为在步骤（5）中盛有金刚砂的烧瓶和获得的干燥石油醚提取残渣的质量，g；f为校正因子单位，g/kg（f=1000g/kg）。

结果表示准确至1g/kg。

（2）无预先提取的测定法　试样的脂肪含量W_2按下式计算，以g/kg表示：

$$W_2=\frac{(m_6-m_5)}{m_4}\times f$$

式中变量符号意义同上。结果表示准确至1g/kg。

作业与思考

1. 测定饲料中粗脂肪的含量，并写出实训报告。
2. 不同类样品脂肪测定的方法有何不同？
3. 丙酮在测定过程中有什么作用？

四、饲料中粗纤维的测定（GB/T 6434—2006）

本标准适用于粗纤维含量大于10g/kg的饲料。对粗纤维含量等于或大于10g/kg的饲料，可用ISO 6541描述的方法测定。本标准还适用于谷物和豆类植物。

1. 方法原理

用固定量的酸和碱，在特定条件下消煮样品，再用醚、丙酮除去醚溶物，经高温灼烧扣除矿物质后的所余物为粗纤维。（试样用沸腾的稀释硫酸处理，过滤分离残渣，洗涤，然后用沸腾的氢氧化钾溶液处理，过滤分离残渣，洗涤，干燥，称量，然后灰化。因灰化而失去的质量相当于试料中粗纤维质量。）它不是一个确切的化学实体，只是在公认强制规定的条件下，测出的概略养分。其中以纤维素为主，还有少量半纤维素和木质素。

2. 试剂和材料

除非另有规定，只用分析纯试剂。

(1) 水　至少应为 GB/T 6682 规定的 3 级水。

(2) 盐酸溶液　$c(HCl)=0.5mol/L$。

(3) 硫酸溶液　$c(H_2SO_4)=(0.23\pm0.005)mol/L$。

(4) 氢氧化钾溶液　$c(KOH)=(0.23\pm0.005)mol/L$。

(5) 丙酮。

(6) 滤器辅料　海沙或硅藻土，或质量相当的其他材料。使用前，海沙用沸腾盐酸[$c(HCl)=4mol/L$] 处理，用水洗至中性，在 (500±25)℃下至少加热 1h。

(7) 防泡剂　如正辛醇。

(8) 石油醚　沸点范围 40～60℃。

3. 仪器设备

(1) 粉碎设备　能将样品粉碎，使其能完全通过筛孔为 1mm 的筛。

(2) 分析天平　感量 0.1mg。

(3) 滤埚　石英的、陶瓷的或硬质玻璃的，带有烧结的滤板，滤板孔径 40～100μm。

在初次使用前，将新滤埚小心地逐步加温，温度不超过 525℃，并在 (500±25)℃下保持数分钟。也可使用具有同样性能特性的不锈钢坩埚，其不锈钢筛板的孔径为 90μm。

(4) 陶瓷筛板。

(5) 灰化皿。

(6) 烧杯或锥形瓶　容量 500rnL，带有一个适当的冷却装置，如冷凝器或一个盘。

(7) 干燥箱　用电加热，能通风，能保持温度 (30±2)℃。

(8) 干燥器　盛有蓝色硅胶干燥剂，内有厚度为 2～3mm 的多孔板，最好由铝或不锈钢制成。

(9) 马福炉　用电加热，可以通风，温度可调控，在 475～525℃条件下，保持滤埚周围温度准至±25℃。马福炉的高温表读数不总是可信的，可能发生误差，因此对高温炉中的温度要定期检查。

因高温炉的大小及类型不同，炉内不同位置的温度可能不同。当炉门关闭时，必须有充足的空气供应。空气体积流速不宜过大，以免带走滤埚中物质。

(10) 冷提取装置　包括一个滤埚支架、一个装有至真空和液体排出孔旋塞的排放管及连接滤埚的连接环。

(11) 加热装置（手工操作方法）　带有一个适当的冷却装置，在沸腾时能保持体积恒定。

(12) 加热装置（半自动操作方法）　用于酸和碱消煮，包括：一个滤埚支架、一个装有至真空和液体排出孔旋塞的排放管、一个容积至少 270mL 的圆筒（供消煮用，带有回流冷凝器）、一个将加热装置与滤埚及消煮圆筒连接的连接环。可选择性地提供压缩空气，使用前，设备用沸水预热 5min。

4. 试样制备

试样按 GB/T 20195 制备。用粉碎装置将实验室风干样粉碎，使其能完全通过筛孔为 1mm 的筛，充分混合。

5. 分析步骤

方法一：手工操作法分析步骤

（1）试料　称取约 1g 制备的试样（m_1），准确至 0.1mg。

如果试样脂肪含量超过 100g/kg，或试样中脂肪不能用石油醚直接提取，则将试样装移至一滤埚，并按步骤（2）处理。

如果试样脂肪含量不超过 100g/kg，则将试样装移至一烧杯。如果其碳酸盐（碳酸钙形式）超过 50g/kg，按步骤（3）处理，如果碳酸盐不超过 50g/kg，则按步骤（4）处理。

（2）预先脱脂　在冷提取装置中，在真空条件下，试样用石油醚脱脂 3 次，每次用石油醚 30mL，每次洗涤后抽吸干燥残渣，将残渣装移至一烧杯。

（3）除去碳酸盐　将 100mL 盐酸倾注在试样上，连续振摇 5min，小心将此混合物倾入一滤埚，滤埚底部覆盖一薄层滤器辅料。用水洗涤两次，每次用水 100mL，细心操作最终使尽可能少的物质留在滤器上。将滤埚内容物转移至原来的烧杯中并按步骤（4）处理。

（4）酸消煮　将 150mL 硫酸倾注在试样上。尽快使其沸腾，并保持沸腾状态（30±1）min。在沸腾开始时，转动烧杯一段时间。如果产生泡沫，则加数滴防泡剂。在沸腾期间使用一个适当的冷却装置保持体积恒定。

（5）第一次过滤　在滤埚中铺一层滤器辅料，其厚度约为滤埚高度的 1/5，滤器辅料上面可盖一筛板以防溅起。当消煮结束时，将液体通过一个搅拌棒滤至滤埚中，用弱真空抽滤，使 150mL 几乎全部通过。如果滤器堵塞，则用一个搅拌棒小心地移去覆盖在滤器辅料上的粗纤维。

残渣用热水洗涤 5 次，每次约用 10mL 水，要注意使滤埚的过滤板始终有滤器辅料覆盖，使粗纤维不接触滤板。停止抽真空，加一定体积的丙酮，刚好能覆盖残渣，静置数分钟后，慢慢抽滤排出丙酮，继续抽真空，使空气通过残渣，使之干燥。

（6）脱脂　在冷提取装置中，在真空条件下，试样用石油醚脱脂 3 次，每次用石油醚 30mL，每次洗涤后抽吸干燥。

（7）碱消煮　将残渣定量转移至酸消煮用的同一烧杯中。加 150mL 氢氧化钾溶液，尽快使其沸腾，保持沸腾状态（30±1）min，在沸腾期间用一适当的冷却装置，使溶液体积保持恒定。

（8）第二次过滤　烧杯内容物通过滤埚过滤，滤埚内铺有一层滤器辅料，其厚度约为滤埚高度的 1/5，上盖一筛板以防溅起。残渣用热水洗至中性。

残渣在真空条件下用丙酮洗涤 3 次，每次用丙酮 30mL，每次洗涤后抽吸干燥残渣。

（9）干燥　将滤埚置于灰化皿中，灰化皿及其内容物在 130℃ 干燥箱中至少干燥 2h。在灰化或冷却过程中，滤埚的烧结滤板可能有些部分变得松散，从而可能导致分析结果错误，因此将滤埚置于灰化皿中。

滤埚和灰化皿在干燥器中冷却，从干燥器中取出后，立即对滤埚和灰化皿进行称量（m_2），准确至 0.1mg。

（10）灰化　将滤埚和灰化皿置于马福炉中，其内容物在（500±25）℃下灰化，直至冷却后连续两次称量的差值不超过 2mg。每次灰化后，让滤埚和灰化皿初步冷却，在尚温热时置于干燥器中，使其完全冷却，然后称量（m_3），准确至 0.1mg。

（11）空白测定　用大约相同数量的滤器辅料，按步骤（4）～步骤（10）进行空白测定，但不加试样。灰化引起的质量损失不应超过 2mg。

方法二：半自动操作方法的分析步骤

(1) 试料　称取约1g制备的试样 (m_1) 准确至0.1mg，转移至一带有约2g滤器辅料的滤埚中。如果样品脂肪含量超过100g/kg或样品含脂肪不能用石油醚直接提取，则按步骤 (2) 进行。

如果样品脂肪含量不超过100g/kg，其碳酸盐（碳酸钙形式）含量超过50g/kg，按步骤 (3) 进行，如果碳酸盐不超过50g/kg，则按步骤 (4) 进行。

(2) 预先脱脂　将滤埚与冷提取装置连接，试样在真空条件下用石油醚洗涤3次，每次用石油醚30mL，每次洗涤后抽吸干燥残渣。

(3) 除去碳酸盐　将滤埚与加热装置连接，试样用盐酸洗涤3次，每次用盐酸30mL，在每次加盐酸后在过滤之前停留约1min。约用30mL水洗涤一次，按步骤 (4) 进行。

(4) 酸消煮　将消煮圆筒与滤埚连接，将150mL沸硫酸转移至带有滤埚的圆筒中，如果出现泡沫，则加数滴防泡剂，使硫酸尽快沸腾，并保持剧烈沸腾 (30±1) min。

(5) 第一次过滤　停止加热，打开排放管旋塞，在真空条件下通过滤埚将硫酸滤出，残渣用热水至少洗涤3次，每次用水30mL，洗涤至中性，每次洗涤后抽吸干燥残渣。如果过滤发生问题，建议小心吹气排出滤器堵塞。

如果样品所含脂肪不能直接用石油醚提取，按步骤 (6) 进行，否则，按步骤 (7) 进行。

(6) 脱脂　将滤埚与冷提取装置连接，残渣在真空条件下用丙酮洗涤3次，每次用丙酮30mL。然后，残渣在真空条件下用石油醚洗涤3次，每次用石油醚30mL。每次洗涤后抽吸干燥残渣。

(7) 碱消煮　关闭排出孔旋塞，将150mL沸腾的氢氧化钾溶液转移至带有滤埚的圆筒，加数滴防泡剂，使溶液尽快沸腾，并保持剧烈沸腾 (30±1)min。

(8) 第二次过滤　停止加热，打开排放管旋塞，在真空条件下通过滤埚将氢氧化钾溶液滤去，用热水至少洗涤3次，每次用水约30mL，洗至中性，每次洗涤后抽吸干燥残渣。

将滤埚与冷提取装置连接，残渣在真空条件下用丙酮洗涤3次，每次用丙酮30mL，每次洗涤后抽吸干燥残渣。

(9) 干燥　将滤埚置于灰化皿中，灰化皿及其内容物在130℃干燥箱中至少干燥2h，在灰化或冷却过程中，滤埚的烧结滤板可能有些部分变得松散，从而可能导致分析结果错误，因此需将滤埚置于灰化皿中。

滤埚和灰化皿在干燥器中冷却，从干燥器中取出后，立即对滤埚和灰化皿进行称量 (m_2)，准确至0.1mg。

(10) 灰化　将滤埚和灰化盘置于马福炉中，其内容物在 (500±25)℃下灰化，直至冷却后连续两次称量的差值不超过2mg。每次灰化后，让滤埚和灰化皿初步冷却，在尚温热时置于干燥箱中，使其完全冷却，然后称量 (m_3)，准确至0.1mg。

(11) 空白测定　用大约相同数量的滤器辅料，按步骤 (4)～步骤 (10) 进行空白测定，但不加试样。灰化引起的质量损失不应超过2mg。

6. 测定结果的计算

试样中粗纤维的含量 (x) 以g/kg表示，按下式计算：

$$x=\frac{m_2-m_3}{m_1}$$

式中，m_1 为试料的质量，g；m_2 为灰化盘、滤埚以及在130℃干燥后获得的残渣的质量，mg；m_3 为灰化盘、滤埚以及在 (500±25)℃灰化后获得的残渣的质量，mg。

结果四舍五入，准确至1g/kg。结果亦可用质量分数（%）表示。

作业与思考

1. 测定混合饲料、配合饲料、浓缩饲料或单一饲料粗纤维的含量，并写出实训报告。
2. 硫酸和氢氧化钾溶液的浓度过高或过低对测定结果有何影响？为什么？
3. 高温炉的温度为什么要控制在500～600℃？
4. 正辛醇在煮沸的过程中起什么作用？
5. 在半自动操作分析中，脱脂时为什么用丙酮进行洗涤？

五、饲料中粗灰分的测定（GB/T 6438—2007）

本法适用于动物饲料中粗灰分测定。

1. 方法原理

试样中的有机质经灼烧分解，对所得的灰分称量（以质量分数表示）。

2. 仪器与设备

(1) 分析天平　感量为0.001g。

(2) 马福炉　电加热，可控制温度，带高温计。马福炉中摆放煅烧盘的地方，在550℃时温差不超过20℃。

(3) 干燥箱　温度控制在(103±2)℃。

(4) 电热板或煤气喷灯。

(5) 煅烧盘　铂或铂合金（如10%铂，90%金）或在实验条件下不受影响的其他物质(如瓷质材料)，最好是表面积约为20cm²、高约为2.5cm的长方形容器，对易于膨胀的碳水化合物样品，灰化盘的表面积约为30cm²、高为3.0cm的容器。

(6) 干燥器　盛有有效的干燥剂。

3. 试样的选取和制备

(1) 采样按GB/T 14699.1执行。

(2) 试样制备按GB/T 20195执行

4. 测定步骤

(1) 将煅烧盘放入马福炉中，于550℃，灼烧至少30min，移入干燥器中冷却至室温，称量，准确至0.001g。称取约5g试样（精确至0.001g）于煅烧盘中。

(2) 将盛有试样的煅烧盘放在电热板或煤气喷灯上小心加热至试样炭化，转入预先加热到550℃的马福炉中灼烧3h，观察是否有炭粒，如无炭粒，继续于马福炉中灼烧1h，如果有炭粒或怀疑有炭粒，将煅烧盘冷却并用蒸馏水润湿，在(103±2)℃的干燥箱中仔细蒸发至干，再将煅烧盘置于马福炉中灼烧1h，取出于干燥器中，冷至室温迅速称量，准确至0.001g。

注：由上述步骤得到的粗灰分可用于测定盐酸不溶性灰分。对同一试样取两份试料进行平行测定。

5. 测定结果计算

粗灰分（w）用质量分数（%）表示，按下式计算：

$$w=\frac{m_2-m_0}{m_1-m_0}\times100\%$$

式中，m_2 为灰化后粗灰分加煅烧盘的质量，g；m_0 为空煅烧盘的质量，g；m_1 为装有试样的煅烧盘质量，g。

取两次测定的算术平均值作为测定结果，结果表示至0.1%（质量分数）。

作业与思考

1. 测定配合饲料、浓缩饲料或单一饲料灰分的含量，并写出实训报告。
2. 电炉炭化的温度为什么不可过高？
3. 饲料灰分测定时高温炉的温度为什么要控制在（550±20)℃？温度过高与过低对测定结果有何影响？
4. 为什么要预热取坩埚的坩埚钳？

六、饲料中钙的测定（GB/T 6436—2002)

方法一：高锰酸钾法

本法规定了用高锰酸钾法和乙二胺四乙酸二钠络合滴定法测定饲料中钙含量的方法。适用于饲料原料和饲料产品。本方法钙的最低检测限为150mg/kg（取试样1g时）

1. 方法原理

将试样中有机物破坏，钙变成溶于水的离子，用草酸铵定量沉淀，用高锰酸钾法间接测定钙含量。

2. 试剂和溶液

实验用水应符合GB/T 6682中三级用水规格，使用试剂除特殊规定外均为分析纯。

(1) 硝酸。

(2) 高氯酸 70%～72%

(3) 盐酸溶液 1∶3（体积比）。

(4) 硫酸溶液 1∶3（体积比）。

(5) 氨水溶液 1∶1（体积比）。

(6) 草酸铵水溶液（42g/L） 称取4.2g草酸铵溶于100mL水中。

(7) 高锰酸钾标准溶液$\left[c\left(\frac{1}{5}KMnO_4\right)=0.05mol/L\right]$的配制按GB/T 60规定。

(8) 甲基红指示剂 0.1g甲基红溶于100mL 95%乙醇中。

3. 仪器和设备

(1) 实验室用样品粉碎机或研钵。

(2) 分样筛 孔径0.42mm（40目）。

(3) 分析天平 感量0.0001g。

(4) 高温炉 电加热，可控温度在（550±20)℃。

(5) 坩埚 瓷质。

(6) 容量瓶 100mL。

(7) 滴定管 酸式，25mL或50mL。

(8) 玻璃漏斗 6cm直径。

(9) 定量滤纸 中速，7～9cm。

(10) 移液管 10mL，20mL。

(11) 烧杯 200mL。

(12) 凯氏烧瓶 250mL或500mL。

4. 试样制备

取具有代表性试样 2kg，用四分法缩分至 250g，粉碎过 0.42mm（40 目）孔筛，混匀，装入样品瓶中密封，保存备用。

5. 测定步骤

（1）试样的分解

① 干法　称取试样 2～5g 于坩埚中，精确至 0.0002g，在电炉上小心炭化，再放入高温炉中于 550℃下灼烧 3h（或测定粗灰分后连续进行），在盛灰坩埚中加入盐酸溶液 10mL 和浓硝酸数滴，小心煮沸，将此溶液转入 100mL 容量瓶中，冷却至室温，用蒸馏水稀释至刻度，摇匀，为试样分解液。

② 湿法　称取试样 2～5g 于 250mL 凯氏烧瓶中，精确至 0.0002g，加入硝酸 10mL，加热煮沸，至二氧化氮黄烟逸尽，冷却后加入高氯酸 10mL，小心煮沸至溶液无色，不得蒸干（危险）冷却后加蒸馏水 50mL，且煮沸驱逐二氧化氮，冷却后转入 100mL 容量瓶，蒸馏水稀释至刻度，摇匀，为试样分解液。

（2）试样的测定　准确移取试样液 10～20mL（含钙量 20mg 左右）于 200mL 烧杯中，加蒸馏水 100mL，甲基红指示剂 2 滴，滴加氨水溶液至溶液呈橙色，若滴加过量，可加盐酸溶液调至橙色，再多加 2 滴使其呈粉红色（pH 为 2.5～3.0），小心煮沸，慢慢滴加草酸铵溶液 10mL，且不断搅拌，如溶液变橙色，应补滴盐酸溶液，使其呈红色，煮沸数分钟，放置过夜使沉淀陈化（或在水浴上加热 2h）。

用定量滤纸过滤，用 1∶50 的氨水溶液洗沉淀 6～8 次，至无草酸根离子（接滤液数毫升加硫酸溶液数滴，加热至 80℃，再加高锰酸钾溶液 1 滴，呈微红色，且半分钟不褪色）。将沉淀和滤纸转入原烧杯，加硫酸溶液 10mL，蒸馏水 50mL，加热至 75～80℃，用高锰酸钾溶液滴定，溶液呈粉红色且半分钟不褪色为终点。同时进行空白溶液的测定。

6. 测定结果的计算

（1）计算

$$\text{Ca 含量} = \frac{(V-V_0)\times c\times 0.02}{m\times\frac{V'}{100}}\times 100\% = \frac{(V-V_0)\times c\times 200}{m\times V'}$$

式中，V 为 0.05mol/L 高锰酸钾溶液之用量，mL；V_0 为测空白时 0.05mol/L 高锰酸钾溶液之用量，mL；c 为高锰酸钾标准溶液的浓度，mol/L；V'为滴定时移取试样分解液体积，mL；m 为试样质量，g；0.02 为与 1.00mL 高锰酸钾标准溶液$\left[c\left(\frac{1}{5}KMnO_4\right)=1.000mol/L\right]$相当的以克表示的钙的质量，g/mmol。

（2）结果表示　每个试样取两个平行样进行测定，以其算术平均值为结果。所得结果应表示至小数点后两位。

（3）允许差　含钙量在 10%以上，允许相对偏差 2%；含钙量 5%～10%时，允许相对偏差 3%；含钙量 1%～5%时，允许相对偏差 5%；含钙量 1%以下，允许相对偏差 10%。

方法二：乙二胺四乙酸二钠络合滴定法

本法规定了乙二胺四乙酸二钠络合滴定法测定饲料中钙含量的方法。适用于配合饲料、单一饲料和浓缩饲料。

1. 方法原理

将样品中的有机物破坏，钙变成溶于水的离子，用三乙醇胺、乙二胺、盐酸羟胺和淀粉溶液消除干扰离子的影响，在碱性溶液中以钙黄绿素为指示剂，用乙二胺四乙酸二钠标准液络合滴定钙，可快速测定钙的含量。

2. 试剂和溶液

(1) 盐酸羟胺。

(2) 三乙醇胺。

(3) 乙二胺。

(4) 盐酸水溶液　1∶3。

(5) 氢氧化钾溶液（200g/L）　称取20g氢氧化钾溶于100mL水中。

(6) 淀粉溶液（10g/L）　称取1g可溶性淀粉放入200mL烧杯中，加5mL水润湿，加95mL沸水搅拌，煮沸，冷却备用（现用现配）。

(7) 孔雀石绿水溶液（1g/L）。

(8) 钙黄绿素-甲基百里香草酚蓝试剂　0.10g钙黄绿素与0.10g甲基麝香草酚蓝与0.03g百里香酚酞、5g氯化钾研细混匀，贮存于磨口瓶中备用。

(9) 钙标准液（0.0010g/mL）　称取2.4974g于105～110℃干燥3h的基准物碳酸钙，溶于40mL盐酸中，加热赶出二氧化碳，冷却，用水移至1000mL容量瓶中，稀释至刻度。

(10) 乙二胺四乙酸二钠（EDTA）标准滴定溶液　称取3.8gEDTA加入200mL烧瓶中，加水200mL，加热溶解冷却后转至1000mL容量瓶中，用水稀释至刻度。

① EDTA标准滴定溶液的滴定　准确吸取钙标准溶液10.0mL按试样测定法进行滴定。

② EDTA滴定溶液对钙的滴定按下式计算：

$$T=\frac{\rho\times V}{V_0}$$

式中，T为EDTA标准滴定溶液对钙的滴定度，g/mL；ρ为钙标准液的质量浓度，g/mL；V为所取钙标准液的体积，mL；V_0为EDTA标准滴定液的消耗体积，mL。

所得结果应表达至0.0001g/mL。

3. 仪器和设备

同“方法一　高锰酸钾法”中所用仪器设备。

4. 测定步骤

(1) 试样分解　同方法一　高锰酸钾法。

(2) 测定　准确移取试样分解液5～25mL（含钙量2～5mg）。加水50mL，加淀粉溶液10mL、三乙醇胺2mL、乙二胺1mL、1滴孔雀石绿，滴加氢氧化钾溶液至无色，再过量10mL，加0.1g盐酸羟胺（每加一种试剂都须摇匀），加钙黄绿素少许，在黑色背景下立即用EDTA标准溶液滴定至绿色荧光消失呈现紫红色为滴定终点。同时做空白实验。

5. 测定结果的表示与计算

(1) 测定结果的计算

$$X(\%)=\frac{T\times V_2\times V_0}{m\times V_1}\times100\%=\frac{T\times V_2\times V_0}{m\times V_1}\times100\%$$

式中，X为以质量分数表示的钙含量，%；T为EDTA标准滴定溶液对钙的滴定度，g/mL；V_0为试样分解液的总体积，mL；V_1为分取试样分解液的体积，mL；V_2为试样实际消耗EDTA标准滴定溶液的体积，mL；m为试样的质量，g。

(2) 结果表示　同“方法一　高锰酸钾法”。

(3) 允许差　同“方法一　高锰酸钾法”。

作业与思考

1. 测定配合饲料、单一饲料或浓缩饲料中钙的含量，并写出实训报告。
2. 测定钙的高锰酸钾为什么不能放置过久？
3. 试分析导致高锰酸钾法钙测定结果偏高或偏低的原因。

七、饲料中总磷的测定（GB/T 6437—2002）

本法规定了用钼黄显色光度法测定饲料中总磷量的方法。适用于饲料原料（除磷酸盐外）及饲料产品中磷的测定。

1. 方法原理

将试样中的有机物破坏，使磷元素游离出来，在酸性溶液中，用钒钼酸铵处理，生成黄色的［$(NH_4)_3PO_4NH_4VO_316MoO_3$］络合物，在波长400nm下进行比色测定。

2. 试剂

实验室用水应符合GB/T 6682中三级水的规格，本标准中所用试剂，除特殊说明外，均为分析纯。

（1）盐酸：1∶1。

（2）硝酸。

（3）高氯酸。

（4）钒钼酸铵显色剂　称取偏钒酸铵1.25g，加水200mL加热溶解，冷却后再加入硝酸250mL，另称取钼酸铵25g，加水400mL加热溶解，在冷却的条件下，将两种溶液混合，用水定容1000mL。避光保存，若生成沉淀，则不能继续使用。

（5）磷标准液　将磷酸二氢钾在105℃干燥1h，在干燥器中冷却后称取0.2195g溶解于水，定量转入1000mL容量瓶中，加硝酸3mL，用水稀释至刻度，摇匀，即为50μg/mL的磷标准液。

3. 仪器和设备

（1）实验室用样品粉碎机或研钵。

（2）分样筛　孔径0.42mm（40目）。

（3）分析天平　感量0.0001g。

（4）分光光度计　可在400nm下测定吸光度（配有1cm比色皿）。

（5）高温炉　可控温度在（550±20）℃。

（6）瓷坩埚　50mL。

（7）容量瓶　50mL、100mL、1000mL。

（8）刻度移液管　1.0mL、2.0mL、5.0mL、10.0mL。

（9）三角瓶　250mL。

（10）凯氏烧瓶　125mL、250mL。

（11）可调温电炉　1000W。

4. 试样制备

取有代表性试样2kg，用四分法将试样缩分至250g，粉碎至0.42mm（40目），装入样品瓶中，密封保存备用。

5. 测定步骤

（1）试样的分解

① 干法　称取试样 2～5g（精确至 0.0002g）于坩埚中，在电炉上小心炭化，再放入高温炉，在 550℃灼烧 3h（或测粗灰分后继续进行），取出冷却，加入 10mL 盐酸和硝酸数滴，小心煮沸约 10min，冷却后转入 100mL 容量瓶中，用水稀释至刻度，摇匀，为试样分解液。本法不适用含磷酸氢钙［$Ca(H_2PO_4)_2$］的饲料。

② 湿法　称取试样 0.5～5g（精确至 0.0002g）于凯氏烧瓶中，加入硝酸 30mL，小心加热煮沸至黄烟逸尽，稍冷，加入高氯酸 10mL，继续加热至高氯酸冒白烟（不得蒸干），溶液基本无色，冷却，加水 30mL，加热煮沸，冷却后，用水转移入 100mL 容量瓶中，并稀释至刻度，摇匀，为试样分解液。

（2）标准曲线的绘制　取磷酸标准液 0、1.0mL、2.0mL、4.0mL、8.0mL、16.0mL 于 50mL 容量瓶中，各加钒钼酸铵显色剂 10mL，用水稀释至刻度，摇匀，常温下放置 10min 以上，以 0.0mL 溶液为参比，用 1cm 比色皿，在 400nm 波长下用分光光度计测定各溶液的吸光度。以磷含量为横坐标，吸光度为纵坐标绘制标准曲线。

（3）试样的测定　准确移取试样分解液 1～10mL（含磷量 50～750μg）于 50mL 容量瓶中，加入钒钼酸铵显色剂 10mL，用水稀释到刻度，摇匀，常温下放置 10min 以上，用 1cm 比色皿在 400nm 波长下测定试样分解液的吸光度，在工作曲线上查得试样分解液的含磷量。

6. 测定结果的计算

（1）计算　样品中总磷的含量（%）按下式计算：

$$X=\frac{m_1\times V}{m\times V_1\times 10^6}\times 100\%$$

式中，X 为以质量分数表示的磷含量，%；m_1 为由标准曲线查得试样分解液总磷含量，μg；V 为试样分解液的总体积，mL；m 为试样的质量，g；V_1 为试样测定时移取试样分解液体积，mL。

（2）结果表示　每个试样称取两个平行样品进行测定，以其算术平均值为测定结果，所得到的结果应表示至小数点后两位。

（3）允许差　含磷量低于 0.5%，允许相对偏差 10%；含磷量大于或等于 0.5%，允许相对偏差 3%。

作业与思考

1. 测定某饲料磷的含量，并写出实训报告。
2. 为什么在比色时，待测液磷的含量不宜过浓？对测定结果有何影响？
3. 为什么待测液在加入试液后要静置 10min 再进行比色，但不可静置过久？
4. 试分析导致钼黄显色光度法总磷测定结果偏高或偏低的的原因。

八、饲料中水溶性氯化物的测定（GB/T 6439—2007）

本法规定了以氯化钠表示的饲料中水溶性氯化物含量的测定。适用于饲料中水溶性氯化物的测定。

1. 方法原理

试样中的氯离子溶解于水溶液中，如果试样含有有机物质，需将溶液澄清，然后用硝酸稍加酸化，并加入硝酸银标准溶液使氯化物形成氯化银沉淀，过量的硝酸银溶液用硫氰酸铵或硫氰酸钾标准溶液滴定。

2. 试剂和溶液

所使用试剂均为分析纯

(1) 水　应至少符合 GB/T 6682 中三级用水的要求

(2) 丙酮。

(3) 正己烷。

(4) 硝酸　$\rho 20(HNO_3)=1.38g/mL$。

(5) 活性炭　不含有氯离子也不能吸收氯离子。

(6) 硫酸铁铵饱和溶液　用硫酸铁铵 [$NH_4Fe(SO_4)_2 \cdot 12H_2O$] 制备。

(7) Carrez Ⅰ　称取 10.6g 亚铁氰化钾 [$K_4Fe(CN)_6 \cdot 3H_2O$]，溶解并用水定容至 100mL。

(8) Carrez Ⅱ　称取 21.9g 乙酸锌 [$Zn(CH_3COO)_2 \cdot 2H_2O$]，加 3mL 冰醋酸，溶解并用水定容至 100mL。

(9) 硫氰酸钾标准溶液　$c(KSCN)=0.1mol/L$。

硫氰酸铵标准溶液　$c(NH_4SCN)=0.1mol/L$。

(10) 硝酸银标准滴定溶液　$c(AgNO_3)=0.1mol/L$。

3. 仪器设备

除常用实验室仪器设备外，其他如下。

(1) 回旋振荡器　35～40r/min。

(2) 容量瓶　250mL、500mL。

(3) 移液管。

(4) 滴定管。

(5) 分析天平　感量 0.0001g。

(6) 中速定量滤纸。

4. 样品的选取和制备

选取有代表性的样品，粉碎至 0.45mm（40 目），用四分法缩减至 200g，密封保存，以防止样品组分的变化或变质。

5. 测定步骤

(1) 不含有机物试样试液的制备　称取不超过 10g 试样，精确至 0.001g，试样所含氯化物含量不超过 3g，转移至 500mL 容量瓶中，加入 400mL 温度约 20℃的水，混匀，在回旋振荡器中振荡 30min，用水稀释至刻度（V_i），混匀，过滤，滤液供滴定用。

(2) 含有机物试样试液的制备　称取 5g 试样（质量 m），精确至 0.001g，转移至 500mL 容量瓶中，加入 1g 活性炭，加入 400mL 温度约为 20℃的水和 5mL Carrez Ⅰ溶液，搅拌，然后加入 5mL Carrez Ⅱ溶液混合，在振荡器中摇 30min 用水稀释至刻度（V_i），混匀，过滤，滤液供滴定用。

(3) 熟化饲料、亚麻饼粉或富含亚麻粉的产品和富含黏液或胶体物质（例如糊化淀粉）试样试液的制备　称取 5g 试样，精确至 0.001g，转移至 500mL 容量瓶中，加入 1g 活性炭，加入 400mL 温度约 20℃的水和 5mL Carrez Ⅰ溶液，搅拌，然后加入 5mL Carrez Ⅱ溶液混合，在振荡器中摇 30min，用水稀释至刻度（V_i），混合。

轻轻倒出（必要时离心），用移液管吸移 100mL 上清液至 200mL 容量瓶中，加丙酮混合，稀释至刻度，混匀并过滤，滤液供滴定用。

(4) 滴定　用移液管移取一定体积滤液至三角瓶中，大约 25～100mL（V_a），其中氯化物含量不超过 150mg。必要时（移取的滤液少于 50mL），用水稀释到 50mL 以上，加 5mL 硝酸，2mL 硫酸铁铵饱和溶液，并从加满硫氰酸铵或硫氰酸钾标准滴定溶液至 0 刻度的滴定管中滴加 2 滴硫氰酸铵或硫氰酸钾溶液。（注：剩下的硫氰酸铵或硫氰酸钾标准滴定溶液用于滴定过量的硝酸银溶液。）

用硝酸银标准溶液滴定直至红棕色消失，再加入 5mL 过量的硝酸银溶液（V_{s1}），剧烈摇动使沉淀凝聚，必要时加入 5mL 正己烷，以助沉淀凝聚。

用硫氰酸铵或硫氰酸钾溶液滴定过量硝酸银溶液，直至产生红棕色能保持 30s 不褪色，滴定体积为（V_{t1}）。

（5）空白试验　空白试验需与测定平行进行，用同样的方法和试剂，但不加试料。

6. 测定结果的计算

（1）计算　试样中水溶性氯化物的含量 W_{WC}（以氯化钠计），数值以%表示，按下式进行计算：

$$W_{wc}=\frac{M\times[(V_{s1}-V_{s0})\times c_{s}-(V_{t1}-V_{t0})\times c]}{m}\times\frac{V_{i}}{V_{a}}\times f\times 100\%$$

式中，M 为氯化钠的摩尔质量，$M=58.44$g/mol；V_{s1} 为测试溶液滴加硝酸银溶液体积，mL；V_{s0} 为空白溶液滴加硝酸银溶液体积，mL；c_s 为硝酸银标准溶液浓度，mol/L；V_{t1} 为测试溶液滴加硫氰酸铵或硫氰酸钾溶液体积，mL；V_{t0} 为空白溶液滴加硫氰酸铵或硫氰酸钾溶液体积，mL；c 为硫氰酸钾或硫氰酸铵溶液浓度，mol/L；m 为试样的质量，g；V_i 为试液的体积，mL；V_a 为移出液的体积，mL；f 为稀释因子。$f=2$，用于熟化饲料、亚麻饼粉或富含亚麻粉的产品和富含黏液或胶体物质的试样；$f=1$，用于其他饲料。

（2）结果表示　每个样品应取两份平行样进行测定，以其算术平均值为分析结果，所得到的结果应表示至小数点后两位。

（3）允许差　水溶性氯化物含量小于 1.5%时，精确到 0.05%；水溶性氯化物含量大于或等于 1.5%时，精确到 0.10%。

作业与思考

1. 测定配合饲料、浓缩饲料或单一饲料中可溶性氯化物的含量，并写出实训报告。

2. 导致饲料中可溶性氯化物的含量测定结果偏低的原因有哪些？

九、饲料用大豆制品中尿素酶活性的测定（GB/T 8622—2006）

本法规定了大豆制品及其副产品中尿素酶活性的测定。适用于大豆、由大豆制得的产品和副产品中尿素酶活性的测定。此方法可了解大豆制品的湿热处理程度。

本法所指尿素酶活性定义如下：在（30±0.5）℃和 pH 7.0 条件下，每克大豆制品每分钟分解尿素所释放的氨态氮的质量。以尿素酶活性单位每克（U/g）表示。

1. 方法原理

将粉碎的大豆制品与中性尿素缓冲溶液混合，在 30℃保持 30min，尿素酶催化尿素水解产生氨的反应。用过量盐酸中和所产生的氨，再用氢氧化钠标准溶液回滴。

2. 仪器设备

（1）样品筛　孔径 200μm。

（2）酸度计　精度为 0.02 个 pH 单位，附有磁力搅拌器和滴定装置。

（3）恒温水浴　可控温（30±0.5）℃。

（4）试管　直径 18mm，长 150mm，有磨口塞子。

（5）精密计时器。

（6）粉碎机　粉碎时应不产生强热（如球磨机）。

(7) 分析天平 感量0.1mg。

(8) 移液管 10mL。

3. 试剂和溶液

试剂为分析纯，水应符合GB/T 6682的规定。

(1) 尿素缓冲溶液（pH7.0±0.1） 8.95g磷酸氢二钠（$Na_2HPO_4 \cdot 12H_2O$）和3.40g磷酸二氢钾（KH_2PO_4）溶于水并稀释至1000mL，再将30g尿素溶在此溶液中，可保存1个月。

(2) 盐酸溶液［$c(HCl)=0.1mol/L$］ 移取8.3mL盐酸，用水稀释至1000mL。

(3) 氢氧化钠溶液［$c(NaOH)=0.1mol/L$］ 称取4g氢氧化钠溶于水并稀释至1000mL，按GB/T 601规定方法配制和标定。

(4) 甲基红、溴甲酚绿混合乙醇溶液 称取0.1g甲基红，溶于95%乙醇并稀释至100mL，再称取0.5g溴甲酚绿，溶于95%乙醇并稀释至100mL，两种溶液等体积混合，贮存于棕色瓶中。

4. 试样的制备

用粉碎机将具有代表性的样品粉碎，使之全部通过样品筛。对特殊试样（水分或挥发物含量较高而无法粉碎的样品）应先在实验室温度下进行预干燥，再进行粉碎，当计算结果时应将干燥失重计算在内。

5. 测定步骤

称取约0.2g制备好的试样，精确至0.1mg，转入试管中（如活性很高只称0.05g试样），加入10mL尿素缓冲溶液，立即盖好试管并剧烈振摇后，马上置于（30±0.5)℃恒温水浴中，计时保持30min±10s。要求每个试样加入尿素缓冲溶液的时间间隔保持一致。停止反应时再以相同的时间间隔加入10mL盐酸溶液，振摇后迅速冷却到20℃。将试管内容物全部转入烧杯，用20mL水冲洗试管数次，以氢氧化钠标准溶液用酸度计滴定至pH4.70。如果选择用指示剂，则将试管内容物全部转入250mL锥形瓶中加入8～10滴混合指示剂，以氢氧化钠标准溶液滴定至溶液呈蓝绿色。

另取试管做空白试验。称取约0.2g制备好的试样（精确至0.1mg）于玻璃试管中（如活性很高可称0.05g试样），加入10mL盐酸溶液，振摇后再加入10mL尿素缓冲液。立即盖好试管并剧烈摇动后，马上将试管置于（30±0.5)℃的恒温水浴，同样保持30min±10s。停止反应时将试管迅速冷却至20℃，将试管内容物全部转入烧杯，用20mL水冲洗试管数次，并用氢氧化钠标准溶液滴定至pH4.70。如果选择用指示剂，则将试管内容物全部转入250mL锥形瓶中加入8～10滴混合指示剂，以氢氧化钠标准溶液滴定至溶液呈蓝绿色。

6. 测定结果的计算

(1) 计算方法 大豆制品中尿素酶活性X，以尿素酶活性单位每克（U/g）表示，按式(a)计算：若试样经粉碎前的预干燥处理后，则按式(b)计算：

$$X=\frac{14\times c\times(V_0-V)}{30\times m} \tag{a}$$

$$X=\frac{14\times c\times(V_0-V)}{30\times m}\times(1-S) \tag{b}$$

式中，X为试样的尿素酶活性，U/g；c为氢氧化钠标准溶液浓度，mol/L；V_0为空白试验消耗氢氧化钠标准溶液体积，mL；V为测定试样消耗氢氧化钠标准溶液的体积，mL；14为氮的摩尔质量，g/mol；30为反应时间，min；m为试样质量，g；S为预干燥时试样失重的质量分数，%。

计算结果表示到小数点后两位。

(2) 重复性 同一分析人员用相同方法，同时或连续两次测定活性≤0.2时结果之差不超过平均值的 20%，活性>0.2 时结果之差不超过平均值的 10%，结果以算术平均值表示。

作业与思考

1. 测定豆粕中尿素酶的活性，并判断湿热处理是否合适，写出实训报告。
2. 为什么对粗脂肪含量超过 10%的试样进行不加热脱脂处理？
3. 导致测定结果偏高与偏低的原因有哪些？

十、饲料中无氮浸出物（NFE）的计算——差值计算

1. 方法原理

饲料中无氮浸出物（NFE）主要指的是由易被动物利用的淀粉、双糖、单糖等可溶性碳水化合物组成。常规饲料分析不能直接分析饲料中无氮浸出物的含量，仅根据饲料中其他养分的分析结果，进行差值计算。

2. 计算方法

无氮浸出物(%)＝100%－[水分(%)＋灰分(%)＋粗蛋白质(%)＋粗脂肪(%)＋粗纤维(%)]

或

无氮浸出物(%)＝干物质(%)－[灰分(%)＋粗蛋白质(%)＋粗脂肪(%)＋粗纤维(%)]

饲料样品具有风干、绝干及原样等不同基础表示分析结果，因此在计算无氮浸出物时，各养分的质量分数应换算在同一基础上。此外，动物性饲料如鱼粉、血粉、羽毛粉等可不计算此项。

作业与思考

1. 计算所测定饲料样品的无氮浸出物。
2. 分析计算结果误差。

【复习思考题】

1. 在采样过程中怎样才能正确获得所需有代表性样品？采样的目的是什么？对于不同的原样及不同形状、形态的原料应如何采样？
2. 什么是半干样品、风干样品，如何制备半干样品及风干样品？
3. 感官方法可以鉴定饲料的哪些特征，如何运用感官方法鉴定饲料的品质？饲料鉴别中常用的物理和化学方法有哪些？如何运用？
4. 体视镜观察与生物镜观察有何不同？为什么对试样进行试前处理？
5. 为什么若在配合饲料中添加有苜蓿粉、槐叶粉等含有叶绿素的组分，则不能用甲基紫法进行测定其混合均匀度？
6. 初水分与吸附水测定的温度比要求温度高或低对结果有何影响？
7. 饲料蛋白质含量中硫酸铜起到了哪些作用？
8. 测定饲料脂肪含量时脂肪包的高度超过虹吸高度对测定结果有何影响？为什么？
9. 酸碱法测定粗纤维的缺点是什么？
10. 饲料灰分测定时高温炉的温度为什么要控制在（550±20)℃？温度过高与过低对测定结果有何影响？
11. 试分析导致高锰酸钾法测定饲料钙含量结果偏高或偏低的原因。
12. 试分析导致钼黄显色光度法测定饲料总磷含量结果偏高或偏低的原因。

实验实训项目

项目一　动物营养缺乏症的观察与识别

【目的要求】 能识别动物营养缺乏症的临床表现，达到能确认动物典型营养缺乏症的目的，并分析缺乏的营养素，提出解决的办法。

【材料设备】 动物营养缺乏症的图片、幻灯片或录像片等。

【方法步骤】 结合图片、幻灯片或录像片，回顾讲授的有关内容，总结所观察的营养缺乏症的名称，从营养角度分析可能产生的原因及解决的办法，重点描述营养缺乏症的典型症状。主要观察内容如下。

1. 缺乏钙、磷、铜、锰及维生素 D 等所引起的“佝偻病”的表现。
2. 缺乏锌引起的生长猪“不全角化症”和羔羊皮肤炎的表现。
3. 动物缺乏铁、铜、锰及维生素 B_{12} 所引起的贫血症的表现。
4. 猪、鸡缺乏维生素 A 患“干眼症”的表现。
5. 维生素 E 缺乏引起羔羊“白肌病”、肉鸡“脑软化症”的表现。
6. 猪缺乏烟酸引起的“癞皮症”与缺乏泛酸引起的“鹅步症”的表现。
7. 动物缺乏 B 族维生素与缺乏生物素引起的皮肤炎症表现。
8. 鸡缺乏维生素 B_1 引起的多发性神经炎及缺乏维生素 B_2 引起的“卷爪麻痹症”的表现。
9. 鸡缺乏维生素 B_6 引起的眼睑炎性水肿的表现。

项目二　常用饲草饲料的识别

【目的要求】 正确识别常用饲料，并能描述饲料的外观特征，并根据营养特性分类。

【材料设备】

1. 瓷盘、镊子、体视显微镜等。
2. 粗饲料、青绿饲料、青贮饲料、能量饲料、蛋白质饲料、矿物质饲料以及各种饲料添加剂的实物或标本、挂图、幻灯片、录像片等。可准备以下种类饲料。

(1) 苜蓿青干草、燕麦青干草、玉米秸、麦秸、稻草、谷草、花生壳、高粱壳、玉米芯、豆荚等。

(2) 紫花苜蓿、草木樨、三叶草、青刈玉米、青刈燕麦、串叶松香草、聚合草、甘蓝、胡萝卜、甜菜、南瓜、浮莲等。

(3) 玉米、禾本科牧草等青贮饲料。

(4) 玉米、高粱、大麦、燕麦、小麦麸、稻糠、甘薯、马铃薯等。

(5) 鱼粉、肉骨粉、血粉、羽毛粉、豆饼（粕）、棉籽饼（粕）、菜籽饼（粕）、花生饼（粕）、亚麻饼（粕）和尿素等。

(6) 食盐、骨粉、贝壳粉、石粉及硫酸铜、硫酸镁、硫酸锌、硫酸亚铁等矿物质饲料。

(7) 维生素 A、维生素 D_3 等多种维生素。

(8) 蛋氨酸、赖氨酸及着色剂、防腐剂等饲料添加剂。

【方法步骤】

1. 根据饲料的营养特点和来源划分上述饲料，并说出分类依据和各类饲料的营养特点。

2. 同类饲料中根据饲料各自的外观特征、加工方法等区分品种和记忆名称。

3. 结合实际，重点介绍、识别常用的当地饲草饲料。

项目三 饲料的感官鉴定与显微镜检测

【目的要求】 了解显微镜检查饲料的方法和原理，并能够进行某饲料的显微镜检测。

【材料设备】

1. 带有底座的放大镜 放大 3～10 倍。

2. 体视显微镜 带有宽视野目镜和物镜，放大 5～50 倍，可变倍，配备照明装置。

3. 生物显微镜 放大 40～400 倍，配备照明装置。

4. 样品筛 规格 2.00mm、0.84mm、0.42mm、0.25mm、0.15mm（即 10 目、20 目、40 目、60 目及 100 目）。

5. 电热板或酒精灯。

6. 点滴板 黑色和白色。

7. 镊子 有细尖头的弯曲式镊子。

8. 滴瓶 琥珀色，30mL，用于分装试剂。

9. 微型刮勺 用玻璃拉制的微型搅拌棒和小勺。

10. 天平 普通天平，分析天平。

11. 其他 手术刀、手术剪、载玻片、盖玻片、吸管、烧杯、洗瓶等。

【试剂及溶液】

1. 四氯化碳或三氯甲烷（氯仿） 工业级，预先进行过滤和蒸馏处理。

2. 丙酮 工业级。

3. 稀释的丙酮 75mL 丙酮加 25mL 水稀释。

4. 稀盐酸（1∶1）。

5. 稀硫酸（1∶1）。

6. 5%氢氧化钠溶液。

7. 10%铬酸溶液。

8. 10%硝酸溶液。

9. 过氧化氢。

10. 浓氨水。

11. 碘溶液 0.75g 碘化钾和 0.1g 碘溶于 30mL 水中，加入 0.5mL 盐酸，贮存于琥珀色的滴瓶中。

12. Millon 试剂 稍加温使 1 份质量的汞溶于 2 份质量的硝酸，再加 2 倍体积的水稀释，静置过夜并滤出上清液，此溶液含有 $Hg(NO_3)_2$、$HgNO_3$、HNO_3 和一些 HNO_2，贮存于玻塞瓶中。

13. 钼酸盐溶液 将 100mL 的 10%硝酸铵溶液加到 400mL 钼酸盐溶液中。只将澄清的上清液注入 30mL 琥珀色滴瓶中。当有结晶析出时弃去，并重新注入上清液。

14. 悬浮剂Ⅰ 溶解 10g 水合氯醛于 100mL 水中，加入 10mL 甘油，贮存于琥珀色滴瓶中。

15. 悬浮剂Ⅱ 溶解 160g 水合氯醛于 100mL 水中，加入 10mL 盐酸，贮存于琥珀色滴瓶中。

16. 硝酸银溶液　溶解10g硝酸银于100mL水中。

【方法步骤】

一、感官鉴定方法

此法对样品不加以任何处理，直接通过感觉器官进行鉴定。

1. 视觉　观察饲料的形状、色泽、颗粒大小以及有无霉变、虫子、硬块、异物等。

2. 味觉　通过舌舔感觉饲料的涩、甜、苦、哈、香等味道；通过牙咬感觉饲料的硬度，判断饲料有无异味和干燥程度等。但应注意不要误尝对人体有毒有害物质。

3. 嗅觉　通过鼻子嗅辨饲料的气味，判断饲料霉变、腐败、焦味，脂肪酸败、氧化等情况。

4. 触觉　将手插入饲料中或取样品在手上，用指头捻、手抓，感触饲料的粒度大小、软硬度、温度、结块、黏稠性、滑腻感、有无夹杂物及水分含量等情况。

感官鉴定是最普通、最初步、简单易行的鉴定方法。技术人员的经验和熟练程度是十分重要的，有经验的检验人员判断结果的准确性很高。

二、饲料的显微镜检测

1. 饲料显微镜检测的原理

饲料显微镜检测是以动植物形态学、组织细胞学为基础，将显微镜下所见饲料的形态特征、理化特点、物理性状与实际使用的饲料原料应有的特征进行对比分析的一种鉴别方法。

2. 镜检前的预备工作

(1) 收集各种单一饲料的纯品、劣质品和污染品。

(2) 收集饲料中常见的杂草种子，尤其是有毒的或有害的植物种子。

(3) 利用体视显微镜（5～50倍），熟悉上述样品的外观、色泽、软硬度、弹性和颗粒大小。

(4) 利用生物显微镜（40～400倍），了解上述样品的细胞形状、大小及排列，细胞壁及细胞内容物，淀粉粒的形状，植物纤维的大小及形状、颜色等。

(5) 练习混合饲料的鉴定，首先由简单的混合成分开始，进而到复杂的成分。

3. 饲料显微镜检测的基本步骤

饲料显微镜检测的基本步骤可用（图实3-1）来说明。

单一饲料样品和混合饲料样品的观察程序相同。首先确定颜色和组织结构以获得最基本

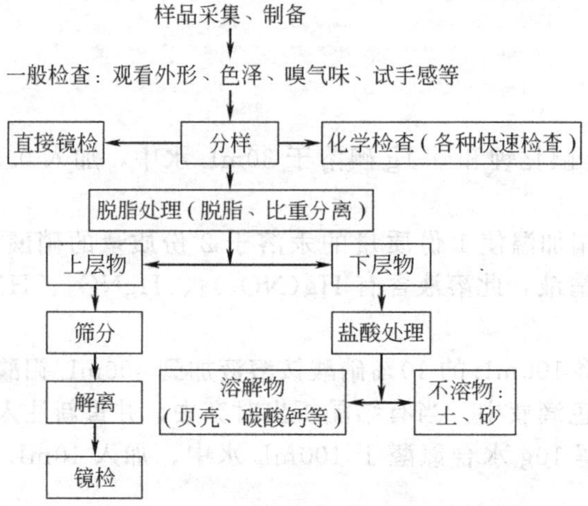

图实3-1　饲料显微镜检测的基本步骤

的资料；通常可从饲料的气味（焦味、霉味、发酵味等）和味道（肥皂味、苦味、酸味等）获得进一步的资料；接着将样品通过筛分或浮选制备以便进行显微镜检测。

（1）体视显微镜检测

① 原始样品　采集方法见饲料样品的采集与制备。将待测样品平铺于纸上，仔细观察，记录原始样品的外观特征如颜色、粒度、软硬程度、气味、霉变、异物等情况。观察应特别注意细粉粒，因为掺假杂物往往粉碎得很细以逃避检查。将记录下来的特征与参照样特征进行比较，判断是否有疑。

② 样品前处理

a. 破碎　粉状饲料可不破碎即可用做进一步分析；颗粒饲料或大小差异很大的饲料则需减小颗粒度，以便观察；硬颗粒饲料必须进行粉化处理（有时用水，但可能影响某些有机物的分析），以便使所有微粒都分离开来。减小粒度的方法有两种：第一种是将饲料样品粉碎过孔径 0.2mm 的分级筛，以便在粒度大致相同的基础上进行观察；第二种是用研钵和杵将较大的样品捣碎，但尽量使原料粒度均匀，保持原料的粒度级别，以便获得样品主要组分的最大信息量。

b. 筛分　即将样品过筛处理。筛分时筛孔应与饲料颗粒的大小相匹配，使饲料中粗、细颗粒分开，再进行观察或解离后观察。对于颗粒饲料，可先将颗粒放入烧杯中，加入少量水浸泡后搅拌，使颗粒分散，再用孔径 0.2～0.5mm 的筛网过筛，所得筛上物用丙酮处理脱水，样品干燥后再镜检。

c. 脱脂　对高脂含量的样品，脂肪溢于样品表面，往往黏附许多细粉，使观察困难。可用乙醚、四氯化碳等有机溶剂脱脂，然后烘箱干燥 5～10min 或室温干燥后，可使样品清晰可辨。脱脂后，将样品过分级筛，称量各级组分的质量。

d. 脱色　对经过染色的饲料，需进行脱色处理。即首先将饲料放入烧杯中，用少量水浸润，加入过氧化氢混合，静置 20min，加 2～3 滴浓氨水，15min 后将样品过滤，用水冲洗，取残余物检测。

e. 浮选　将样品加入适量的四氯化碳或氯仿中，然后充分搅拌，静置沉淀，将有机物质和无机物质两类成分清楚地分开，上部为有机物质，下部为无机物质，再将各部分取出，置于培养皿内，使其在室温下干燥后，分别进行显微镜检测。

③ 观察　将筛分好的各组样品分别平铺于纸上或培养皿中，置于体视显微镜下，从低倍（7 倍）至高倍（20～40 倍）进行检查。以从上到下、从左到右的顺序逐粒观察，先粗粒，后细粒，边检查边用探针将识别的样品分类，同时检测各种颗粒的硬度、结构、表面特征，如色泽、形状等，并做记载。

将检出的结果与生产厂家出厂记录的成分相对照，即可对掺假、掺杂、污染等质量情况做初步判定。初检后再复检一遍，如果形态特征不足以鉴定，可进一步用生物显微镜观察组织学特征和细胞排列情况，以便做出最后的判定。

（2）生物显微镜检测　当某种异物掺入较少且磨得很细时，在体视镜下很难辨认，需通过生物镜进行观察。

① 样品处理　若要对饲料样品进行生物显微镜观察，则要对饲料样品进行消化解离。

a. 硫酸解离　适用于动物性饲料样品处理。取 0.5～1g 样品，置于 100mL 烧杯中，加 20ml 3%硫酸溶液，煮沸 5～15min（视样品性质而定）。冷却后过滤，用水冲洗滤渣，弃滤液，将残渣用水浸泡，备用。

b. 氢氧化钠解离　适用于对植物性饲料样品的处理。取 0.5～1g 样品置于 200mL 氢氧化钠溶液中，煮沸 5～15min（视样品性质而定）。冷却后过滤，用水洗涤滤渣，并将其置水中浸泡备用。

c. 铬酸-硝酸解离　适用于植物木质化组织处理。取0.5～1g样品置于200mL铬酸-硝酸混合溶液（10%铬酸与10%硝酸等体积混合）中，浸泡1～2天（40℃）。

② 制片与观察　取少量处理好的样品于载玻片上，加适量载液并将样品铺平，力求薄而匀，载液可用1∶1∶1的蒸馏水∶水合氯醛∶甘油，也可用矿物油等，单纯用蒸馏水也较普遍。

观察时，应注意样片的每个部位，而且至少要检查3个样片后再做综合判断。

(3) 定量分析　定量分析不如定性分析容易，受技术人员的技能和经验影响较大。镜检人应不断改进、提高操作技能，以使显微镜检测工作做得更好。下面介绍几种主要方法及实例。

① 采样和称重　大部分精确的定量测定是检出某一成分的所有颗粒，需分别称量各级颗粒。因为操作较困难，所以一般取样可以少些，以减少工作量（假设少量的样品就能反映所有特点）。最好样品是有色的（如棉籽粕）或晶状物（如盐），那么在10～30倍放大镜下就可以很容易辨别。如果测出含淀粉的胚乳粉并分离、称重，则可以肯定判断粉碎的成分（如玉米）。

② 以标准物为对照　使用某标准含量的、密度基本相同的物质作为标准，往往用食盐，或使用已知质量比例的普通组分混合物，例如一种含1g盐、5g硫酸铜和94g碳酸氢二钙的混合物，或使用两种组分的一整套混合物标准递增，如以10%递增的10∶90，20∶80，30∶70，40∶60，50∶50的混合物或以5%递增的35∶65，40∶60，45∶55等的混合物。肉眼不能辨别5个单位以下的比例，因此还可能得到更精确的结果。

③ 数细胞　需要准备一个细胞计数框和生物显微镜。细胞计数载玻片（血细胞计玻片）或带有刻度计数框的普通载玻片均可以。载玻片要仔细校认标准的刻度，待测物要做相同的处理，每次测定要数几个载玻片，取其均值。

④ 用化学分析法做验证　可用粗蛋白质含量来推算每种成分的含量（直接或间接地），或验证由其他方法获得的百分比含量。显微镜检员要多次验证每种成分的相关比例，以便找到不平衡的原因。差异值应该保持在±10%，最好能在±5%。

鉴定步骤应依具体样品进行安排，并非每一样品均须经过以上所有步骤，仅以能准确无误完成所要求的鉴定为目的。

4. 植物性饲料原料的显微镜检测

(1) 原理　将饲料样品颗粒大小分级，需要做仔细观察时还要清理干净。凝集成团的要分散成不同的组分，分级分类摊放在适当的平台上，以便做最低倍数的显微镜检验，对照各标准饲料原料鉴别各个组分。

(2) 不同样品的检测方法

① 粗饲料　将有代表性的部分样品摊放在白纸上，并用放大倍数为3倍的放大镜，在荧光照明装置下观察，识别谷物和杂草种子。注意是否含其他掺杂物、热损和虫蚀颗粒、活的昆虫、啮齿动物粪便。检查有无黑粉病、麦角病和霉菌。

② 基本不黏附细颗粒的谷糠饲料

a. 体视显微镜检查　根据颗粒大小用套叠的三层筛筛分饲料。一般家畜饲料用10目、20目和40目筛；家禽饲料用20目、40目和60目筛，均需包括底盘。将约10g未经研磨的饲料置于套筛上充分筛分，用小刮勺从每层筛上取部分样品摊于玻璃平台上，并置于体视显微镜下（也可用蓝色的纸作载物台），调整照明（以蓝光或来自上方的日光最好），调整光照角度（使光以约45°的角度照到样品上以缩小阴影），调节放大倍数（约15倍最佳），选择合适的滤光片，以便能清晰地观察。观察时，应分别系统地检查载物台上的每一组分。观察饲料颗粒时，要连续地拨动、翻转，并用镊子试验对压力的耐受性。记录颗粒大小、形状、颜色、耐压性、质地、气味和主要结构特点，并与标准比较。如有必要，可用镊子取一单个颗粒置于第二玻片上，直接与标准中取出的相应组织比较，与此类似，可移取一团粒并用镊子的平头端轻轻压碎、观察。列表报告观察结果。

b. 生物显微镜检查　降低照明装置并靠近滤光器，由生物显微镜台下聚光器反射出适当的蓝光，用微型刮勺从底筛或底盘中移取少量细粒筛分物，置于载玻片上，加 2 滴悬浮液Ⅰ，用微型搅拌棒分散，再以显微镜（120 倍最佳）检验，与标准进行组织上比较。取出载玻片，加 1 滴碘溶液，搅拌，再观察检验。此时淀粉细胞被染成浅蓝色至黑色，酵母及其他蛋白质细胞呈黄色至棕色，如欲做进一步的组织分离，可取少量相同的细粒筛分物，加入约 5mL 悬浮液Ⅱ并煮沸 1min，冷却，移取 1～2 滴底部沉淀物置载玻片上，盖好后，用显微镜检测，列表报告观察到的情况，并与标准比较。

③ 油类饲料或含有被黏附的细小颗粒遮盖的大颗粒　大多数家禽饲料的未知饲料最好用此方法检验。取约 10g 未研细的饲料置于 100mL 高型烧杯中，加入三氯甲烷（氯仿）至近满（通风橱内操作），搅拌数下，放置沉降约 1min，用勺转移漂浮物（有机物）于 9cm 表面皿上，并于蒸汽浴上干燥，过筛，依照上述步骤进行检验。如有必要可过滤三氯甲烷中悬浮的细粒，并用显微镜检查（一般无此必要），列表报告观察结果。

④ 因有糖蜜而形成团块结构或模糊不清的饲料　取约 10g 未研磨的饲料置于 100mL 高型烧杯中，加入 75%丙酮 75mL，搅拌数分钟以溶解糖蜜，并令其沉降。小心滤析并重复提取，用丙酮洗涤滤析残渣 2 次，置蒸汽浴上干燥，筛分并依照上述步骤进行检验，列表报告观察结果。

5. 动物性饲料原料和矿物质组分的显微镜检测

(1) 原理　当含有动物组织和矿物质的饲料悬浮于三氯甲烷时，很容易分成上、下两部分。悬浮在上层的是有机物组分，包括肌肉纤维、结缔组织、干燥过的粉碎器官、残存的羽毛、成为碎粒的蹄角等，此外，还有所有的植物组织。下沉在下层的是无机物部分，包括骨头、鱼鳞、牙齿和矿物质。

(2) 一般方法

① 样品的制备　依照上述步骤以氯仿进行悬浮分离，收集漂浮物并于水浴上干燥，滤去三氯甲烷；收集无机物部分，于水浴上干燥。

② 动物组织的鉴别　依照上述步骤检验干燥后的漂浮物质。列表报告观察结果。

③ 主要无机物组分的鉴别　将干燥的无机物分别置于套在一起的 40 目、60 目、80 目筛和底盘分样筛上，筛分，将分开的四部分分别放在玻璃板或蓝色纸载物台上，用体视显微镜于放大倍数约 15 倍下观察检验，动物和鱼类的骨头、鱼鳞和软体动物的外壳一般是易于识别。盐通常呈立方体，可能被染色，方解石呈菱形六面体。

④ 确认试验　用镊子将未知颗粒放在玻璃板上，于平面处轻轻压碎，在体视显微镜下将各粒子彼此分开，使其相距约 2.5cm，然后依次分别滴数滴硝酸银溶液、稀盐酸溶液（1∶1）、钼酸盐溶液、Millon 试剂、稀硫酸溶液（1∶1），用微型搅拌棒将各颗粒推入液体并观察界面发生的变化，直至得到鉴别结果。列表报告观察结果。

a. 硝酸银溶液试验：如果结晶立即变成白色且慢慢变大，则说明被检物是氯化物，可能是盐；如果结晶变黄且开始形成黄色针状，则说明被检物是磷酸二氢盐或磷酸氢二盐，一般是磷酸氢二钙；如果形成可略微溶解的白色针状，则说明被检物是硫酸盐（硫酸镁或硫酸锰）；如果颗粒慢慢变暗，则说明被检物是骨。

b. 稀盐酸试验：如果剧烈起泡，则说明是碳酸钙；如果是慢慢起泡或不起泡，须再进行钼酸盐溶液试验。

c. 钼酸盐溶液试验：如果在离颗粒有些距离的地方形成微小的黄色结晶，则说明被检物是磷酸三钙，或是磷酸盐、岩石或骨（所有磷酸盐均起此反应，但磷酸二氢盐和磷酸氢二盐均已用硝酸银鉴别过）。

d. Millon 试剂试验：如果形成散碎的颗粒且大多漂浮，由粉红变为红色，且约 5min 后褪色的，则说明被检物是骨质磷酸盐，不褪色的，则说明被检物是蛋白质；如果形成的颗粒膨胀、破裂，但仍沉于底部，则说明被检物是脱氟磷酸盐矿石；如果颗粒只是慢慢分裂，则说明被检物是磷酸盐矿物。

e. 稀硫酸试验：在颗粒的盐酸溶液（1∶1）中滴入硫酸溶液（1∶1）时，如果慢慢形成细长的白色针状物，则说明被检物是钙盐。

6. 霉菌毒素的显微镜检测

霉菌毒素的污染是饲料行业中的一个突出问题，会给饲料厂家和养殖者带来惨重的损失。有许多方法可用来检测霉菌毒素，显微镜检测就是一种简便有效的方法。霉菌毒素的显微镜检测又可称为“黑光灯法”。该检测法利用黑暗视野中的长波紫外线进行检测，若见到明亮的绿黄色荧光（BGYF）则显示受黄曲霉毒素污染。所采集的样品必须具有代表性，所有谷粒应被破碎，观测由一位操作者来实施，这样“黑光灯法”检测结果比较准确。玉米贮藏过程中尽管可能有黄曲霉毒素污染，但由于荧光减弱，会呈现假性结果。

7. 常见饲料原料的显微特征

可参见第七章第二节相关内容。

项目四　青贮饲料的调制

【目的要求】 饲料的青贮是畜牧场贮藏饲料的重要技术之一。它综合了青绿饲料的加工、调制和保存几方面的过程。在短时间内贮备大量的青绿饲料，对改进饲料品质，调剂青绿饲料的余缺，保证均衡供应和合理利用，发展畜牧生产有重要意义。本实验的目的在于通过参加青贮饲料调制的过程，熟悉和掌握青贮各环节的基本知识和操作技术。

【材料设备】 在开始青贮前一周，即应准备好下列各项。

1. 原料　视所在单位具体情况和原有计划，确定青贮原料种类及来源，根据青贮需要计算好青贮总量、决定收割面积或收购数量，可按表实 4-1 参考数计算。

表实 4-1　各种原料（鲜）青贮时的质量

原　　料	（鲜）青贮质量（按每立方米计）	原　　料	（鲜）青贮质量（按每立方米计）
玉米茎叶(乳熟-蜡熟)	500～600	甘薯藤	650～750
玉米秸(收获后立即刈割，尚有 1/2 青绿)	400～500	菜叶、紫云英	750～800
野青草，牧草	600～700	水生饲料	800～1000

注：每立方米按贮干物量大约 120～150kg 计。

在收割或收购原料时，一般应比计算青贮量多准备 20%～30%，贮后如有剩余可供日常牲畜青饲料用。

2. 青贮容器　青贮窖应选择靠近畜舍附近，地势高燥、排水便利、且有较大空地、调制时青绿饲料运输方便、机具好安装的地方，调制前检查旧有青贮窖、池、壕或塔等，逐个记录好容积（平均面积×深度），清扫消毒（一般用 2%～3%石灰水），堵塞漏气孔，开好排水沟。

3. 收割、运输机械　检修割草机（或镰刀）、青贮联合收割机及运输车辆等，要准备足够的数量。大型畜牧场应设有地磅室，以便称量原料。

4. 填充物　稿草、干草、秕壳、糠等，供调节原料水分之用。

5. 添加剂 尿素、食盐、糖浆等，无条件也可免此项。

6. 踩压工具 耙、铲、碾磙，役畜或推土机等，供摊匀压实原料用。

7. 覆盖物 塑料薄膜、草帘、新鲜泥土或细沙等，供密闭时用。

【方法步骤】 调制青贮料系一项重要任务，必须保证青贮成功，为此应有专门技术人员总负其责，同时工作量大，必须有多数人参加操作，所以事前必须做好一切组织工作，各有专责，协力完成，主要方法步骤如下。

1. 天气的选择 为操作方便，保证质量，青贮工作应选择在晴天进行，制作如遇小雨也不必停止，但应采取补救措施，如填充干料，窖底开挖排汁孔。

2. 原料的运集 原料要保证供应，保持干净。为此，运载工具、加工场地均应事先清扫，清除粪渣、煤屑、碎石、竹木片以及其他污物，以免污染原料，损伤机器。

3. 切碎 原料用动力切割机切碎，长短可调节在 1～3cm，手工操作的可适当加长。

4. 水分调节 常规青贮法一般要求水分在 65%～75%，如果制作半干青贮料可将水分缩小至 45%～55%。原料水分过高的（如在雨天或早晨露水未干时收割的）应设法调整，最简单的方法是将原料摊开晾去水分，先晾后切或先切后晾都可以，待原料表面凋萎挤压茎叶不滴水，仅微呈潮湿状，即算水分基本合适。如遇天气等因素无法晾干，则用掺入其他干料法加以调整，其法可按下式计算：

$$D=\frac{A-B}{B-C}\times 100$$

式中，A 为高水分的青贮原料含水量，%；B 为调节后理想含水量，%；C 为调节用的干料含水量，%；D 为所用干料的质量，kg/100kg 原料。

如果制作半干青贮料（含水量 50%左右），可将原料水缩小至 45%～55%，一般在旱季收割的青贮作物，或收获后的秸秆，具有这种水分含量。

为了保证青贮质量，原料还应含有一定的糖分。对含糖低的原料（如豆科作物）可与含糖量高的原料（如玉米茎叶、甘薯藤等）混贮，或者添加糖浆、淀粉等以补其糖分之不足。

5. 原料的装填、压实 水分适宜的原料，可装入窖中。在装窖前，先在窖底铺一层干净的稻草约 10cm。然后填入原料，摊匀，每摊一层（厚约 15～20cm）压实一次，可用人力或畜力踩压，尤须注意压实边角，如为大型青贮壕，可在卸料后用履带拖拉机边摊平边压，这样更省工。

如果要添加尿素、食盐等，应在装填原料的同时分层加入，注意掌握用量，一般尿素、食盐不超过原料质量的 0.5%，而且由下至上逐层均匀施放。

原料的装填和压实工作，必须在当天完成或在 1～2 天内完成，以便及时封窖，保持质量。

6. 密封 待原料装满并超过窖顶 50～70cm 压实后，立即进行封窖。先盖一层秸秆或秕壳糠（不加也可以），厚约 5cm，然后再盖塑料薄膜，再覆上鲜土（大型青贮壕可用推土机铲土）或细沙，厚约 10cm，压实，尤须注意填好四周边缘部分，勿透气。最后在上面加几块石头或木板，压紧薄膜，使日后能随原料下沉而自然下压，避免薄膜下出现空隙，造成霉烂。

7. 管理 密封后，要注意管理，及时检查，每日至少 1 次，青贮下陷开裂部分要及时填补好，排汁孔也要及时填塞，青贮窖防止牲畜践踏；窖顶应设遮盖物，以避风雨，在多雨的南方，尤应注意在窖上建瓦棚，四周开排水沟。

项目五 青贮饲料的品质鉴定

【目的要求】 本实验是通过青贮料的酸碱度（pH）、颜色、气味和质地等项指标的测定，了解青贮料品质鉴定的意义，掌握评定青贮料品质的一般方法，从而确定青贮料的品质，检查在青贮过程中的原料配制和青贮技术是否正确以及青贮料的适口性，为今后改进青贮技术、提高青贮品质提供依据。

【材料设备】

烧杯，吸管，玻璃棒，试管，白瓷比色盘，小漏斗，滤纸。

混合指示剂：0.04%甲基红和0.04%溴甲酚绿按1∶1.5混合。

0.04%甲基红配制：称0.1g甲基红，放入研钵内，加0.02mol/L的氢氧化钠溶液10.6mL，细心研磨，使完全溶解，再用蒸馏水稀释至250mL。

0.04%溴甲酚绿配制：称0.1g溴甲酚绿，放入研钵内，加0.02mol/L的氢氧化钠溶液18.6mL，细心研磨，使完全溶解，再用蒸馏水稀释至250mL。

【方法步骤】

1. 在青贮料中部，取青贮料约50g，于烧杯中进行鉴定。

2. 青贮料放入磁盘中，进行气味、颜色、结构和湿润度的感官评定，逐项填入表实5-1、表实5-2中。

加入新煮开放凉的蒸馏水约100mL，用玻璃棒充分搅拌5min，将浸出液用滤纸过滤至试管中备用。

3. 测定酸碱度。用精密石蕊试纸一张，放入少量的青贮料浸出液中，然后取出，同标准色（表实5-3）比较，观察其pH范围。

4. 总评（表实5-4）

表实5-1 青贮料颜色评定标准

颜　色	评分
绿色	3分
黄绿色	2分
暗绿、深褐色、黑色	1分

表实5-2 气味评分标准

气　味	评分
芬芳酒香味	3分
醋酸味	2分
臭味、腐败味及强烈丁酸味	1分

表实5-3 颜色评分标准

pH	颜色反应	评分
3.8～4.4	红-红紫	3分
4.6～5.2	紫-乌黑、深蓝、紫	2分
5.4～6.0	蓝紫-绿	1分

表实5-4 综合评定标准

青贮等级	总评分
上等	8～9分
中等	5～7分
下等	1～4分

项目六　秸秆饲料的碱化（氨化）处理

【目的要求】 掌握小型堆垛法氨化秸秆的操作过程，掌握用氨量的计算方法。

【材料设备】 新鲜秸秆，无毒的聚乙烯薄膜，氨水或无水氨，水，秤，注氨管等。

【方法步骤】

1. 物资准备　新鲜的麦秸、含氮量为15%～17%的氨水及无毒乙烯薄膜等。

2. 堆垛　在干燥向阳的平整地上挖一个半径1m、深30cm的锅底形圆坑，把无毒聚乙烯塑料薄膜在坑内铺开，薄膜外延出圆坑0.5～0.7m。再把切碎的小麦秸在铺好的塑料膜上打圆形垛，垛高可以到1.5～2.0m，也可以根据处理秸秆的多少而定。

3. 注氨　根据计算出秸秆垛的质量，计算出注氨量并注入氨水，首先测出秸秆垛的密度（新切碎的风干秸秆的平均密度为：新麦秸垛55kg/m^3；旧麦秸垛79kg/m^3；新玉米秸垛 99kg/m³)，然后，参考秸秆垛的平均密度，再乘以秸秆垛的体积，即为该垛的质量。最后，根据秸秆垛的质量和每千克秸秆加氨水 10～12kg 的比例，计算出某一秸秆垛应注入的氨量。

4. 封垛　打好垛且注完氨后，用另一块塑料薄膜盖在垛上，并同下面的薄膜重合折叠好，用泥土压紧、封严、防止漏气，最后用绳子捆好，压上重物。

项目七　产蛋鸡全价饲料配方设计

【目的要求】 熟悉产蛋鸡的饲养标准及产蛋鸡日粮配合的原则，并在规定的时间内，为产蛋鸡设计出较合理的饲粮配方。

【材料准备】 产蛋鸡饲养标准、常用饲料成分及营养价值表、计算器或计算机、配方软件。

【方法步骤】

1. 查阅饲养标准，确定产蛋鸡的营养需要量。

2. 查阅饲料营养成分表，列出所用各种饲料原料的营养成分含量。

3. 初拟配方并计算初拟配方能量及蛋白质含量，先预留出矿物质及添加剂预混料的用量 10%，剩余的量分配到所有能量饲料原料及蛋白质饲料原料。根据初拟比例计算出能量、蛋白质含量并与标准相比，要求一般控制在高出 2%以内，若不相符进行下述第 4 步。

4. 调整配方，直至符合要求。

5. 计算出能量饲料原料及蛋白质饲料原料所含的钙、磷、赖氨酸、蛋氨酸量，并计算出与标准的差值。

6. 计算矿物质及氨基酸添加剂的用量。

7. 将所有的原料用量进行合计，若高于 100 则从能量原料中减去高出的部分，若低于 100，则在能量饲料中加上缺少的部分。

项目八　饲养试验的设计与实施

【目的要求】 熟悉饲养试验设计的原则、要求、基本步骤与内容，并在规定的时间内，设计出一个较为合理的饲养试验方案。

【材料准备】 试验动物，圈舍、隔栅、料槽和水槽等器具，饲料，抗生素、益生素和复合酶制剂等添加剂，相关参考资料及记录表格、统计软件等。

【方法步骤】

1. 熟悉饲养试验的原则和要求。

2. 通过查阅相关资料，要求学生在规定时间内，按照饲养试验的步骤和要求，设计一个比较抗生素、益生素和复合酶制剂对生长猪生产性能影响的饲养试验方案。

3. 饲养试验的步骤与内容

(1) 选题立项。

(2) 试验设计报告　完整的试验报告包括：选题背景及国内外研究的进展情况；试验的目的、依据及研究内容；试验研究的方法和路线；具体的实施方案和步骤；预期的成果类型、推广应用前景、社会和经济效益；试验的组织机构、实施地点、计划进度、经费预算和人员分工等。

(3) 试验实施

① 根据试验方案选择试验动物，并依据需要进行分组、编号、去势、驱虫、防疫和消

毒观察与终选动物等处理。

② 准备试验用的所有器具，备齐和备足试验期所需的各种饲料原料，禁止在试验中途更换饲料原料。在试验之前按各组饲粮配方进行配制、分装和存放。

③ 划分预试期和正试期。

预试期：一般是正式进行试验处理前7～10天，在预试期的最后3～5天要对试验动物逐渐给予试验处理。

正试期：是从供试动物施以规定的试验处理之日起，直到规定的试验结束之日止。记录这段时期的全部资料。

④ 结果的统计分析与课题总结。用生物统计方法将试验资料进行统计处理，撰写研究报告，提出改进方案和下一步的研究思路。

项目九　参观配合饲料厂

【目的要求】 通过参观配合饲料厂，了解配合饲料的原料组成、配合饲料的种类、标签和包装物、配合饲料生产工艺、配合饲料质量管理措施及经营策略。

【方法步骤】

1. 厂区参观，了解配合饲料厂布局。

2. 原料仓库和成品库参观，熟悉配合饲料的原料种类及原料堆放原则与要求。

3. 生产车间参观，熟悉配合饲料生产工艺。

4. 饲料检验化验室的参观，熟悉饲料检验化验室的布局、各类饲料原料和产品的检测项目与检测方法。

5. 与厂领导、技术员和销售管理人员一起座谈了解产品质量管理、生产管理和销售管理的措施及经营策略。

项目十　养殖场饲养效果分析与营养诊断

【目的要求】 能够客观、正确地分析该场饲养效果，并能进行现场营养诊断。

【材料设备】 畜禽养殖场、饲料营养成分表、畜禽饲养标准等。

【方法步骤】

1. 了解某一畜禽的日粮配方，核算日粮中营养成分是否符合饲养标准。

2. 了解饲料原料，通过感官鉴定原料的品质。

3. 了解配合饲料产品，感官鉴定产品的品质，必要时取样带回实验室化验检测。

4. 观察动物群，感官鉴定动物生产情况，进行现场营养诊断，尤其要注意生长、生产异常的动物，并提出初步改进措施。

5. 与技术人员及技术管理人员座谈，了解养殖场过去、现在的饲养情况，包括动物生长速度、生产效益、饲料转化效率和管理措施等。

附　　录

附录一　饲料卫生标准汇编

说明：附表 1 引自饲料卫生标准（GB 13078—2001），以及标准中所引用条文的最新版。其规定了饲料、饲料添加剂产品中有害物质及微生物的允许量。

附表 1　饲料、饲料添加剂卫生标准

序号	卫生指标项目	产品名称	指标	试验方法	备注
1	砷（以总砷计）的允许量/(mg/kg)	石粉	≤2.0	GB/T 13079	不包括国家主管部门批准使用的有机砷制剂中的砷含量
		硫酸亚铁、硫酸镁			
		磷酸盐	≤20		
		沸石粉、膨润土、麦饭石	≤10		
		硫酸铜、硫酸锰、硫酸锌、碘化钾、碘酸钙、氯化钴	≤5.0		
		氧化锌	≤10.0		
		鱼粉、肉粉、肉骨粉	≤10.0		
		家禽、猪配合饲料	≤2.0		
		牛、羊精料补充料	≤10.0		
		猪、家禽浓缩饲料			以在配合饲料中20%的添加量计
		猪、家禽添加剂预混合饲料			以在配合饲料中1%的添加量计
2	铅（以 Pb 计）的允许量/(mg/kg)	生长鸭、产蛋鸭、肉鸭配合饲料、鸡配合饲料、猪配合饲料	≤5	GB/T 13080	
		奶牛、肉牛精料补充料	≤8		
		产蛋鸡、肉用仔鸡浓缩饲料仔猪、生长肥育猪浓缩饲料	≤13		以在配合饲料中20%的添加量计
		骨粉、肉骨粉、鱼粉、石粉	≤10		
		磷酸盐	≤30		
		产蛋鸡、肉用仔鸡复合预混合饲料，仔猪、生长肥育猪复合预混合饲料	≤40		以在配合饲料中1%的添加量计
3	氟（以 F 计）的允许量/(mg/kg)	鱼粉	≤500	GB/T 13083	
		石粉	≤2000		
		磷酸盐	≤1800		
		肉用仔鸡、生长鸡配合饲料	≤250		
		产蛋鸡配合饲料	≤350		
		猪配合饲料	≤100		
		骨粉、肉骨粉	≤1800		
		生长鸭、肉鸭配合饲料	≤200		
		产蛋鸭配合饲料	≤250		
		牛（奶牛、肉牛）精料补充料	≤50		
		猪、禽添加剂预混合饲料	≤1000		以在配合饲料中1%的添加量计
		猪、禽浓缩饲料	按添加比例折算后，与相应猪、禽配合饲料规定值相同		

续表

序号	卫生指标项目	产品名称	指标	试验方法	备注
4	霉菌的允许量(每克产品中)/霉菌总数×10^3个	玉米	＜40	GB/T 13092	限量饲用:40～100 禁用:＞100
		小麦麸、米糠			限量饲用:40～80 禁用:＞80
		豆饼(粕)、棉籽饼(粕)、菜籽饼(粕)	＜50		限量饲用:50～100 禁用:＞100
		鱼粉、肉骨粉	＜20		限量饲用:20～50 禁用:＞50
		鸭配合饲料	＜35		
		猪、鸡配合饲料 猪、鸡浓缩饲料 奶、肉牛精料补充料	＜45		
5	赭曲霉毒素A/(μg/kg)	配合饲料,玉米	≤100	GB/T 9539	
6	玉米赤霉烯酮/(μg/kg)	配合饲料,玉米	≤500	GB/T 954	
7	黄曲霉素B_1允许量/(μg/kg)	玉米、花生饼(粕)、棉籽饼(粕)、菜籽饼(粕)	≤50	GB/T 17480 或 GB/T 8381	
		豆粕	≤30		
		仔猪配合饲料及浓缩饲料	≤10		
		生长肥育猪、种猪配合饲料及浓缩饲料	≤20		
		肉用仔鸡前期、雏鸡配合饲料及浓缩饲料	≤10		
		肉用仔鸡后期、生长鸡、产蛋鸡配合饲料及浓缩饲料	≤20		
		肉用仔鸭前期、雏鸭配合饲料鸡浓缩饲料	≤10		
		肉用仔鸭后期、生长鸭、产蛋鸭配合饲料及浓缩料	≤15		
		鹌鹑配合饲料及浓缩料	≤20		
		奶牛精料补充料	≤10		
		肉牛精料补充料	≤50		
8	铬(以Cr计)的允许量/(mg/kg)	皮革蛋白粉	≤200	GB/T 13088	
		鸡、猪配合饲料	≤10		
9	汞(以Hg计)的允许量/(mg/kg)	鱼粉	≤0.5	GB/T 13081	
		石粉、鸡配合饲料,猪配合饲料	≤0.1		
10	镉(以Cd计)的允许量/(mg/kg)	米糠	≤1.0	GB/T 13082	
		鱼粉	≤2.0		
		石粉	≤0.75		
		鸡配合饲料,猪配合饲料	≤0.5		

续表

序号	卫生指标项目	产品名称	指标	试验方法	备注
11	氰化物(以 HCN 计)的允许量/(mg/kg)	木薯干	≤100	GB/T 13084	
		胡麻饼、粕	≤350		
		鸡配合饲料，猪配合饲料	≤50		
12	亚硝酸盐(以 $NaNO_2$ 计)的允许量/(mg/kg)	鸭配合饲料	≤15	GB/T 13085	
		鸡、鸭、猪浓缩饲料	≤20		
		牛(奶牛、肉牛)精料补充料	≤20		
		玉米	≤10		
		饼粕类、麦数、次粉、米糠	≤20		
		草粉	≤25		
		鱼粉、肉粉、肉骨粉	≤30		
13	游离棉酚的允许量/(mg/kg)	棉籽饼、粕	≤1200	GB/T 13086	
		肉用仔鸡、生长鸡配合饲料	≤100		
		产蛋鸡配合饲料	≤20		
		生长肥育猪配合饲料	≤60		
14	异硫氰酸酯(以丙烯基异硫氰酸酯计)的允许量/(mg/kg)	菜籽饼、粕	≤4000	GB/T 13087	
		鸡配合饲料生长肥育猪配合饲料	≤500		
15	噁唑烷硫酮的允许量/(mg/kg)	肉用仔鸡、生长鸡配合饲料	≤1000	GB/T 13089	
		产蛋鸡配合饲料	≤500		
16	六六六的允许量/(mg/kg)	米糠、小麦麸、大豆饼(粕)、鱼粉	≤0.05	GB/T 13090	
		肉用仔鸡、生长鸡配合饲料产蛋鸡配合饲料	≤0.3		
		生长肥育猪配、混合饲料	≤0.4		
17	滴滴涕的允许量/(mg/kg)	米糠、小麦麸、大豆饼(粕)、鱼粉	≤0.02	GB/T 13090	
		鸡配合饲料，猪配合饲料	≤0.2		
18	沙门氏杆菌	饲料	不得检出	GB/T 13091	
19	细菌总数的允许量(每克产品中)细菌总数 $\times 10^6$ 个	鱼粉	<2	GB/T 13093	限量饲用:20～50 禁用:>50

注：1. 所列允许量均为以干物质含量为88%的饲料为基础计算。
2. 浓缩饲料、添加剂预混合饲料添加比例与本标准备注不同时，其卫生指标允许量可进行折算。
3. 六六六、滴滴涕在农业部公告第199号中已禁止使用。

附录二 猪饲养标准

附表 2 瘦肉型生长肥育猪每千克饲粮养分含量①（自由采食，88%干物质）

体重/kg	3～8	8～20	20～35	35～60	60～90
平均体重/kg	5.50	14.00	27.50	47.50	75.00
日增重/(kg/天)	0.24	0.44	0.61	0.69	0.80
采食量/(kg/天)	0.30	0.74	1.43	1.90	2.50
饲料/增重/kg	1.25	1.59	2.34	2.75	3.13
消化能含量/[MJ/kg(kcal/kg)]	14.02(3350)	13.6(3250)	13.39(3200)	13.39(3200)	13.39(3200)
饲料代谢能含量②/[MJ/kg(kcal/kg)]	13.46(3215)	13.06(3120)	12.86(3070)	12.86(3070)	12.86(3070)
粗蛋白质/%	21.00	19.00	17.80	16.40	14.50
能量蛋白比/[kJ/%(kcal/%)]	668(160)	716(170)	752(180)	817(195)	923(220)
赖氨酸能量比/[g/MJ(g/Mcal)]	1.01(4.24)	0.85(3.56)	0.68(2.83)	0.61(2.56)	0.53(2.19)
氨基酸③/%					
赖氨酸	1.42	1.16	0.90	0.82	0.70
蛋氨酸	0.40	0.30	0.24	0.22	0.19
蛋氨酸＋胱氨酸	0.81	0.66	0.51	0.48	0.40
苏氨酸	0.94	0.75	0.58	0.56	0.48
色氨酸	0.27	0.21	0.16	0.15	0.13
异亮氨酸	0.79	0.64	0.48	0.46	0.39
亮氨酸	1.42	1.13	0.85	0.78	0.63
精氨酸	0.56	0.46	0.35	0.30	0.21
缬氨酸	0.98	0.80	0.61	0.57	0.47
组氨酸	0.45	0.36	0.28	0.26	0.21
苯丙氨酸	0.85	0.69	0.52	0.48	0.40
苯丙氨酸＋酪氨酸	1.33	1.07	0.82	0.77	0.64
矿物元素④(百分含量或每千克饲粮含量)					
钙/%	0.88	0.74	0.62	0.55	0.49
总磷/%	0.74	0.58	0.53	0.48	0.43
非植酸磷/%	0.54	0.36	0.25	0.20	0.17
钠/%	0.25	0.15	0.12	0.10	0.10
氯/%	0.25	0.15	0.10	0.09	0.08
镁/%	0.04	0.04	0.04	0.04	0.04
钾/%	0.30	0.26	0.24	0.21	0.18
铜/(mg/kg)	6.00	6.00	4.50	4.00	3.50
碘/(mg/kg)	0.14	0.14	0.14	0.14	0.14
铁/(mg/kg)	105.00	105.00	70.00	60.00	50.00
锰/(mg/kg)	4.00	4.00	3.00	2.00	2.00
硒/(mg/kg)	0.30	0.30	0.30	0.25	0.25
锌/(mg/kg)	110.00	110.00	70.00	60.00	50.00
维生素和脂肪酸⑤(百分含量或每千克饲料粮含量)					
维生素 A⑥(IU/kg)	2200.00	1800.00	1500.00	1400.00	1300.00
维生素 $D_3$⑦(IU/kg)	220.00	200.00	170.00	160.00	150.00
维生素 E⑧(IU/kg)	16.00	11.00	11.00	11.00	11.00
维生素 K/(mg/kg)	0.50	0.50	0.50	0.50	0.50
硫胺素/(mg/kg)	1.50	1.00	1.00	1.00	1.00
核黄素/(mg/kg)	4.00	3.50	2.50	2.00	2.00
泛酸/(mg/kg)	12.00	10.00	8.00	7.50	7.00
烟酸/(mg/kg)	20.00	15.00	10.00	8.50	7.50
吡哆醇/(mg/kg)	2.00	1.50	1.00	1.00	1.00
生物素/(mg/kg)	0.08	0.05	0.05	0.05	0.05
叶酸/(mg/kg)	0.30	0.30	0.30	0.30	0.30
维生素 B_{12}/(μg/kg)	20.00	17.50	11.00	8.00	6.00
胆碱/(g/kg)	0.60	0.50	0.35	0.30	0.30
亚油酸/%	0.10	0.10	0.10	0.10	0.10

① 瘦肉率高于56%的公母猪混养猪群（阉公猪和青年母猪各一半）。

② 假定代谢能为消化能的96%。

③ 3～20kg 猪的赖氨酸百分比是根据试验和经验数据的估测值，其他氨基酸需要量是根据与赖氨酸的比例（理想蛋白质）的估测值；20～90kg 猪的赖氨酸需要量是结合生长模型、试验数据和经验数据的估测值，其他氨基酸需要量是根据其与赖氨酸的比例（理想蛋白质）的估测值。

④ 矿物元素需要量包括饲料原料中提供的矿物质量；对于发育公猪和后备母猪，钙、总磷和有效磷的需要量应提高0.05%～0.1%。

⑤ 维生素需要量包括饲料原料中提供的维生素量。余同

⑥ 1IU 维生素 A＝0.344μg 维生素 A 醋酸酯。余同

⑦ 1IU 维生素 D_3＝0.025μg 胆钙化醇。余同

⑧ 1IU 维生素 E＝0.67mg D-α-生育酚或 1mg DL-α-生育酚醋酸酯。余同。

附表3 瘦肉型生长肥育猪每日每头养分需要量①（自由采食，88%干物质）

体重/kg	3～8	8～20	20～35	35～60	60～90
平均体重/kg	5.50	14.00	27.50	47.50	75.00
日增重/(kg/天)	0.24	0.44	0.61	0.69	0.80
采食量/(kg/天)	0.30	0.74	1.43	1.90	2.50
饲料/增重	1.25	1.59	2.34	2.75	3.13
饲料消化能摄入量/MJ/天(kcal/天)	4.21(1005)	10.06(2405)	19.15(4575)	25.44(6080)	33.48(8000)
饲料代谢能摄入量/MJ/天(kcal/d)②	4.04(965)	9.66(2310)	18.39(4390)	24.43(5835)	32.15(7675)
粗蛋白质/(g/天)	63.00	141.00	255.00	312.00	363.00
每日氨基酸需要量/g③					
赖氨酸	4.30	8.60	12.90	15.60	17.50
蛋氨酸	1.20	2.20	3.40	4.20	4.80
蛋氨酸＋胱氨酸	2.40	4.90	7.30	9.10	10.00
苏氨酸	2.80	5.60	8.30	10.60	12.00
色氨酸	0.80	1.60	2.30	2.90	3.30
异亮氨酸	2.40	4.70	6.70	8.70	9.80
亮氨酸	4.30	8.40	12.20	14.80	15.80
精氨酸	1.70	3.40	5.00	5.70	5.50
缬氨酸	2.90	5.90	8.70	10.80	11.80
组氨酸	1.40	2.70	4.00	4.90	5.50
苯丙氨酸	2.60	5.10	7.40	9.10	10.00
苯丙氨酸＋酪氨酸	4.00	7.90	11.70	14.60	16.00
每日矿物元素需要量④					
钙/g	2.64	5.48	8.87	10.45	12.25
总磷/g	2.22	4.29	7.58	9.12	10.75
非植酸磷/g	1.62	2.66	3.58	3.80	4.25
钠/g	0.75	1.11	1.72	1.90	2.50
氯/g	0.75	1.11	1.43	1.71	2.00
镁/g	0.12	0.30	0.57	0.76	1.00
钾/g	0.90	1.92	3.43	3.99	4.50
铜/mg	1.80	4.44	6.44	7.60	8.75
碘/mg	0.04	0.10	0.20	0.27	0.35
铁/mg	31.50	77.70	100.10	114.00	125.00
锰/mg	1.20	2.96	4.29	3.80	5.00
硒/mg	0.09	0.22	0.43	0.48	0.63
锌/mg	33.00	81.40	100.10	114.00	125.00
每日维生素和脂肪酸需要量					
维生素 A/IU	660.00	1330.00	2145.00	2660.00	3250.00
维生素 D_3/IU	66.00	148.00	243.00	304.00	375.00
维生素 E/IU	5.00	8.50	16.00	21.00	28.00
维生素 K/mg	0.15	0.37	0.72	0.95	1.25
硫胺素/mg	0.45	0.74	1.43	1.90	2.50
核黄素/mg	1.20	2.59	3.58	3.80	5.00
泛酸/mg	3.60	7.40	11.44	14.25	17.50
烟酸/mg	6.00	11.10	14.30	16.15	18.75
吡哆醇/mg	0.60	1.11	1.43	1.90	2.50
生物素/mg	0.02	0.04	0.07	0.10	0.13
叶酸/mg	0.09	0.22	0.43	0.57	0.75
维生素 B_{12}/μg	6.00	12.95	15.73	15.20	15.00
胆碱/g	0.18	0.37	0.50	0.57	0.75
亚油酸/g	0.30	0.74	1.43	1.90	2.50

① 瘦肉率高于56%的公母猪混养猪群（阉公猪和青年母猪各一半）。

② 假定代谢能为消化能的96%。

③ 3～20kg猪的赖氨酸百分比是根据试验和经验数据的估测值，其他氨基酸需要量是根据与赖氨酸的比例（理想蛋白质）的估测值；20～90kg猪的赖氨酸需要量是结合生长模型、试验数据和经验数据的估测值，其他氨基酸需要量是根据其与赖氨酸的比例（理想蛋白质）的估测值。

④ 矿物元素需要量包括饲料原料中提供的矿物质量；对于发育公猪和后备母猪，钙、总磷和有效磷的需要量应提高0.05%～0.1%。

附表 4 瘦肉型妊娠母猪每千克饲粮养分含量① (88%干物质)

妊 娠 期	妊娠前期			妊娠后期		
配种体重②/kg	120～150	150～180	>180	120～150	150～180	>180
预期窝产仔数/头	10	11	11	10	11	11
采食量/(kg/天)	2.10	2.10	2.00	2.60	2.80	3.00
饲料消化能含量/MJ/kg(kcal/kg)	12.75(3050)	12.35(2950)	12.15(2950)	12.75(3050)	12.55(3000)	12.55(3000)
饲料代谢能含量③/MJ/kg(kcal/kg)	12.25(2930)	11.85(2830)	11.65(2830)	12.25(2930)	12.05(2880)	12.05(2880)
粗蛋白质④/%	13.0	12.0	12.0	14.0	13.0	12.0
能量蛋白比/[kJ/%(kcal/%)]	981(235)	1029(246)	1013(246)	911(218)	965(231)	1045(250)
赖氨酸能量比,g/MJ(g/Mcal)	0.42(1.74)	0.40(1.67)	0.38(1.58)	0.42(1.74)	0.41(1.70)	0.38(1.60)
氨基酸/%						
赖氨酸	0.53	0.49	0.46	0.53	0.51	0.48
蛋氨酸	0.14	0.13	0.12	0.14	0.13	0.12
蛋氨酸+胱氨酸	0.34	0.32	0.31	0.34	0.33	0.32
苏氨酸	0.40	0.39	0.37	0.40	0.40	0.38
色氨酸	0.10	0.09	0.09	0.10	0.09	0.09
异亮氨酸	0.29	0.28	0.26	0.29	0.29	0.27
亮氨酸	0.45	0.41	0.37	0.45	0.42	0.38
精氨酸	0.06	0.02	0.00	0.06	0.02	0.00
缬氨酸	0.35	0.32	0.30	0.35	0.33	0.31
组氨酸	0.17	0.16	0.15	0.17	0.17	0.16
苯丙氨酸	0.29	0.27	0.25	0.29	0.28	0.26
苯丙氨酸+酪氨酸	0.49	0.45	0.43	0.49	0.47	0.44
矿物元素⑤(百分含量或每千克饲粮含量)						
钙/%	0.68					
总磷/%	0.54					
非植酸磷/%	0.32					
钠/%	0.14					
氯/%	0.11					
镁/%	0.04					
钾/%	0.18					
铜/(mg/kg)	5.0					
碘/(mg/kg)	0.13					
铁/(mg/kg)	75.0					
锰/(mg/kg)	18.0					
硒/(mg/kg)	0.14					
锌/(mg/kg)	45.0					
维生素和脂肪酸(百分含量或每千克饲料粮含量)						
维生素 A/(IU/kg)	3620					
维生素 D_3/(IU/kg)	180					
维生素 E/(IU/kg)	40					
维生素 K/(mg/kg)	0.50					
硫胺素/(mg/kg)	0.90					
核黄素/(mg/kg)	3.40					
泛酸/(mg/kg)	11					
烟酸/(mg/kg)	9.05					
吡哆醇/(mg/kg)	0.90					
生物素/(mg/kg)	0.19					
叶酸/(mg/kg)	1.20					
维生素/(μg/kg)	14.0					
胆碱/(g/kg)	1.15					
亚油酸/%	0.10					

① 消化能、氨基酸是根据国内试验报告、企业经验数据和 NRC (1998) 妊娠模型得到的。

② 妊娠前期指妊娠前 12 周，妊娠后期指妊娠后 4 周；"120～150kg" 阶段适用于初产母猪和因泌乳期消耗过度的经产母猪，"150～180kg" 阶段适用于自身尚有生产潜力的经产母猪，"180kg 以上" 指达到标准成年体重的经产母猪，其对养分的需要量不随体重增重而变化。

③ 假定代谢能为消化能的 96%。

④ 以玉米-豆粕型日粮为基础确定的。

⑤ 矿物元素需要量包括饲料原料中提供的矿物质。余同。

附表 5 瘦肉型泌乳母猪每千克饲粮养分含量①（88%干物质）

分娩体重/kg	140～180		180～240	
泌乳期体重变化/kg	0.0	−10.0	−7.5	−15
哺乳窝仔数/头	9	9	10	10
采食量/(kg/天)	5.25	4.65	5.65	5.20
饲料消化能含量/[MJ/kg(kcal/kg)]	13.80(3300)	13.80(3300)	13.80(3300)	13.80(3300)
饲料代谢能含量②/[MJ/kg(kcal/kg)]	13.25(3170)	13.25(3170)	13.25(3170)	13.25(3170)
粗蛋白质③/%	17.5	18.0	18.0	18.5
能量蛋白比/[kJ/%(Mcal/%)]	789(189)	767(183)	767(183)	746(178)
赖氨酸能量比/[g/MJ(g/Mcal)]	0.64(2.67)	0.67(2.82)	0.66(2.76)	0.68(2.85)
氨基酸/%				
赖氨酸	0.88	0.93	0.91	0.94
蛋氨酸	0.22	0.24	0.23	0.24
蛋氨酸+胱氨酸	0.42	0.45	0.44	0.45
苏氨酸	0.56	0.59	0.58	0.60
色氨酸	0.16	0.17	0.17	0.18
异亮氨酸	0.49	0.52	0.51	0.53
亮氨酸	0.95	1.01	0.98	1.02
精氨酸	0.48	0.48	0.47	0.47
缬氨酸	0.74	0.79	0.77	0.81
组氨酸	0.34	0.36	0.35	0.37
苯丙氨酸	0.47	0.50	0.48	0.50
苯丙氨酸+酪氨酸	0.97	1.03	1.00	1.04
矿物元素(百分含量或每千克饲粮含量)				
钙/%	0.77			
总磷/%	0.62			
非植酸磷/%	0.36			
钠/%	0.21			
氯/%	0.16			
镁/%	0.04			
钾/%	0.21			
铜/(mg/kg)	5.0			
碘/(mg/kg)	0.14			
铁/(mg/kg)	80.0			
锰/(mg/kg)	20.5			
硒/(mg/kg)	0.15			
锌/(mg/kg)	51.0			
维生素和脂肪酸(百分含量或每千克饲料粮含量)				
维生素 A/(IU/kg)	2050			
维生素 D_3/(IU/kg)	205			
维生素 E/(IU/kg)	45			
维生素 K/(mg/kg)	0.5			
硫胺素/(mg/kg)	1.00			
核黄素/(mg/kg)	3.85			
泛酸/(mg/kg)	12			
烟酸/(mg/kg)	10.25			
吡哆醇/(mg/kg)	1.00			
生物素/(mg/kg)	0.21			
叶酸/(mg/kg)	1.35			
维生素 B_{12}/(μg/kg)	15.0			
胆碱/(g/kg)	1.00			
亚油酸/%	0.10			

① 由于国内缺乏哺乳母猪的试验数据，消化能、氨基酸是根据国内一些企业经验数据和 NRC（1998）泌乳模型得到的。

② 假定代谢能为消化能的 96%。

③ 以玉米-豆粕型日粮为基础确定的。

附表 6 配种公猪每千克饲粮和每日每头养分需要量①（88%干物质）

饲料消化能含量/[MJ/kg(kcal/kg)]	12.95(3100)	12.95(3100)
饲料代谢能含量②/[MJ/kg(kcal/kg)]	12.45(2975)	12.45(975)
消化能摄入量/[MJ/kg(kcal/kg)]	21.70(6820)	21.70(6820)
代谢能摄入量/[MJ/kg(kcal/kg)]	20.85(6545)	20.85(6545)
采食量③/(kg/天)	2.2	2.2
粗蛋白质④/%	13.50	13.50
能量蛋白比/[kJ/%(kcal/%)]	959(230)	959(230)
赖氨酸能量比/[g/MJ(g/Mcal)]	0.42(1.78)	0.42(1.78)
养分需要量		
氨基酸		
赖氨酸	0.55%	12.1g
蛋氨酸	0.15%	3.31g
蛋氨酸＋胱氨酸	0.38%	8.4g
苏氨酸	0.46%	10.1g
色氨酸	0.11%	2.4g
异亮氨酸	0.32%	7.0g
亮氨酸	0.47%	10.3g
精氨酸	0.00%	0.0g
缬氨酸	0.36%	7.9g
组氨酸	0.17%	3.7g
苯丙氨酸	0.30%	6.6g
苯丙氨酸＋酪氨酸	0.52%	11.4g
矿物元素		
钙	0.70%	15.4g
总磷	0.55%	12.1g
非植酸磷	0.32%	7.04g
钠	0.14%	3.08g
氯	0.11%	2.42g
镁	0.04%	0.88g
钾	0.20%	4.40g
铜	5mg/kg	11.0mg
碘	0.15mg/kg	0.33mg
铁	80mg/kg	176.00mg
锰	20mg/kg	44.00mg
硒	0.15mg/kg	0.33mg
锌	75mg/kg	165mg
维生素和脂肪酸		
维生素 A	4000IU/kg	8800IU
维生素 D_3	220IU/kg	485IU
维生素 E	45IU/kg	100IU
维生素 K	0.50mg/kg	1.10mg
硫胺素	1.0mg/kg	2.20mg
核黄素	3.5mg/kg	7.70mg
泛酸	12mg/kg	26.4mg
烟酸	10mg/kg	22mg
吡哆醇	1.0mg/kg	2.20mg
生物素	0.2mg/kg	0.44mg
叶酸	1.3mg/kg	2.86mg
维生素 B_{12}	15μg/kg	33μg
胆碱	1.25g/kg	2.75g
亚油酸	0.1%	2.2g

① 需要量的制定以每日采食 2.2kg 饲粮为基础，采食需根据公猪的体重和期望的增重进行调整。

② 假定代谢能为消化能的 96%。

③ 配种前一个月采食量增加 20%～25%，冬季严寒期采食量增加 10%～20%。

④ 以玉米-豆粕型日粮为基础确定的。

附表 7 肉脂型生长肥育猪每千克饲粮养分含量（一型标准[①]，自由采食，88%干物质）

体重/kg	5～8	8～15	15～30	30～60	60～90
日增重/(kg/天)	0.22	0.38	0.50	0.60	0.70
采食量/(kg/天)	0.40	0.87	1.36	2.02	2.94
饲料转化率/%	1.80	2.30	2.73	3.35	4.20
饲粮消化能含量/[MJ/kg(kcal/kg)]	13.8(3300)	13.6(3250)	12.95(3100)	12.95(3100)	12.95(3100)
粗蛋白质[②]/%	21.00	18.20	16.00	14.00	13.00
能量蛋白比/[kJ/%(kcal/%)]	657(157)	747(179)	810(194)	925(221)	996(238)
赖氨酸能量比/[g/MJ(g/Mcal)]	0.97(4.06)	0.77(3.23)	0.66(2.75)	0.53(2.23)	0.46(1.94)
氨基酸/%					
赖氨酸	1.34	1.05	0.85	0.69	0.60
蛋氨酸＋胱氨酸	0.65	0.53	0.43	0.38	0.34
苏氨酸	0.77	0.62	0.50	0.45	0.39
色氨酸	0.19	0.15	0.12	0.11	0.11
异亮氨酸	0.73	0.59	0.47	0.43	0.37
矿物元素(百分含量或每千克饲粮含量)					
钙/%	0.86	0.74	0.64	0.55	0.46
总磷/%	0.67	0.60	0.55	0.46	0.37
非植酸磷/%	0.42	0.32	0.29	0.21	0.14
钠/%	0.20	0.15	0.09	0.09	0.09
氯/%	0.20	0.15	0.07	0.07	0.07
镁/%	0.04	0.04	0.04	0.04	0.04
钾/%	0.29	0.26	0.24	0.21	0.16
铜/(mg/kg)	6.00	5.50	4.60	3.70	3.00
碘/(mg/kg)	0.13	0.13	0.13	0.13	0.13
铁/(mg/kg)	100.00	92.00	74.00	55.00	37.00
锰/(mg/kg)	4.00	3.00	3.00	2.00	2.00
硒/(mg/kg)	0.30	0.27	0.23	0.14	0.09
锌/(mg/kg)	100.00	90.00	75.00	55.00	45.00
维生素和脂肪酸(百分含量或每千克饲粮含量)					
维生素 A/(IU/kg)	2100.00	2000.00	1600.00	1200.00	1200.00
维生素 D/(IU/kg)	210.00	200.00	180.00	140.00	140.00
维生素 E/(IU/kg)	15.00	15.00	10.00	10.00	10.00
维生素 K/(mg/kg)	0.50	0.50	0.50	0.50	0.50
硫胺素/(mg/kg)	1.50	1.00	1.00	1.00	1.00
核黄素/(mg/kg)	4.00	3.50	3.00	2.00	2.00
泛酸/(mg/kg)	12.00	10.00	8.00	7.00	6.00
烟酸/(mg/kg)	20.00	14.00	12.00	9.00	6.50
吡哆醇/(mg/kg)	2.00	1.50	1.50	1.00	1.00
生物素/(mg/kg)	0.08	0.05	0.05	0.05	0.05
叶酸/(mg/kg)	0.30	0.30	0.30	0.30	0.30
维生素 B_{12}/(μg/kg)	20.00	16.50	14.50	10.00	5.00
胆碱/(g/kg)	0.50	0.40	0.30	0.30	0.30
亚油酸/%	0.10	0.10	0.10	0.10	0.10

① 一型标准：瘦肉率 52%±1.5%，达 90kg 体重、时间 175 天左右。

② 粗蛋白质的需要量原则上是以玉米-豆粕日粮满足可消化氨基酸需要而定的。为克服早期断奶给仔猪带来的应激，5～8kg 阶段使用了较多的动物蛋白质和乳制品。

附表 8 肉脂型生长肥育猪每千克饲粮养分含量（二型标准①，自由采食，88%干物质）

体重/kg	8～15	15～30	30～60	60～90
日增重/(kg/天)	0.34	0.45	0.55	0.65
采食量/(kg/天)	0.87	1.30	1.96	2.89
饲料/增重	2.55	2.90	3.55	4.45
饲粮消化能含量/[MJ/kg(kcal/kg)]	13.30(3180)	12.25(2930)	12.25(2930)	12.25(2930)
粗蛋白质/%	17.5	16.0	14.0	13.0
能量蛋白比/[kJ/%(kcal/%)]	760(182)	766(183)	875(209)	942(225)
赖氨酸能量比/[g/MJ(g/Mcal)]	0.74(3.11)	0.65(2.73)	0.53(2.22)	0.46(1.91)
氨基酸/%				
赖氨酸	0.99	0.80	0.65	0.56
蛋氨酸+胱氨酸	0.56	0.40	0.35	0.32
苏氨酸	0.64	0.48	0.41	0.37
色氨酸	0.18	0.12	0.11	0.10
异亮氨酸	0.54	0.45	0.40	0.34
矿物元素(百分含量或每千克饲粮含量)				
钙/%	0.72	0.62	0.53	0.44
总磷/%	0.58	0.53	0.44	0.35
非植酸磷/%	0.31	0.27	0.20	0.13
钠/%	0.14	0.09	0.09	0.09
氯/%	0.14	0.07	0.07	0.07
镁/%	0.04	0.04	0.04	0.04
钾/%	0.25	0.23	0.20	0.15
铜/(mg/kg)	5.00	4.00	3.00	3.00
铁/(mg/kg)	90.00	70.00	55.00	35.00
碘/(mg/kg)	0.12	0.12	0.12	0.12
锰/(mg/kg)	3.00	2.50	2.00	2.00
硒/(mg/kg)	0.26	0.22	0.13	0.09
锌/(g/kg)	90	70.00	53.00	44.00
维生素和脂肪酸(百分含量或每千克饲粮含量)				
维生素 A/(IU/kg)	1900	1550	1150	1150
维生素 D/(IU/kg)	190	170	130	130
维生素 E/(IU/kg)	15	10	10	10
维生素 K/(mg/kg)	0.45	0.45	0.45	0.45
硫胺素/(mg/kg)	1.00	1.00	1.00	1.00
核黄素/(mg/kg)	3.00	2.50	2.00	2.00
泛酸/(mg/kg)	10.00	8.00	7.00	6.00
烟酸/(mg/kg)	14.00	12.00	9.00	6.50
吡哆醇/(mg/kg)	1.50	1.50	1.00	1.00
生物素/(mg/kg)	0.05	0.04	0.04	0.04
叶酸/(mg/kg)	0.30	0.30	0.30	0.30
维生素 B_{12}/(μg/kg)	15.00	13.00	10.00	5.00
胆碱/(g/kg)	0.40	0.30	0.30	0.30
亚油酸/%	0.10	0.10	0.10	0.10

① 二型标准：适用于瘦肉率 49%±1.5%，达 90kg 体重、时间 185 天左右的肉脂型猪。

附表 9　肉脂型生长肥育猪每日每头养分需要量（二型标准，自由采食，88%干物质）

体重/kg	8～15	15～30	30～60	60～90
日增重/(kg/天)	0.34	0.45	0.55	0.65
采食量/(kg/天)	0.87	1.30	1.96	2.89
饲料/增重	2.55	2.90	3.55	4.45
饲粮消化能含量/[MJ/kg(kcal/kg)]	13.30(3180)	12.25(2930)	12.25(2930)	12.25(2930)
粗蛋白质/(g/天)	152.3	208.0	274.4	375.7
每日氨基酸需要量/g				
赖氨酸	8.6	10.4	12.7	16.2
蛋氨酸+胱氨酸	4.9	5.2	6.9	9.2
苏氨酸	5.6	6.2	8.0	10.7
色氨酸	1.6	1.6	2.2	2.9
异亮氨酸	4.7	5.9	7.8	9.8
每日矿物元素需要量				
钙/g	6.3	8.1	10.4	12.7
总磷/g	5.0	6.9	8.6	10.1
非植酸磷/g	2.7	3.5	3.9	3.8
钠/g	1.2	1.2	1.8	2.6
氯/g	1.2	0.9	1.4	2.0
镁/g	0.3	0.5	0.8	1.2
钾/g	2.2	3.0	3.9	4.3
铜/mg	4.4	5.2	5.9	8.7
铁/mg	78.3	91.0	107.8	101.2
碘/mg	0.1	0.2	0.2	0.3
锰/mg	2.6	3.3	3.9	5.8
硒/mg	0.2	0.3	0.3	0.3
锌/mg	78.3	91.0	103.9	127.2
每日维生素和脂肪酸需要量				
维生素 A/IU	1653	2015	2254	3324
维生素 D/IU	165	221	255	376
维生素 E/IU	13.1	13.0	19.6	28.9
维生素 K/mg	0.4	0.6	0.9	1.3
硫胺素/mg	0.9	1.3	2.0	2.9
核黄素/mg	2.6	3.3	3.9	5.8
泛酸/mg	8.7	10.4	13.7	17.3
烟酸/mg	12.16	15.6	17.6	18.79
吡哆醇/mg	1.3	2.0	2.0	2.9
生物素/mg	0.0	0.1	0.1	0.1
叶酸/mg	0.3	0.4	0.6	0.9
维生素 B_{12}/μg	13.1	16.9	19.6	14.5
胆碱/g	0.3	0.4	0.6	0.9
亚油酸/g	0.9	1.3	2.0	2.9

附表 10　肉脂型妊娠、哺乳母猪每千克饲粮养分含量（88%干物质）

	妊娠母猪	泌乳母猪
采食量/(kg/天)	2.10	5.10
饲粮消化能含量/[MJ/kg(kcal/kg)]	11.70(2800)	13.60(3250)
粗蛋白质/%	13.0	17.5
能量蛋白比/[kJ/%(kcal/%)]	900(215)	777(186)
赖氨酸能量比/[g/MJ(g/Mcal)]	0.37(1.54)	0.58(2.43)
氨基酸/%		
赖氨酸	0.43	0.79
蛋氨酸+胱氨酸	0.30	0.40
苏氨酸	0.35	0.52
色氨酸	0.08	0.14
异亮氨酸	0.25	0.45
矿物元素(百分含量或每千克饲粮含量)		
钙/%	0.62	0.72
总磷/%	0.50	0.58
非植酸磷/%	0.30	0.34
钠/%	0.12	0.20
氯/%	0.10	0.16
镁/%	0.04	0.04
钾/%	0.16	0.20
铜/(mg/kg)	4.00	5.00
碘/(mg/kg)	0.12	0.14
铁/(mg/kg)	70	80
锰/(mg/kg)	16	20
硒/(mg/kg)	0.15	0.15
锌/(mg/kg)	50	50
维生素和脂肪酸(百分含量或每千克饲粮含量)		
维生素 A/(IU/kg)	3600	2000
维生素 D/(IU/kg)	180	200
维生素 E/(IU/kg)	36	44
维生素 K/(mg/kg)	0.40	0.50
硫胺素/(mg/kg)	1.00	1.00
核黄素/(mg/kg)	3.20	3.75
泛酸/(mg/kg)	10.00	12.00
烟酸/(mg/kg)	8.00	10.00
吡哆醇/(mg/kg)	1.00	1.00
生物素/(mg/kg)	0.16	0.20
叶酸/(mg/kg)	1.10	1.30
维生素 B_{12}/(μg/kg)	12.00	15.00
胆碱/(g/kg)	1.00	1.00
亚油酸/%	0.10	0.10

附表 11　地方猪种后备母猪每千克饲粮养分含量[①]（88%干物质）

体重/kg	10～20	20～40	40～70
预期日增重/(kg/天)	0.30	0.40	0.50
预期采食量/(kg/天)	0.63	1.08	1.65
饲料/增重	2.10	2.70	3.30
饲粮消化能含量/[MJ/kg(kcal/kg)]	12.97(3100)	12.55(3000)	12.15(2900)
粗蛋白质/%	18.0	16.0	14.0
能量蛋白比/[kJ/%(kcal/%)]	721(172)	784(188)	868(207)
赖氨酸能量比/[g/MJ(g/Mcal)]	0.77(3.23)	0.70(2.93)	0.48(2.00)
氨基酸/%			
赖氨酸	1.00	0.88	0.67
蛋氨酸＋胱氨酸	0.50	0.44	0.36
苏氨酸	0.59	0.53	0.43
色氨酸	0.15	0.13	0.11
异亮氨酸	0.56	0.49	0.41
矿物元素/%			
钙	0.74	0.62	0.53
总磷	0.60	0.53	0.44
有效磷	0.37	0.28	0.20

① 除钙、磷外的矿物元素及维生素的需要，要参照肉脂型生长肥育猪的二型标准。

附表 12　肉脂型种公猪每日每头养分含量[①]（88%干物质）

体重/kg	10～20	20～40	40～70
日增重/(kg/天)	0.35	0.45	0.50
采食量/(kg/天)	0.72	1.17	1.67
饲粮消化能含量/MJ/kg(kcal/kg)	12.97(3100)	12.55(3000)	12.55(3000)
粗蛋白质/(g/天)	135.4	204.8	243.8
氨基酸/(g/天)			
赖氨酸	7.6	10.8	12.2
蛋氨酸＋胱氨酸	3.8	10.8	12.2
苏氨酸	4.5	10.8	12.2
色氨酸	1.2	10.8	12.2
异亮氨酸	4.2	10.8	12.2
矿物质/(g/天)			
钙	5.3	10.8	12.2
总磷	4.3	10.8	12.2
有效磷	2.7	10.8	12.2

① 除钙、磷外的矿物元素及维生素的需要，要参照肉脂型生长肥育猪的一型标准。

附表 13 肉脂型妊娠、哺乳母猪每千克饲粮养分含量（88%干物质）

母 猪 类 型	妊娠母猪	泌乳母猪
采食量/(kg/天)	2.10	5.10
饲粮消化能含量/[MJ/kg(kcal/kg)]	11.70(2800)	13.60(3250)
粗蛋白质/%	13.0	17.5
能量蛋白比/[kJ/%(kcal/%)]	900(215)	777(186)
赖氨酸能量比/[g/MJ(g/Mcal)]	0.37(1.54)	0.58(2.43)
氨基酸/%		
赖氨酸	0.43	0.79
蛋氨酸＋胱氨酸	0.30	0.40
苏氨酸	0.35	0.52
色氨酸	0.08	0.14
异亮氨酸	0.25	0.45
矿物元素(百分含量或每千克饲粮含量)		
钙/%	0.62	0.72
总磷/%	0.50	0.58
非植酸磷/%	0.30	0.34
钠/%	0.12	0.20
氯/%	0.10	0.16
镁/%	0.04	0.04
钾/%	0.16	0.20
铜/(mg/kg)	4.00	5.00
碘/(mg/kg)	0.12	0.14
铁/(mg/kg)	70	80
锰/(mg/kg)	16	20
硒/(mg/kg)	0.15	0.15
锌/(mg/kg)	50	50
维生素和脂肪酸(百分含量或每千克饲粮含量)		
维生素 A/(IU/kg)	3600	2000
维生素 D/(IU/kg)	180	200
维生素 E/(IU/kg)	36	44
维生素 K/(mg/kg)	0.40	0.50
硫胺素/(mg/kg)	1.00	1.00
核黄素/(mg/kg)	3.20	3.75
泛酸/(mg/kg)	10.00	12.00
烟酸/(mg/kg)	8.00	10.00
吡哆醇/(mg/kg)	1.00	1.00
生物素/(mg/kg)	0.16	0.20
叶酸/(mg/kg)	1.10	1.30
维生素 B_{12}/(μg/kg)	12.00	15.00
胆碱/(g/kg)	1.00	1.00
亚油酸/%	0.10	0.10

附录三 禽饲养标准

附表 14 生长蛋鸡营养需要

营养指标	0～8 周龄	9～18 周龄	19 周龄～开产
代谢能/[MJ/kg(Mcal/kg)]	11.91(2.85)	11.70(2.80)	11.50(2.75)
粗蛋白/%	19.0	15.5	17.0
蛋白能量比/[g/MJ(g/Mcal)]	15.95(66.67)	13.25(55.30)	14.78(61.82)
赖氨酸能量比/[g/MJ(g/Mcal)]	0.84(3.51)	0.58(2.43)	0.61(2.55)
赖氨酸/%	1.00	0.68	0.70
蛋氨酸/%	0.37	0.27	0.34
蛋氨酸+胱氨酸/%	0.74	0.55	0.64
苏氨酸/%	0.66	0.55	0.62
色氨酸/%	0.20	0.18	0.19
精氨酸/%	1.18	0.98	1.02
亮氨酸/%	1.27	1.01	1.07
异亮氨酸/%	0.71	0.59	0.60
苯丙氨酸/%	0.64	0.53	0.54
苯丙氨酸+酪氨酸/%	1.18	0.98	1.00
组氨酸/%	0.31	0.26	0.27
脯氨酸/%	0.50	0.34	0.44
缬氨酸/%	0.73	0.60	0.62
甘氨酸+丝氨酸/%	0.82	0.68	0.71
钙/%	0.90	0.80	2.00
总磷/%	0.70	0.60	0.55
非植酸磷/%	0.40	0.35	0.32
钠/%	0.15	0.15	0.15
氯/%	0.15	0.15	0.15
铁/(mg/kg)	80	60	60
铜/(mg/kg)	8	6	8
锌/(mg/kg)	60	40	80
锰/(mg/kg)	60	40	60
碘/(mg/kg)	0.35	0.35	0.35
硒/(mg/kg)	0.30	0.30	0.30
亚油酸/%	1	1	1
维生素 A/(IU/kg)	4000	4000	4000
维生素 D/(IU/kg)	800	800	800
维生素 E/(IU/kg)	10	8	8
维生素 K/(mg/kg)	0.5	0.5	0.5
硫胺素/(mg/kg)	1.8	1.3	1.3
核黄素/(mg/kg)	3.6	1.8	2.2
泛酸/(mg/kg)	10	10	10
烟酸/(mg/kg)	30	11	11
吡哆醇/(mg/kg)	3	3	3
生物素/(mg/kg)	0.15	0.10	0.10
叶酸/(mg/kg)	0.55	0.25	0.25
维生素 B_{12}/(mg/kg)	0.010	0.003	0.004
胆碱/(mg/kg)	1300	900	500

注：根据中型体重鸡制订，轻型鸡可酌减 10%；开产日龄按 5%产蛋率计算。

附表 15 产蛋鸡营养需要

营 养 指 标	开产～高峰期	高峰后(<85)	种 鸡
代谢能/[MJ/kg(Mcal/kg)]	11.29(2.70)	10.87(2.65)	11.29(2.70)
粗蛋白/%	16.5	15.5	18.0
蛋白能量比/[g/MJ(g/cal)]	14.61(61.11)	14.26(58.49)	15.94(66.67)
赖氨酸能量比/[g/MJ(g/Mcal)]	0.64(2.67)	0.61(2.54)	0.63(2.63)
赖氨酸/%	0.75	0.70	0.75
蛋氨酸/%	0.34	0.32	0.34
蛋氨酸+胱氨酸/%	0.65	0.56	0.65
苏氨酸/%	0.55	0.50	0.55
色氨酸/%	0.16	0.15	0.16
精氨酸/%	0.76	0.69	0.76
亮氨酸/%	1.02	0.98	1.02
异亮氨酸/%	0.72	0.66	0.72
苯丙氨酸/%	0.58	0.52	0.58
苯丙氨酸+酪氨酸/%	1.08	1.06	1.08
组氨酸/%	0.25	0.23	0.25
缬氨酸/%	0.59	0.54	0.59
甘氨酸+丝氨酸/%	0.57	0.48	0.57
可利用赖氨酸/%	0.66	0.60	—
可利用蛋氨酸/%	0.32	0.30	—
钙/%	3.5	3.5	3.5
总磷/%	0.60	0.60	0.60
非植酸磷/%	0.32	0.32	0.32
钠/%	0.15	0.15	0.15
氯/%	0.15	0.15	0.15
铁/(mg/kg)	60	60	60
铜/(mg/kg)	8	8	6
锰/(mg/kg)	60	60	60
锌/(mg/kg)	80	80	60
碘/(mg/kg)	0.35	0.35	0.35
硒/(mg/kg)	0.30	0.30	0.30
亚油酸/%	1	1	1
维生素 A/(IU/kg)	8000	8000	10000
维生素 D/(IU/kg)	1600	1600	2000
维生素 E/(IU/kg)	5	5	10
维生素 K/(mg/kg)	0.5	0.5	1.0
硫胺素/(mg/kg)	0.8	0.8	0.8
核黄素/(mg/kg)	2.5	2.5	3.8
泛酸/(mg/kg)	2.2	2.2	10
烟酸/(mg/kg)	20	20	30
吡哆醇/(mg/kg)	3.0	3.0	4.5
生物素/(mg/kg)	0.10	0.10	0.15
叶酸/(mg/kg)	0.25	0.25	0.35
维生素 B_{12}/(mg/kg)	0.004	0.004	0.004
胆碱/(mg/kg)	500	500	500

附表 16　肉用仔鸡营养需要之一

营养指标	0～3 周龄	4～6 周龄	7 周龄～出栏
代谢能/[MJ/kg(Mcal/kg)]	12.54(3.00)	12.96(3.10)	13.17(3.15)
粗蛋白/%	21.5	20.0	18.0
蛋白能量比/[g/MJ(g/Mcal)]	17.14(71.67)	15.43(64.52)	13.67(57.14)
赖氨酸能量比/[g/MJ(g/Mcal)]	0.92(3.83)	0.77(3.23)	0.67(2.81)
赖氨酸/%	1.15	1.00	0.87
蛋氨酸/%	0.50	0.40	0.34
蛋氨酸+胱氨酸/%	0.91	0.76	0.65
苏氨酸/%	0.81	0.72	0.68
色氨酸/%	0.21	0.18	0.17
精氨酸/%	1.20	1.12	1.01
亮氨酸/%	1.26	1.05	0.94
异亮氨酸/%	0.81	0.75	0.63
苯丙氨酸/%	0.71	0.66	0.58
苯丙氨酸+酪氨酸/%	1.27	1.15	1.00
组氨酸/%	0.35	0.32	0.27
脯氨酸/%	0.58	0.54	0.47
缬氨酸/%	0.85	0.74	0.64
甘氨酸+丝氨酸/%	1.24	1.10	0.96
钙/%	1.0	0.9	0.8
总磷/%	0.68	0.65	0.60
非植酸磷/%	0.45	0.40	0.35
氯/%	0.20	0.15	0.15
钠/%	0.20	0.15	0.15
铁/(mg/kg)	100	80	80
铜/(mg/kg)	8	8	8
锰/(mg/kg)	120	100	80
锌/(mg/kg)	100	80	80
碘/(mg/kg)	0.70	0.70	0.70
硒/(mg/kg)	0.30	0.30	0.30
亚油酸/%	1	1	1
维生素 A/(IU/kg)	8000	6000	2700
维生素 D/(IU/kg)	1000	750	400
维生素 E/(IU/kg)	20	10	10
维生素 K/(mg/kg)	0.5	0.5	0.5
硫胺素/(mg/kg)	2.0	2.0	2.0
核黄素/(mg/kg)	8	5	5
泛酸/(mg/kg)	10	10	10
烟酸/(mg/kg)	35	30	30
吡哆醇/(mg/kg)	3.5	3.0	3.0
生物素/(mg/kg)	0.18	0.15	0.10
叶酸/(mg/kg)	0.55	0.55	0.50
维生素 B_{12}/(mg/kg)	0.010	0.010	0.007
胆碱/(mg/kg)	1300	1000	750

附表 17　肉用仔鸡营养需要之二

营　养　指　标	0～2 周龄	3～6 周龄	7 周龄～出栏
代谢能/[MJ/kg(Mcal/kg)]	12.75(3.05)	12.96(3.10)	13.17(3.15)
粗蛋白/%	22.0	20.0	17.0
蛋白能量比/[g/MJ(g/Mcal)]	17.25(72.13)	15.43(64.52)	12.91(53.97)
赖氨酸能量比/[g/MJ(g/Mcal)]	0.88(3.67)	0.77(3.23)	0.62(2.60)
赖氨酸/%	1.20	1.00	0.82
蛋氨酸/%	0.52	0.40	0.32
蛋氨酸+胱氨酸/%	0.92	0.76	0.63
苏氨酸/%	0.84	0.72	0.64
色氨酸/%	0.21	0.18	0.16
精氨酸/%	1.25	1.12	0.95
亮氨酸/%	1.32	1.05	0.89
异亮氨酸/%	0.84	0.75	0.59
苯丙氨酸/%	0.74	0.66	0.55
苯丙氨酸+酪氨酸/%	1.32	1.15	0.98
组氨酸/%	0.36	0.32	0.25
脯氨酸/%	0.60	0.54	0.44
缬氨酸/%	0.90	0.74	0.72
甘氨酸+丝氨酸/%	1.30	1.10	0.93
钙/%	1.05	0.95	0.80
总磷/%	0.68	0.65	0.60
非植酸磷/%	0.50	0.40	0.35
钠/%	0.20	0.15	0.15
氯/%	0.20	0.15	0.15
铁/(mg/kg)	120	80	80
铜/(mg/kg)	10	8	8
锰/(mg/kg)	120	100	80
锌/(mg/kg)	120	80	80
碘/(mg/kg)	0.70	0.70	0.70
硒/(mg/kg)	0.30	0.30	0.30
亚油酸/%	1	1	1
维生素 A/(IU/kg)	10000	6000	2700
维生素 D/(IU/kg)	2000	1000	400
维生素 E/(IU/kg)	30	10	10
维生素 K/(mg/kg)	1.0	0.5	0.5
硫胺素/(mg/kg)	2	2	2
核黄素/(mg/kg)	10	5	5
泛酸/(mg/kg)	10	10	10
烟酸/(mg/kg)	45	30	30
吡哆醇/(mg/kg)	4.0	3.0	3.0
生物素/(mg/kg)	0.20	0.15	0.10
叶酸/(mg/kg)	1.00	0.55	0.50
维生素 B_{12}/(mg/kg)	0.010	0.010	0.007
胆碱/(mg/kg)	1500	1200	750

附表 18 肉用种鸡营养需要

营养指标	0～6周龄	7～18周龄	19周龄～开产	开产至高峰期（产蛋>65%）	高峰期后（产蛋<65%）
代谢能/[MJ/kg(Mcal/)]	12.12(2.90)	11.91(2.85)	11.70(2.80)	11.70(2.80)	11.70(2.80)
粗蛋白/%	18.0	15.0	16.0	17.0	16.0
蛋白能量比/[g/MJ(g/Mcal)]	14.85(62.07)	12.59(52.63)	13.68(57.1)	14.53(60.71)	13.68(57.14)
赖氨酸能量比/[g/MJ(g/Mcal)]	0.76(3.17)	0.55(2.28)	0.64(2.68)	0.68(2.86)	0.64(2.68)
赖氨酸/%	0.92	0.65	0.75	0.80	0.75
蛋氨酸/%	0.34	0.30	0.32	0.34	0.30
蛋氨酸+胱氨酸/%	0.72	0.56	0.62	0.64	0.60
苏氨酸/%	0.52	0.48	0.50	0.55	0.50
色氨酸/%	0.20	0.17	0.16	0.17	0.16
精氨酸/%	0.90	0.75	0.90	0.90	0.88
亮氨酸/%	1.05	0.81	0.86	0.86	0.81
异亮氨酸/%	0,66	0.58	0.58	0.58	0.58
苯丙氨酸/%	0.52	0.39	0.42	0.51	0.48
苯丙氨酸+酪氨酸/%	1.00	0.77	0.82	0.85	0.80
组氨酸/%	0.26	0.21	0.22	0.24	0.21
脯氨酸/%	0.50	0.41	0.44	0.45	0.42
缬氨酸/%	0.62	0.47	0.50	0.66	0.51
甘氨酸+丝氨酸/%	0.70	0.53	0.56	0.57	0.54
钙/%	1.00	0.90	2.0	3.30	3.50
总磷/%	0.68	0.65	0.65	0.68	0.65
非植酸磷/%	0.45	0.40	0.42	0.45	0.42
钠/%	0.18	0.18	0.18	0.18	0.18
氯/%	0.18	0.18	0.18	0.18	0.18
铁/(mg/kg)	60	60	80	80	80
铜/(mg/kg)	6	6	8	8	8
锰/(mg/kg)	80	80	100	100	100
锌/(mg/kg)	60	60	80	80	80
碘/(mg/kg)	0.70	0.70	1.00	1.00	1.00
硒/(mg/kg)	0.30	0.30	0.30	0.30	0.30
亚油酸/%	1	1	1	1	1
维生素A/(IU/kg)	8000	6000	9000	12000	12000
维生素D/(IU/kg)	1600	1200	1800	2400	2400
维生素E/(IU/kg)	20	10	10	30	30
维生素K/(mg/kg)	1.5	1.5	1.5	1.5	1.5
硫胺素/(mg/kg)	1.8	1.5	1.5	2.0	2.0
核黄素/(mg/kg)	8	6	6	9	9
泛酸/(mg/kg)	12	10	10	12	12
烟酸/(mg/kg)	30	20	20	35	35
吡哆醇/(mg/kg)	3.0	3.0	3.0	4.5	4.5
生物素/(mg/kg)	0.15	0.10	0.10	0.20	0.20
叶酸/(mg/kg)	1.0	0.5	0.5	1.2	1.2
维生素 B_{12}/(mg/kg)	0.010	0.006	0.008	0.012	0.012
胆碱/(mg/kg)	1300	900	500	500	500

附录四 奶牛饲养标准

附表 19 成母牛维持的营养需要

体重/kg	日粮干物质/kg	奶牛能量单位/NND	产奶净能/Mcal	产奶净能/MJ	可消化粗蛋白质/g	小肠可消化粗蛋白质/g	钙/g	磷/g	胡萝卜素/mg	维生素A/IU
350	5.02	9.17	6.88	28.79	243	202	21	16	63	25 000
400	5.55	10.13	7.60	31.80	268	224	24	18	75	30 000
450	6.06	11.07	8.30	34.73	293	244	27	20	85	34 000
500	6.56	11.97	8.98	37.57	317	264	30	22	95	38 000
550	7.04	12.88	9.65	40.38	341	284	33	25	105	42 000
600	7.52	13.73	10.30	43.10	364	303	36	27	115	46 000
650	7.98	14.59	10.94	45.77	386	322	39	30	123	49 000
700	8.44	15.43	11.57	48.41	408	340	42	32	133	53 000
750	8.89	16.24	12.18	50.96	430	358	45	34	143	57 000

注：1. 对第一个泌乳期的维持需要按上表基础增加20%，第二个泌乳期增加10%。

2. 如第一个泌乳期的年龄和体重过小，应按生长牛的需要计算实际增重的营养需要。

3. 放牧运动时，需在上表基础上增加能量需要量。

4. 在环境温度低的情况下，维持能量消耗增加，须在上表基础上增加需要量。

5. 泌乳期间，每增重1kg体重需增加8NND和325g可消化粗蛋白质；每减重1kg需扣除6.56NND和250g可消化粗蛋白质。

附表 20 每产 1kg 乳的营养需要

乳脂率/%	日粮干物质/kg	奶牛能量单位/NND	产奶净能/Mcal	产奶净能/MJ	可消化粗蛋白质/g	小肠可消化粗蛋白质/g	钙/g	磷/g	胡萝卜素/mg	维生素A/IU
2.5	0.31～0.35	0.80	0.60	2.51	49	42	3.6	2.4	1.05	420
3.0	0.34～0.38	0.87	0.65	2.72	51	44	3.9	2.6	1.13	452
3.5	0.37～0.41	0.93	0.70	2.93	53	46	4.2	2.8	1.22	486
4.0	0.40～0.45	1.00	0.75	3.14	55	47	4.5	3.0	1.26	502
4.5	0.43～0.49	1.06	0.80	3.35	57	49	4.8	3.2	1.39	556
5.0	0.46～0.52	1.13	0.84	3.52	59	51	5.1	3.4	1.46	584
5.5	0.49～0.55	1.19	0.89	3.72	61	53	5.4	3.6	1.55	619

附表 21　母牛妊娠最后四个月的营养需要

体重/kg	怀孕月份	日粮干物质/kg	奶牛能量单位/NND	产奶净能/Mcal	产奶净能/MJ	可消化粗蛋白质/g	小肠可消化粗蛋白质/g	钙/g	磷/g	胡萝卜素/mg	维生素A/IU
350	6	5.78	10.51	7.88	32.97	293	245	27	18	67	27
	7	6.28	11.44	8.58	35.90	327	275	31	20		
	8	7.23	13.17	9.88	41.34	375	317	37	22		
	9	8.70	15.84	11.84	49.54	437	370	45	25		
400	6	6.30	11.47	8.60	35.99	318	267	30	20	76	30
	7	6.81	12.40	9.30	38.92	352	297	34	22		
	8	7.76	14.13	10.60	44.36	400	339	40	24		
	9	9.22	16.80	12.60	52.72	462	392	48	27		
450	6	6.81	12.40	9.30	38.92	343	287	33	22	86	34
	7	7.32	13.33	10.00	41.84	377	317	37	24		
	8	8.27	15.07	11.30	47.28	425	359	43	26		
	9	9.73	17.73	13.30	55.65	487	412	51	29		
500	6	7.31	13.32	9.99	41.80	367	307	36	25	95	38
	7	7.82	14.25	10.69	44.73	401	337	40	27		
	8	8.78	15.99	11.99	50.17	449	379	46	29		
	9	10.24	18.65	13.99	58.54	511	432	54	32		
550	6	7.80	14.20	10.65	44.56	391	327	39	27	105	42
	7	8.31	15.13	11.35	47.49	425	357	43	29		
	8	9.26	16.87	12.65	52.93	473	399	49	31		
	9	10.72	19.53	14.65	61.30	535	452	57	34		
600	6	8.27	15.07	11.30	47.28	414	346	42	29	114	46
	7	8.78	16.00	12.00	50.21	448	376	46	31		
	8	9.73	17.73	13.30	55.65	496	418	52	33		
	9	11.20	20.40	15.30	64.02	558	471	60	36		
650	6	8.74	15.92	11.94	49.96	436	365	45	31	124	50
	7	9.25	16.85	12.64	52.89	470	395	49	33		
	8	10.21	18.59	13.94	58.33	518	437	55	35		
	9	11.67	21.25	15.94	66.70	580	490	63	38		
700	6	9.22	16.76	12.57	52.60	458	383	48	34	133	53
	7	9.71	17.69	13.27	55.53	492	413	52	36		
	8	10.67	19.43	14.57	60.97	540	455	58	38		
	9	12.13	22.09	16.57	69.33	602	508	66	41		
750	6	9.65	17.57	13.1	55.15	480	401	51	36	143	57
	7	10.16	18.51	13.88	58.08	514	431	55	38		
	8	11.11	20.24	15.18	63.52	562	473	61	40		
	9	12.58	22.91	17.18	71.89	624	526	69	43		

注：1. 怀孕牛干奶期间按上表计算营养需要。

2. 怀孕期间如未干奶，除按上表计算营养需要外，还应加产奶的营养需要。

附录五 饲料描述、常规成分及饲料营养价值表（附表22）

附表22 饲料描述、常规成分及饲料营养价值表

序号	饲料号 CFN	饲料名称	饲料描述	干物质/%	粗蛋白质/%	粗脂肪/%	粗纤维/%	无氮浸出物/%	粗灰分/%	钙/%	总磷/%	非植酸磷/%	消化能/(Mcal/kg)	消化能/(MJ/kg)	鸡代谢能/(Mcal/kg)	鸡代谢能/(MJ/kg)
1	4-07-0278	玉米	成熟,高蛋白,优质	86.0	9.4	3.1	1.2	71.1	1.2	0.02	0.27	0.12	3.44	14.39	3.18	13.31
2	4-07-0288	玉米	成熟，高赖氨酸，优质	86.0	8.5	5.3	2.6	67.3	1.3	0.16	0.25	0.09	3.45	14.43	3.25	13.60
3	4-07-0279	玉米	成熟,GB/T 17890—1999 1级	86.0	8.7	3.6	1.6	70.7	1.4	0.02	0.27	0.12	3.41	14.27	3.24	13.56
4	4-07-0280	玉米	成熟,GB/T 17890—1999 2级	86.0	7.8	3.5	1.6	71.8	1.3	0.02	0.27	0.12	3.39	14.18	3.22	13.47
5	4-07-0272	高粱	成熟,NY/T 1级	86.0	9.0	3.4	1.4	70.4	1.8	0.13	0.36	0.17	3.15	13.18	2.94	12.30
6	4-07-0270	小麦	混合小麦，成熟 NY/T 2级	87.0	13.9	1.7	1.9	67.6	1.9	0.17	0.41	0.13	3.39	14.18	3.04	11.72
7	4-07-0274	大麦(裸)	裸大麦,成熟 NY/T 2级	87.0	13.0	2.1	2.0	67.7	2.2	0.04	0.39	0.21	3.24	13.56	2.68	11.21
8	4-07-0277	大麦(皮)	皮大麦,成熟 NY/T 1级	87.0	11.0	1.7	4.8	67.1	2.4	0.09	0.33	0.17	3.02	12.64	2.70	11.30
9	4-07-0281	黑麦	籽粒,进口	88.0	11.0	1.5	2.2	71.5	1.8	0.05	0.30	0.11	3.31	13.82	2.69	11.25
10	4-07-0273	稻谷	成熟，晒干，NY/T 2级	86.0	7.8	1.6	8.2	63.8	4.6	0.03	0.36	0.20	2.69	11.25	2.63	11.00
11	4-07-0276	糙米	良,成熟,未去米糠	87.0	8.8	2.0	0.7	74.2	1.3	0.03	0.35	0.15	3.44	14.39	3.36	14.06
12	4-07-0275	碎米	良,加工精米后的副产品	88.0	10.4	2.2	1.1	72.7	1.6	0.06	0.35	0.15	3.60	15.06	3.40	14.23
13	4-07-0479	粟(谷子)	合格,带壳,成熟	86.5	9.7	2.3	6.8	65.0	2.7	0.12	0.30	0.11	3.09	12.93	2.84	14.88
14	4-04-0067	木薯干	木薯干片，晒干，NY/T 合格	87.0	2.5	0.7	2.5	79.4	1.9	0.27	0.09	—	3.13	13.10	2.96	12.38
15	4-04-0068	甘薯干	甘薯干片，晒干，NY/T 合格	87.0	4.0	0.8	2.8	76.4	3.0	0.19	0.02	—	2.82	11.80	2.34	9.79

续表

序号	饲料号 CFN	饲料名称	饲料描述	干物质/%	粗蛋白质/%	粗脂肪/%	粗纤维/%	无氮浸出物/%	粗灰分/%	钙/%	总磷/%	非植酸磷/%	消化能/(Mcal/kg)	消化能/(MJ/kg)	鸡代谢能/(Mcal/kg)	鸡代谢能/(MJ/kg)
16	4-08-0104	次粉	黑面，黄粉，下面，NY/T 1级	88.0	15.4	2.2	1.5	67.1	1.5	0.08	0.48	0.14	3.27	13.68	3.05	12.76
17	4-08-0105	次粉	黑面，黄粉，下面，NY/T 2级	87.0	13.6	2.1	2.8	66.7	1.8	0.08	0.48	0.14	3.21	13.43	2.99	12.51
18	4-08-0069	小麦麸	传统制粉工艺,NY/T 1级	87.0	15.7	3.9	8.9	53.6	4.9	0.11	0.92	0.24	2.24	9.37	1.63	6.82
19	4-08-0070	小麦麸	传统制粉工艺,NY/T 2级	87.0	14.3	4.0	6.8	57.1	4.8	0.10	0.93	0.24	2.23	9.33	1.62	6.78
20	4-08-0041	米糠	新鲜,不脱脂 NY/T 2级	87.0	12.8	16.5	5.7	44.5	7.5	0.07	1.43	0.10	3.02	12.64	2.68	11.21
21	4-10-0025	米糠饼	未脱脂,机榨,NY/T 1级	88.0	14.7	9.0	7.4	48.2	8.7	0.14	1.69	0.22	2.99	12.51	2.43	10.17
22	4-10-0018	米糠粕	浸提或预压浸提，NY/T 1级	87.0	15.1	2.0	7.5	53.6	8.8	0.15	1.82	0.24	2.76	11.55	1.98	8.28
23	5-09-0127	大豆	黄大豆,成熟,NY/T 2级	87.0	35.5	17.3	4.3	25.7	4.2	0.27	0.48	0.30	3.97	16.61	3.24	13.56
24	5-09-1028	全脂大豆	湿法膨化,生大豆为NY/T 2级	88.0	35.5	18.7	4.6	25.2	4.0	0.32	0.40	0.25	4.24	17.74	3.75	15.69
25	5-10-0241	大豆饼	机榨,NY/T 2级	89.0	41.8	5.8	4.8	30.7	5.9	0.31	0.50	0.25	3.44	14.39	2.52	10.54
26	5-10-0103	大豆粕	去皮,浸提或预压浸提 NY/T 1级	89.0	47.9	1.0	4.0	31.2	4.9	0.34	0.65	0.19	3.60	15.06	2.40	10.04
27	5-10-0102	大豆粕	浸提或预压浸提 NY/T 2级	89.0	44.0	1.9	5.2	31.8	6.1	0.33	0.62	0.18	3.41	14.26	2.35	9.83
28	5-10-0118	棉籽饼	机榨,NY/T 2级	88.0	36.3	7.4	12.5	26.1	5.7	0.21	0.83	0.28	2.37	9.92	2.16	9.04
29	5-10-0119	棉籽粕	浸提或预压浸提 NY/T 1级	90.0	47.0	0.5	10.2	26.3	6.0	0.25	1.10	0.38	2.25	9.41	1.86	7.78
30	5-10-0117	棉籽粕	浸提或预压浸提 NY/T 2级	90.0	43.5	0.5	10.5	28.9	6.6	0.28	1.04	0.36	2.31	9.68	2.03	8.49
31	5-10-0183	菜籽饼	机榨,NY/T 2级	88.0	35.7	7.4	11.4	26.3	7.2	0.59	0.96	0.33	2.88	12.05	1.95	8.16

续表

序号	饲料号 CFN	饲料名称	饲料描述	干物质/%	粗蛋白质/%	粗脂肪/%	粗纤维/%	无氮浸出物/%	粗灰分/%	钙/%	总磷/%	非植酸磷/%	消化能/(Mcal/kg)	消化能/(MJ/kg)	鸡代谢能/(Mcal/kg)	鸡代谢能/(MJ/kg)
32	5-10-0121	菜籽粕	浸提或预压浸提 NY/T 2 级	88.0	38.6	1.4	11.8	28.9	7.3	0.65	1.02	0.35	2.53	10.59	1.77	7.41
33	5-10-0116	花生仁饼	机榨,NY/T 2 级	88.0	44.7	7.2	5.9	25.1	5.1	0.25	0.53	0.31	3.08	12.89	2.78	11.63
34	5-10-0115	花生仁粕	浸提或预压浸提 NY/T 2 级	88.0	47.8	1.4	6.2	27.2	5.4	0.27	0.56	0.33	2.97	12.43	2.60	10.88
35	1-10-0031	向日葵仁饼	壳仁比: 35∶65 NY/T 3 级	88.0	29.0	2.9	20.4	31.0	4.7	0.24	0.87	0.13	1.89	7.91	1.59	6.65
36	5-10-0242	向日葵仁粕	壳仁比: 16∶84 NY/T 2 级	88.0	36.5	1.0	10.5	34.4	5.6	0.27	1.13	0.17	2.78	11.63	2.32	9.71
37	5-10-0243	向日葵仁粕	壳仁比: 24∶76 NY/T 2 级	88.0	33.6	1.0	14.8	38.8	5.3	0.26	1.03	0.16	2.49	10.42	2.03	8.49
38	5-10-0119	亚麻仁饼	机榨,NY/T 2 级	88.0	32.2	7.8	1.8	34.0	6.2	0.39	0.88	0.38	2.90	12.13	2.34	9.79
39	5-10-0120	亚麻仁粕	浸提或预压浸提 NY/T 2 级	88.0	34.8	1.8	8.2	36.6	6.6	0.42	0.95	0.42	2.37	9.92	1.90	7.95
40	5-10-0246	芝麻饼	机榨,CP40%	92.0	39.2	10.3	7.2	24.9	10.4	2.24	1.19	0.00	3.20	13.39	2.14	8.95
41	5-11-0001	玉米蛋白粉	玉米去胚芽,淀粉后的面筋部分 CP60%	90.1	63.5	5.4	1.0	19.2	1.0	0.07	0.44	0.17	3.60	15.06	3.88	16.23
42	5-11-0002	玉米蛋白粉	同上,中等蛋白质产品,CP50%	91.2	51.3	7.8	2.1	28.0	2.0	0.06	0.42	0.16	3.73	15.61	3.41	14.27
43	5-11-0008	玉米蛋白粉	同上,中等蛋白质产品,CP40%	89.9	44.3	6.0	1.6	37.1	0.9	—	—	—	3.59	15.02	3.18	13.31
44	5-11-0003	玉米蛋白饲料	玉米去胚芽,去淀粉后的含皮残渣	88.0	19.3	7.5	7.8	48.0	5.4	0.15	0.70	—	2.48	10.38	2.02	8.45
45	4-10-0026	玉米胚芽饼	玉米湿磨后的胚芽,机榨	90.0	16.7	9.6	6.3	50.8	6.6	0.04	1.45	—	3.51	14.69	2.24	9.37
46	4-10-0244	玉米胚芽粕	玉米湿磨后的胚芽,浸提	90.0	20.8	2.0	6.5	54.8	5.9	0.06	1.23	—	3.28	13.72	2.07	8.66
47	5-11-0007	DDGS	玉米啤酒糟及可溶物,脱水	90.0	28.3	13.7	7.1	36.8	4.1	0.20	0.74	0.42	3.43	14.35	2.20	9.20

续表

序号	饲料号 CFN	饲料名称	饲料描述	干物质/%	粗蛋白质/%	粗脂肪/%	粗纤维/%	无氮浸出物/%	粗灰分/%	钙/%	总磷/%	非植酸磷/%	消化能/(Mcal/kg)	消化能/(MJ/kg)	鸡代谢能/(Mcal/kg)	鸡代谢能/(MJ/kg)
48	5-11-0009	蚕豆粉浆蛋白粉	蚕豆去皮制粉丝后的浆液,脱水	88.0	66.3	4.7	4.1	10.3	2.6	—	0.59	—	3.23	13.51	3.47	14.52
49	5-11-0004	麦芽根	大麦芽副产品,干燥	89.7	28.3	1.4	12.5	41.4	6.1	0.22	0.73	—	2.31	9.67	1.41	5.90
50	5-13-0044	鱼粉(CP 64.5%)	7样平均值	90.0	64.5	5.6	0.5	8.0	11.4	3.81	2.83	2.83	3.15	13.18	2.96	12.38
51	5-13-0045	鱼粉(CP 62.5%)	8样平均值	90.0	62.5	4.0	0.5	10.0	12.3	3.96	3.05	3.05	3.10	12.97	2.91	12.18
52	5-13-0046	鱼粉(CP 60.2%)	沿海产的海鱼粉,脱脂,12样平均值	90.0	60.2	4.9	0.5	11.6	12.8	4.04	2.90	2.90	3.00	12.55	2.82	11.80
53	5-13-0077	鱼粉(CP 53.5%)	沿海产的海鱼粉,脱脂,11样平均值	90.0	53.5	10.0	0.8	4.9	20.8	5.88	3.20	3.20	3.09	12.93	2.90	12.13
54	5-13-0036	血粉	鲜猪血喷雾干燥	88.0	82.8	0.4	0.0	1.6	3.2	0.29	0.31	0.31	2.73	11.42	2.46	10.29
55	5-13-0037	羽毛粉	纯净羽毛,水解	88.0	77.9	2.2	0.7	1.4	5.8	0.20	0.68	0.68	2.77	11.59	2.73	11.42
56	5-13-0038	皮革粉	废牛皮,水解	88.0	74.7	0.8	1.6	—	10.9	4.40	0.15	0.15	2.75	11.51	—	—
57	5-13-0047	肉骨粉	屠宰下脚,带骨干燥粉碎	93.0	50.0	8.5	2.8	—	31.7	9.20	4.70	4.70	2.83	11.84	2.38	9.96
58	5-13-0048	肉粉	脱脂	94.0	54.0	12.0	1.4	—	—	7.69	3.88	—	2.70	11.30	2.20	9.20
59	1-05-0074	苜蓿草粉(CP 19%)	一茬,盛花期,烘干,NY/T 1级	87.0	19.1	2.3	22.7	35.3	7.6	1.40	0.51	0.51	1.66	6.95	0.97	4.06
60	1-05-0075	苜蓿草粉(CP 17%)	一茬,盛花期,烘干,NY/T 2级	87.0	17.2	2.6	25.6	33.3	8.3	1.52	0.22	0.22	1.46	6.11	0.87	3.64
61	1-05-0076	苜蓿草粉(CP 14%~15%)	NY/T 3级	87.0	14.3	2.1	29.8	33.8	10.1	1.34	0.19	0.19	1.49	6.23	0.84	3.51
62	5-11-0005	啤酒糟	大麦酿造副产品	88.0	24.3	5.3	13.4	40.8	4.2	0.32	0.42	0.14	2.25	9.41	2.37	9.92
63	7-15-0001	啤酒酵母	啤酒酵母菌粉,QB/T 1940—94	91.7	52.4	0.4	0.6	33.6	4.7	0.16	1.02	—	3.54	14.81	2.52	10.54
64	4-13-0075	乳清粉	乳清,脱水,低乳糖含量	94.0	12.0	0.7	0.0	71.6	9.7	0.87	0.79	0.79	3.44	14.39	2.73	11.42

续表

序号	饲料号 CFN	饲料名称	饲料描述	干物质/%	粗蛋白质/%	粗脂肪/%	粗纤维/%	无氮浸出物/%	粗灰分/%	钙/%	总磷/%	非植酸磷/%	消化能/(Mcal/kg)	消化能/(MJ/kg)	鸡代谢能/(Mcal/kg)	鸡代谢能/(MJ/kg)
65	5-01-0162	酪蛋白	脱水	91.0	88.7	0.8	—	—	—	0.63	1.01	0.82	4.13	17.27	4.13	17.28
66	5-14-0503	明胶		90.0	88.6	0.5	—	—	—	0.49	—	—	2.80	11.72	2.36	9.87
67	4-06-0076	牛奶乳糖	进口,含糖80%以上	96.0	4.0	0.5	0.0	83.5	8.0	0.52	0.62	0.62	3.37	14.10	2.69	11.25
68	4-06-0077	乳糖		96.0	0.3	—	—	95.7	—	—	—	—	3.53	14.77	—	—
69	4-06-0078	葡萄糖		90.0	0.3	—	—	89.7	—	—	—	—	3.36	14.06	3.08	12.89
70	4-06-0079	蔗糖		99.0	0.0	0.0	—	—	—	0.04	0.01	0.01	3.80	15.90	3.90	16.32
71	4-02-0889	玉米淀粉		99.0	0.3	0.2	—	—	—	0.00	0.03	0.01	4.00	16.74	3.16	13.22
72	4-17-0001	牛脂		100.0	0.0	≥99	0.0	—	—	0.00	0.00	0.00	8.00	33.47	7.78	32.55
73	4-17-0002	猪油		100.0	0.0	≥99	0.0	—	—	0.00	0.00	0.00	8.29	34.69	9.11	38.11
74	4-17-0005	菜籽油		100.0	0.0	≥99	0.0	—	—	0.00	0.00	0.00	8.76	36.65	9.21	38.53
75	4-17-0006	椰子油		100.0	0.0	≥99	0.0	—	—	0.00	0.00	0.00	8.40	35.15	8.81	36.76
76	4-17-0007	玉米油		100.0	0.0	≥99	0.0	—	—	0.00	0.00	0.00	8.75	36.61	9.66	40.42
77	4-17-0008	棉籽油		100.0	0.0	≥99	0.0	—	—	0.00	0.00	0.00	8.60	35.98	—	—
78	4-17-0009	棕榈油		100.0	0.0	≥99	0.0	—	—	0.00	0.00	0.00	8.01	33.51	5.80	24.27
79	4-17-0010	花生油		100.0	0.0	≥99	0.0	—	—	0.00	0.00	0.00	8.73	36.53	9.36	39.16
80	4-17-0011	芝麻油		100.0	0.0	≥99	0.0	—	—	0.00	0.00	0.00	8.75	36.61	—	—
81	4-17-0012	大豆油	粗制	100.0	0.0	≥99	0.0	—	—	0.00	0.00	0.00	8.75	36.61	8.37	35.02
82	4-17-0013	葵花油		100.0	0.0	≥99	0.0	—	—	0.00	0.00	0.00	8.76	36.65	9.66	40.42
83	4-07-0003	家禽脂肪		99.0	0.0	≥98	0.0	—	—	0.00	0.00	0.00	—	—	9.36	39.16
84	4-07-0004	鱼油		99.0	0.0	≥99	1.0	—	—	0.00	0.00	0.00	—	—	8.45	35.35

参 考 文 献

[1] 杨凤. 动物营养学. 北京：中国农业出版社，1999.

[2] 杨久仙，宁金友. 动物营养与饲料加工. 北京：中国农业出版社，2005.

[3] 东北农学院主编. 家畜饲养学. 北京：农业出版社，1979.

[4] 张子仪. 中国饲料学. 北京：中国农业出版社，2000.

[5] 田振洪. 家畜无公害饲料配制技术. 北京：中国农业出版社，2003.

[6] 张力. 杨孝列. 动物营养与饲料. 北京：中国农业大学出版社，2007.

[7] 佟建明. 饲料配方手册. 北京：中国农业大学出版社，2003.

[8] 萨仁娜. 简明饲料配方手册. 北京：中国农业大学出版社，2003.

[9] 王恬，丁晓明. 高效饲料配方及配制技术. 北京：中国农业出版社，2001.

[10] 陈喜斌. 饲料学. 北京：科学出版社，2003.

[11] 张力，陈桂银. 奶牛饲料科学配制与应用. 北京：金盾出版社，2007.

[12] 张容昶，胡江. 肉牛饲料科学配制与应用. 北京：金盾出版社，2007.

[13] 姚军虎. 动物营养与饲料. 北京：中国农业出版社，2001.

[14] 李德发. 中国饲料大全. 北京：中国农业出版社，2001.

[15] 才绍河. 于洪福. 范锡龙. 沸石饲料添加剂的应用与作用机理. 中国饲料，2001，(7)：18-20.

[16] 任道泉. 程军. 郭宏伟. 麦饭石在动物养殖业中的应用. 塔里木农垦大学学报，1998，(2)：65-67.

[17] 李文光. 矿物和稀土在饲料工业中的应用. 化工矿产地质. 1998，(4)：331-338.

[18] 刘大森，单安山. 稀土饲料添加剂在牧业中的应用. 黑龙江畜牧兽医. 2001，(2)：16-18.

[19] 陶新，汪以真. 稀土饲料添加剂的应用. 饲料研究. 2001，(9)：17-18.

[20] 王岗，陈志敏. 矿物质添加剂——膨润土. 内蒙古畜牧科学. 2000，(4)：21-22.

[21] [日] 森本宏. 饲料学. 常瀛生译. 北京：农业出版社，1981.

[22] 梁业森，刘以连，周旭英. 非常规饲料资源开发与利用. 北京：中国农业出版社，1996.

[23] 姜懋武，孙秉忠. 配合饲料原料使用手册. 沈阳：辽宁科学技术出版社，2000.

[24] 李青旺，昝林森. 肉牛饲料自家调配 100 问. 北京：中国农业出版社，1999.

[25] 胡坚. 动物饲养学. 长春：吉林科学技术出版社，1996.

[26] 王岗，李晓宇. 沸石矿物质饲料添加剂的应用研究. 内蒙古畜牧科学. 1999，(4)：26-28.

[27] 梁邢文，王成章，齐胜利. 饲料原料与品质检测. 北京：中国林业出版社，1999.

[28] 白元生. 饲料原料学. 北京：中国农业出版社，1999.

[29] 丁晓明. 饲料配方新技术. 南京：南京出版社，1998.

[30] 丁文瑞. 天然沸石在家畜家禽饲料中的应用技术. 丽水师范专科学校学报. 2000，(2)：49-50.

[31] 北京地区畜牧与饲料科技情报网. 饲料手册（上册）. 北京：北京科学技术出版社，1984.

[32] 刘德芳. 配合饲料学. 北京农业大学出版社，1993.

[33] 洪平. 饲料原料要览. 海洋出版社. 1990.

[34] 王和民，叶浴浚. 配合饲料配制技术. 北京：农业出版社，1990.

[35] 柳楠，牟永义. 牛羊饲料配制和使用技术. 中国农业出版社. 2003.

[36] 刘丙吉. 配合饲料讲座（上卷）. 北京：农业出版社，1988.

[37] 邱以亮，宋健兰. 畜禽营养与饲料. 北京：高等教育出版社，2002.

[38] Aberle E D，et al. Palatability and muscle characteristics of cattle with controlledweight gain：time on a high energy diet. J Anim Sci，1981，52 (4)：757-763.

[39] Cameron，N D，Enser M B. Fatty acid composition of lipid in longissimus dorsi muscle of Duroc and British Landrance pigs and its relationship with eating quality. Meat Sci，1991，29：295-307.

[40] Chang S. S，Peterson J R，Symposium：the basis of quality in muscle foods：recent developments in the flavor of meat. J Food Sci，. 1977，42 (2)：298-305.

